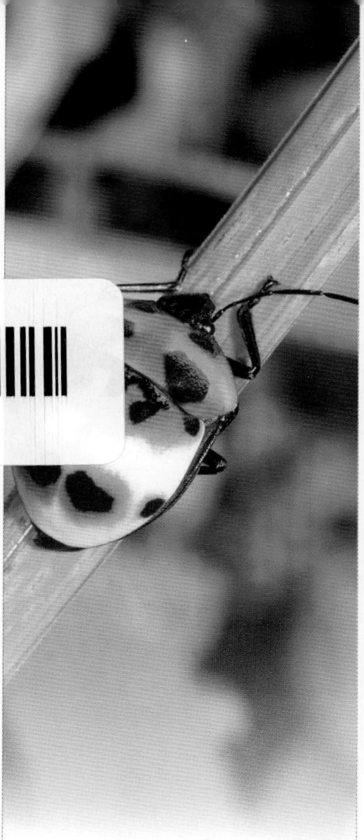

常见椿象
野外识别手册

王建赟　陈　卓　著

重庆大学出版社

图书在版编目（CIP）数据

常见椿象野外识别手册 / 王建赟，陈卓著. -- 重庆：重庆大学出版社，2022.1
（好奇心书系·野外识别手册）
ISBN 978-7-5689-2658-4

Ⅰ. ①常… Ⅱ. ①王… ②陈… Ⅲ. ①蝽类—识别—手册 Ⅳ. ①Q969.35-62

中国版本图书馆CIP数据核字（2021）第110358号

常见椿象野外识别手册

王建赟 陈 卓 著

策划：鹿角文化工作室
责任编辑：梁 涛 装帧设计：周 娟 刘 玲
责任校对：关德强 责任印制：赵 晟

*

重庆大学出版社出版发行
出版人：饶帮华
社址：重庆市沙坪坝区大学城西路21号
邮编：401331
电话：(023) 88617190 88617185
传真：(023) 88617186 88617166
网址：http://www.cqup.com.cn
邮箱：fxk@cqup.com.cn（营销中心）
全国新华书店经销
重庆五洲海斯特印务有限公司印刷

*

开本：787mm×1092mm 1/32 印张：10.375 字数：340千
2022年1月第1版 2022年1月第1次印刷
印数：1—5 000
ISBN 978-7-5689-2658-4 定价：59.00元

Preface 序

蝽类昆虫简称蝽，古名椿象，是我们身边常见的一个种类丰富、分布广泛的类群，是昆虫纲广义半翅目的一个亚目。

蝽类昆虫因大多数种类能分泌气味难闻的防御物质而为人们所熟知，俗称为“放屁虫”“臭大姐”“屁板虫”等。不少蝽类昆虫以植物汁液为食，如绿盲蝽一度曾是我国棉花生产上的头号害虫；臭虫和锥猎蝽吸食人血，甚至传播严重的疾病；但有一些蝽类昆虫则是人类的朋友，如猎蝽、花蝽等是农林害虫的重要天敌，一些田鳖和荔蝽是人们的珍馐佳肴，而我国特有的“九香虫”自古以来就被用做药材。显然，蝽类昆虫与人类的衣食住行息息相关。

我国幅员辽阔，蝽类昆虫种类繁多，目前已经记载的有 4 200 余种。为了摸清中国蝽类昆虫的“家底”，萧采瑜、杨惟义、郑乐怡等几代昆虫学工作者付出了辛勤的劳动，先后编写了《中国蝽类昆虫鉴定手册》等一批专著，发表了一系列订正性的研究论文。近 20 年中，我国香港和台湾地区还相继出版了当地蝽类昆虫的生态图鉴，为人们认识和了解蝽类昆虫提供了直观便捷的工具。遗憾的是，大陆地区此前尚未有类似的科普著作出版。因此，编写一本涵盖全国各地的常见蝽类昆虫的图鉴就成为切实所需。

建赟与陈卓是我的学生，很高兴他们能在研究猎蝽之际不忘观察、记录并拍摄其他蝽类昆虫，集腋成裘，近 10 年已有一定的积累，并尝试编写了这本《常见椿象野外识别手册》。本书对蝽类昆虫的行为习性和形态特征做了简洁的介绍，收录了 450 种来自我国不同地区常见及具有代表性的蝽类昆虫。每个物种都配有一段识别特征描述和至少一张照片，让读者能够按图索骥，方便快捷地找到所观察的蝽的分类归属。此外，本书还对所涉及的科做了简要介绍，书末所附“主要参考文献”则为读者进一步学习提供了参考。

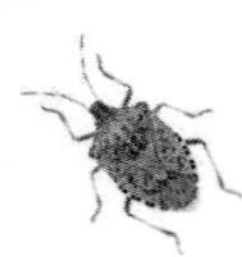

一本手册“蝽色暖”，尚期完善续新篇！我衷心地希望广大同行与青少年朋友们能更加重视昆虫生态摄影、科学研究与普及，使我国的昆虫图谱能“蝽色满园”！

彩万志

中国农业大学昆虫学系教授

Foreword 前言

蝽类昆虫又称椿象，是对半翅目 Hemiptera 异翅亚目 Heteroptera 昆虫的通称。椿象是不全变态类昆虫中一个庞大而多样的类群，全球已知的种类超过 45 000 种，并不断有新的种、属甚至科被发现。这些昆虫生活在多种多样的环境中，其中不少是我们身边常见的种类。

提起椿象，大多数人对它们都不会有太好的印象，这主要归因于很多椿象会“放臭屁”。椿象的“臭屁”是由它们特有的臭腺系统产生的，是它们御敌防身、互相联络的“独门秘籍”。人们也据此给椿象起了很多形象贴切的俗称，如“臭屁虫”“臭大姐”“放屁虫”等，真可谓“臭名昭著”。椿象虽然在外貌上千差万别，但它们都具有像吸管一样的刺吸式口器，并从头的前端伸出。此外，不少椿象的前翅在前半部分强烈骨化，在后半部分则保持膜质，形成“半鞘翅”。通过以上三个特征，我们就能轻松地将椿象与其他昆虫区分开来。

椿象的体形变化很大，有的细长如棍，如尺蝽科的种类，有的浑圆如球，如龟蝽科的种类，还有的扁薄呈片状，如扁蝽科的种类……每个类群都有各自特点，形态不一。

不同的椿象不仅形态各异，在生活方式上也各有千秋。陆生的椿象一般可见于植物上，或混迹于地表落叶层中，或躲藏于倒木缝隙中和石块下，有的甚至演化成寄生性昆虫，生活在动物的体表或巢穴内；还有一部分椿象是水生或半水生的，包括一些生活在潮间带、珊瑚礁处的种类，一些海黾蝽的分布则可达远洋海面。大多数椿象是植食性的，它们在植物的各种器官上吸食汁液，有的因为对作物有害而被视为农林害虫；捕食性椿象通常形态威武，并生有不同式样的特化捕食构造，其中一些种类被认为能够控制农林害虫种群而被开发利用；臭虫和锥猎蝽以吸血为生，有的还充当病原体的传播者，是人人喊打的卫生害虫。另外，椿象还表现出一系列有趣的习性，如群飞、好蚁性、亲代护幼

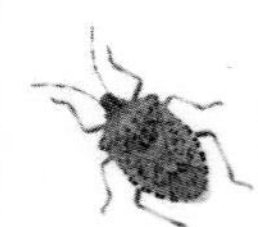

等，这都是值得我们进一步观察和探索的。

人类从很早以前就开始与椿象打交道，春秋战国时期的古籍中就有关于田鳖护卵行为的简单记载，古希腊学者亚里士多德的著作中也曾记载过臭虫。从林奈开始，人们就对椿象进行科学意义上的分类研究。现代的椿象概念和早期分类系统也在不久后的19世纪初成形。中国的古书典籍中虽不乏对椿象形态、习性和药用的记载，但系统的科学研究则迟至20世纪20年代才开展起来。经过90多年的发展，我国目前已记载椿象4 200多种，并先后取得了一系列高水平和有影响力的成果。但是，除香港和台湾地区出版有三部椿象图鉴外，大陆地区至今尚未有相关的科普著作出版，这对不少有兴趣接近和了解椿象的朋友来说无疑是一件憾事。

在近几年的科考过程中，我们拍摄了一批椿象的生态照片，并希望有机会将它们集结成册，展示给读者。在张巍巍先生的督促和帮助下，在众多专家学者和同行同好的鼎力支持下，我们编写了本书，希望以图文结合的方式，对大家认识椿象、了解椿象提供一点帮助。在本书中，我们对椿象的行为习性和外部形态做了概括性的介绍，并收录了450种在我国分布的椿象。每一种椿象都配有一段简单的识别特征描述和至少一张照片。这450种椿象中的大多数都是我们身边常见的种类，还有一些虽然难得一见，但在形态或习性上具有一定代表性，因此也收入本书。特别一提的是，其中还包括了一些近年来新发现的物种。本书采用了目前国际上主流的分类系统。书末附有“主要参考文献”，以便读者参考和拓展阅读。作为一本科普读物，我们希望本书能带领读者揭开大自然神秘面纱的一角，略微窥觑一番，了解我们身边这些曾因偏见而被忽略但又着实多彩有趣的蝽类昆虫。

本书涉及内容广泛，编写绝非个人之力而能为。在物种鉴定过程中，我们得到了部分专家学者和同行同好的帮助，他们是：南开大学叶瑱博士（鉴定黾蝽科的种类）、太原师范学院张丹丽副教授（鉴定花蝽科的种类）、南宁师范大学赵萍教授（鉴定部分猎蝽科的种类）、中国林业科学研究院曹亮明博士（鉴定部分猎蝽科的种类）、内蒙古师范大学白晓拴副教授（鉴定扁蝽科的种类）、海南出入境检验检疫局蔡波博士（鉴定部分跷蝽科的种类）、山西农业大学赵清副教授（鉴定宽丹蝽）和中国科学院动物研究所张小蜂先生（鉴定椿象卵寄生蜂）；波兰卡托维兹西里西亚大学 Jacek Gorczyca 教授、首都师范大学杜思乐博士和南开大学梁京煜博士在本书编写过程中惠赠了文献资料。我们还要感谢导师彩万志教授和李虎教授在编写过程中提供的宝贵建议和支持，彩万志教授在百忙之中审阅了初稿并为本书作序。感谢中国农业大学植物保护学院、中国热带农业科学院环境与植物保护研究所和北京阔野田园生物技术有限公司在编写过程中提供的帮助，感谢武元园女士的理解和支持。此外，很多同行同好和摄影爱好者为本书提供了精美的照片，我们对此深表感激，所有拍摄者的信息都在书中列出。本书的编写得到国家重点研发计划“化学农药绿色替代技术研发”（2017YFD0202100）、中国热带农业科学院科研项目“海南捕食性蝽类天敌资源调查与应利用技术研究”（1630042020002）和中国农业大学研究生国际化培养提升项目的资助。

由于作者学识有限，书中不妥之处在所难免，恳请广大读者不吝批评指正！欢迎通过邮件（wjycau@gmail.com，insectchen625@126.com）与我们联系。

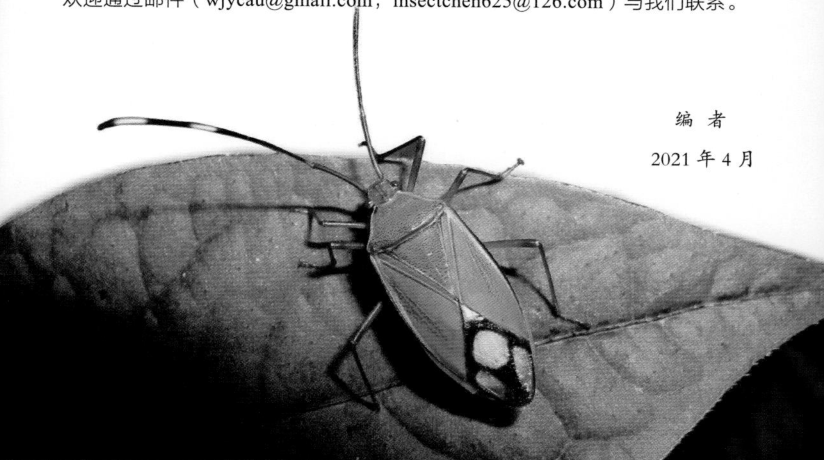

编 者

2021 年 4 月

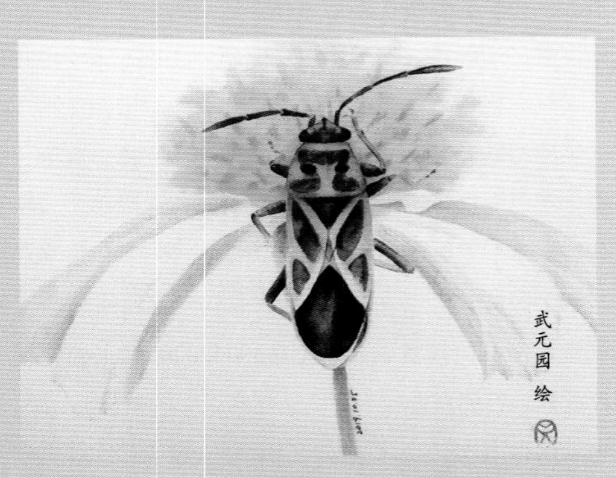
武元园 绘

目录 CONTENTS

TRUE BUGS

目 录

CONTENTS

目 录

CONTENTS

入门知识
Introduction

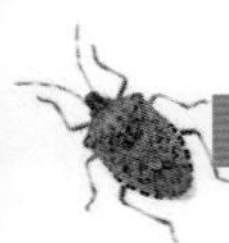

·走近椿象·

蝽类昆虫又称椿象，是对半翅目 Hemiptera 异翅亚目 Heteroptera 昆虫的通称。椿象是我们身边常见的一类昆虫，并且因为能“放臭屁”的习性而被人们所熟知。明代刘侗的《促织志》中记载：“别有鳖身象鼻而贝色，大如朱樱，曰椿象。生椿，其臭椿也，不可触。”短短两句话，就形象地概括出了椿象的一般形态和能释放臭味的习性。现在人们口中称呼椿象的俗名，如“放屁虫”“臭屁虫”“臭大姐”等，也都是在说椿象的“臭”。可见，椿象的“臭名”早已经深入人心了。

椿象是不全变态类昆虫中最大的类群，它们广泛分布在除南极洲以外的世界各地，其多样性之高令人叹为观止。目前，全世界已被命名描述的椿象有 45 000 多种，并且不断有新的种、属被发现。在最近 15 年里，还有 2 个新的椿象的科被提出。如果在椿象的世界里细心观察，你会发现不少椿象其实拥有

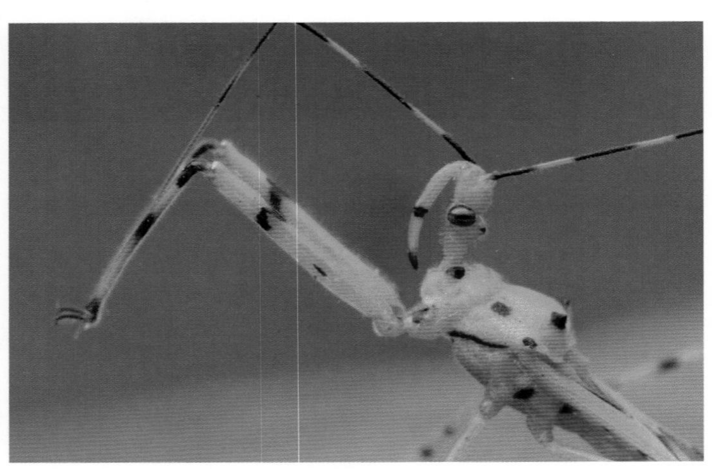

● 椿象的口器从头的前端伸出（西藏墨脱 – 王建赟 摄）

● 椿象的前翅通常为半鞘翅（云南绿春－王建赟 摄）

漂亮的外形和有趣的行为，这些方面却因为人们对椿象的过度污名化而被忽视了。

椿象种类繁多，形态各异。有的椿象容易被误认为是其他昆虫，而有时其他昆虫又会被错认成椿象。总的说来，椿象有以下几个共同特征：口器刺吸式，外观呈细长的管状，从头的前端伸出，静息时折叠在头的腹面；前翅通常为半鞘翅，即基半强烈骨化、质地坚厚，端半为膜质；具有臭腺系统，能释放气味浓烈的分泌物。通过以上这些特征，就能轻松地区分椿象和其他昆虫了。但需要说明的是，并非所有椿象的前翅都是典型的半鞘翅，有的椿象前翅为质地均一的膜质，有的则加厚似鞘翅，还有的椿象翅发生退化，甚至无翅，因此在使用这一特征进行判断时要特别注意。

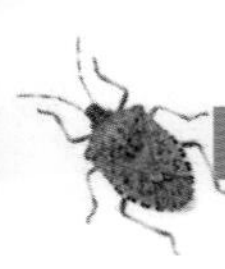

● 椿象具有臭腺系统（西藏墨脱－张巍巍 摄）

椿象在昆虫纲中的位置

长期以来，关于半翅目的含义存在两种不同的观点：一种观点认为半翅目是狭义的半翅目 Hemiptera s. str.，只包含椿象，与同翅目 Homoptera 是昆虫纲中两个并列的目；另一种观点则采用广义的半翅目 Hemiptera s. lat. 的含义。近几十年来，国际学术界已经普遍接受了广义的半翅目的概念。

半翅目被划分为 4 个类群：胸喙亚目 Sternorrhyncha、头喙亚目 Auchenorrhyncha、鞘喙亚目 Coleorrhyncha 和异翅亚目 Heteroptera。其中：胸喙亚目包括蚜虫、介壳虫、木虱和粉虱等；头喙亚目包括蝉、蜡蝉、叶蝉和沫蝉等；鞘喙亚目的昆虫种类较少，现生的都属于鞘喙蝽科 Peloridiidae；异翅亚目则包括所有的椿象。

·椿象的日常生活·

椿象的一生

椿象是不全变态类昆虫，一生经历卵、若虫和成虫 3 个阶段，没有化蛹的时期。

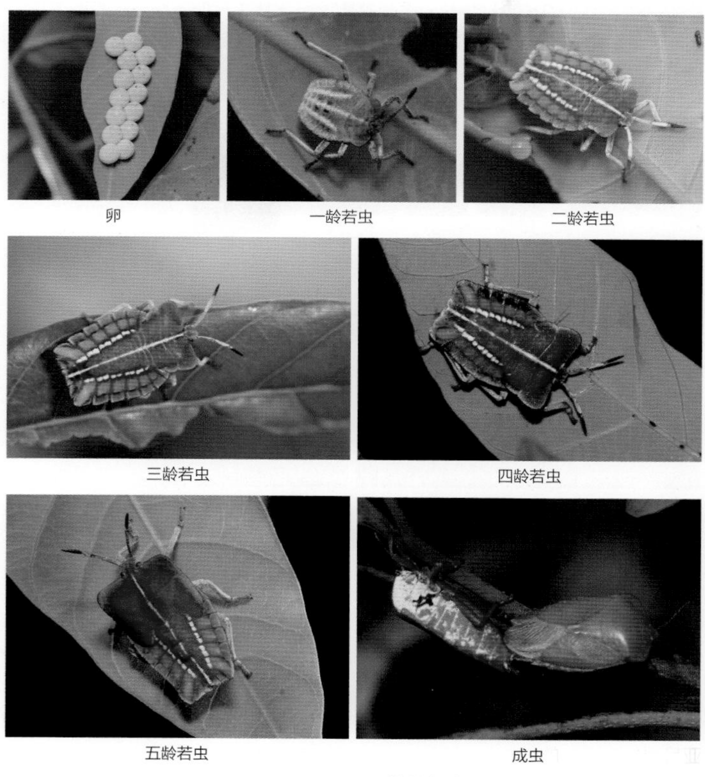

卵　一龄若虫　二龄若虫

三龄若虫　四龄若虫

五龄若虫　成虫

● 荔蝽的生活史（广西崇左 – 张巍巍 摄）

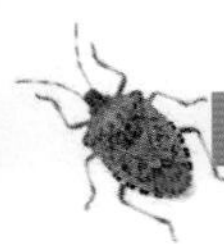

椿象卵的外形在不同种类之间差异很大，有的呈简单的圆球形，有的呈方块形，有的形似罐头，有的状如奶瓶，还有的看上去就像植物的种子。不同的椿象，因为栖息环境和生活方式各异，它们的产卵场所和产卵方式也各不相同。有的椿象将卵产在植物叶片或其他物体的表面，有的将卵嵌埋在植物组织或表土层中，还有的则将卵产在石缝中、树皮下或枯枝落叶堆等隐蔽环境中。卵可以单独散产，也可以排列成行，或者很多卵聚集在一起形成卵块，有的雌虫还

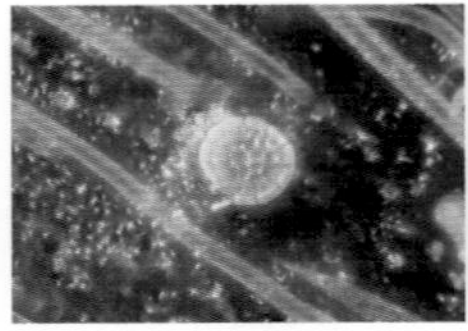

● 海岛小花蝽单产的卵
（海南儋州－王建赟 摄）

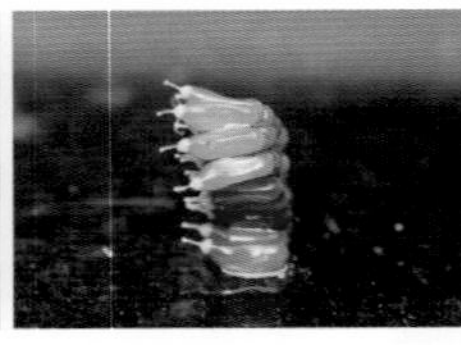

● 霜斑素猎蝽的卵块
（海南尖峰岭－王建赟 摄）

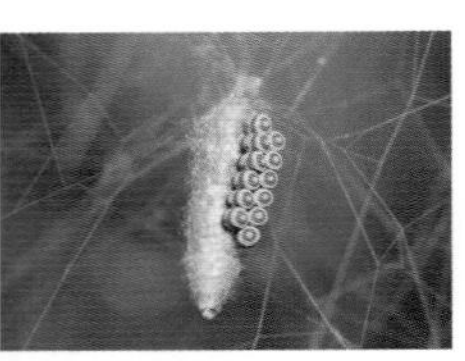

● 菜蝽的卵块
（陕西秦岭－张巍巍 摄）

● 珀蝽的卵块
（海南临高－王建赟 摄）

● 褐竹缘蝽的卵块
（海南儋州－王建赟 摄）

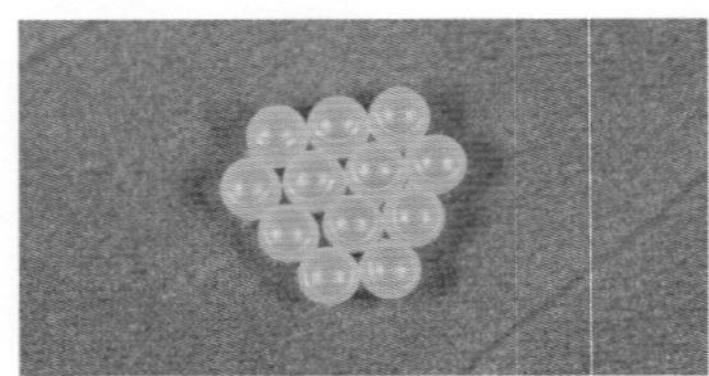

● 中华岱蝽刚产出的卵
（安徽滁州－吴云飞 摄）

● 中华岱蝽快孵化的卵
（安徽滁州－吴云飞 摄）

会在卵块表面覆盖上生殖腺的分泌物。在快要孵化的卵上可以看到一对小小的"眼睛"和一张"小嘴"，分别是胚胎的眼点和破卵器。卵孵化的时候，若虫就依靠破卵器冲破卵壳的束缚。

椿象的若虫在外形、栖息环境和食性等方面都与成虫大体相似，一般要经历 5 个龄期发育为成虫，但有时也有三龄、四龄或六龄的情况。刚从卵中孵化出来的若虫就是一龄（或初龄）若虫，此后每蜕皮一次就进入到下一龄期，直

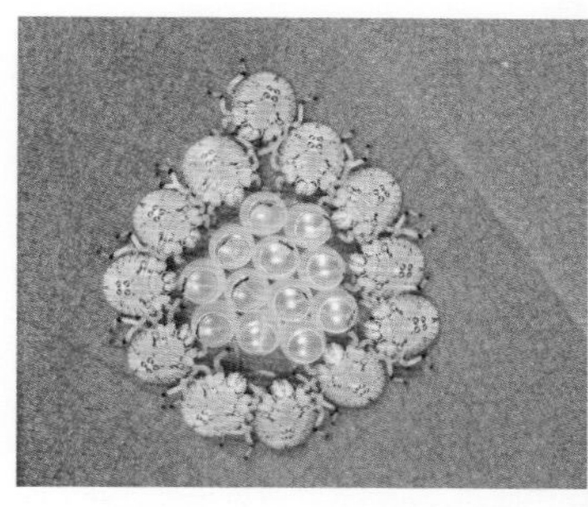

● 刚孵化的中华岱蝽若虫围在卵壳旁
（安徽滁州 – 吴云飞 摄）

● 刚孵化的圆肩菱猎蝽若虫
（云南西双版纳 – 王建赟 摄）

● 长腹伪侎缘蝽的一龄若虫体色深暗
（广西崇左 – 张巍巍 摄）

● 长腹伪侎缘蝽的二龄若虫转为浅红褐色
（广西崇左 – 张巍巍 摄）

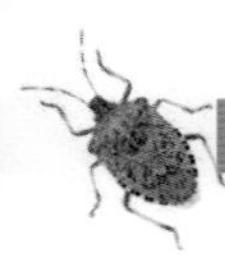

● 正在羽化的薄蝽
（上海闵行 – 余之舟 摄）

● 泛光红蝽的五龄若虫和刚羽化的成虫
（云南西双版纳 – 张巍巍 摄）

至羽化。一龄若虫通常聚集在卵壳周围，吸食卵壳内残余的液体，或就近吸食雨露和植物汁液等，二龄若虫能够开始自由活动，三龄若虫开始出现翅芽，四龄若虫的翅芽通常长到第 2 腹节，到五龄（或末龄）时则可达第 3 腹节背板后缘。通过观察翅芽的发育情况，就可以大致判断若虫的龄期。

随着羽化（最后一次蜕皮）的完成，椿象就长大为成虫。刚羽化的成虫颜色较浅、身体柔软，需要等待一段时间才能充分硬化。

椿象的生活环境

很多地方都能见到椿象的踪迹。绝大多数椿象是陆生的，它们通常在植物的表面活动，包括花、果实或叶片上，以及植物的枝条和茎秆上；有些椿象喜欢躲藏在树皮下、落叶堆、石块下或表层土中等隐蔽的环境中，通常难以发现；还有的椿象适应了洞穴等特殊的栖息环境，甚至演化成为寄生性或共生性昆虫，生活在动物的身体上或巢穴中。

● 花上活动的小片蝽（海南琼中 - 王建赟 摄）

● 树干上活动的麻皮蝽（广西钟山 - 陈卓 摄）

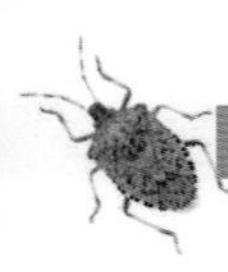

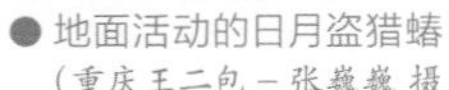
● 地面活动的日月盗猎蝽
（重庆王二包 – 张巍巍 摄）

● 树皮下生活的克什米尔拟喙扁蝽
（西藏林芝 – 张巍巍 摄）

椿象中也有昆虫世界中为数不多适应水面生活的类群。几乎所有黾蝽次目的种类都能在水面灵活运动，有的甚至能适应十分湍急的水流。黾蝽次目的一些种类还向海面生活发展，其中黾蝽科海黾蝽属一些种类的分布可达远洋海面，而海蝽科的所有种类都生活在热带海域的珊瑚礁附近。蝎蝽次目的很多种类是真正的水生椿象，它们在水中生活，发展出了在水下运动的能力和适应水生的呼吸方式，并在形态上发生了相应的变化。此外，还有一些椿象生活在水陆交界的河岸、海岸等环境，它们往往能够主动（如躲避敌害）或被动（如栖息地被淹没）地适应短时间内被水淹没的情况。

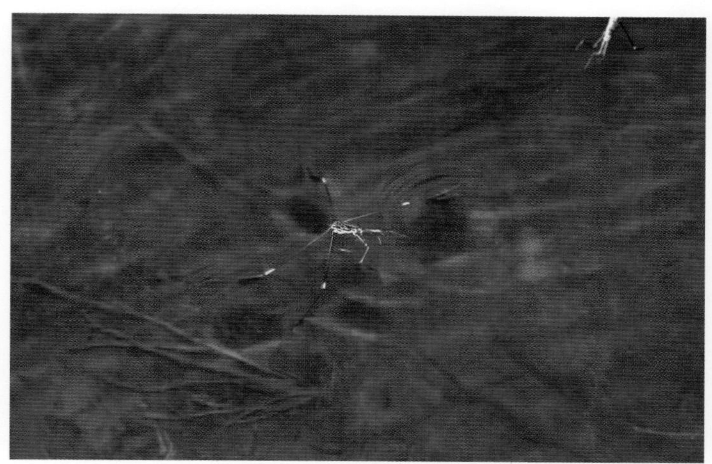

● 水面生活的巨涧黾蝽（重庆四面山－张巍巍 摄）

● 水中生活的艾氏负子蝽（广西桂林－张巍巍 摄）

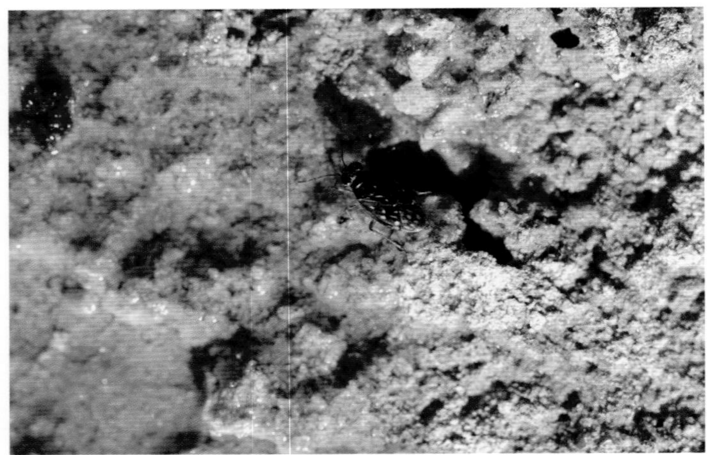

● 水边生活的跳蝽（西藏墨脱－王建赟 摄）

● 蜘蛛网上活动的二节猎蝽（云南绿春－王建赟 摄）

椿象的食性

椿象食性的分化程度之高令人惊叹，常见的可分为捕食性、植食性和杂食性三类。

捕食性椿象往往以其他昆虫或小型节肢动物为食。这些椿象通常具有粗壮而发达的刺吸式口器，前足也发生不同式样的变化，以满足捕食的需要。大型的水生椿象，如负蝽科和蝎蝽科的一些种类，若虫和成虫都具有很强的捕食能力，能够捕食鱼和青蛙等小型脊椎动物。捕食性椿象的唾液中含有麻痹神经和分解组织作用的物质，能够迅速制服猎物。

● 黑足颈红蝽若虫捕食离斑棉红蝽（海南黎母山－王建赟 摄）

● 黄带犀猎蝽捕食鳞翅目幼虫
（云南昆明 - 吴云飞 摄）

● 益蝽亚科若虫捕食鳞翅目幼虫
（西藏墨脱 - 张辰亮 摄）

● 取食真菌的扁蝽若虫（西藏林芝 - 计云 摄）

植食性椿象在植物的各种器官上取食，很多种类尤其偏好繁殖器官（花、果实和种子）和嫩枝、幼芽等生长迅速的部位。一些植食性椿象只在特定的一个或几个科的植物上取食，表现出明显的寄主偏好性；而另一些植食性椿象则寄主范围甚广。

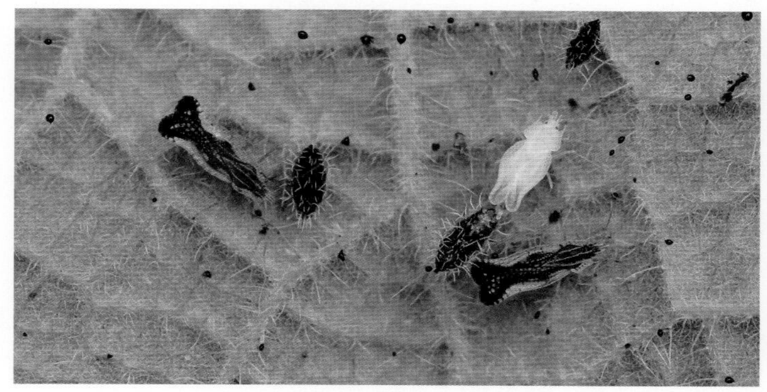

● 刺肩网蝽吸食植物叶片的汁液（海南儋州 – 王建赟 摄）

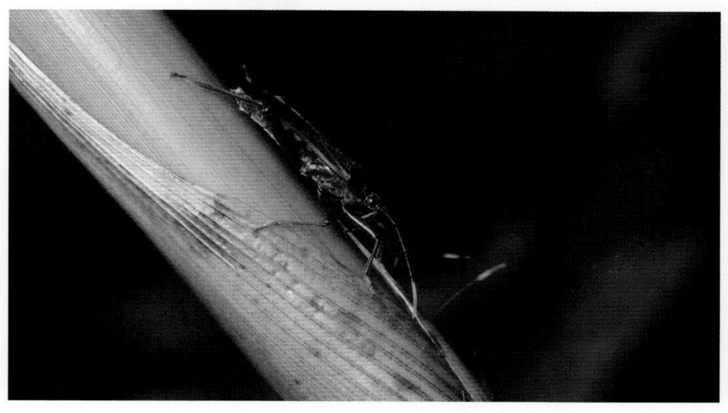

● 山竹缘蝽在竹子茎秆上吸食（重庆缙云山 – 张巍巍 摄）

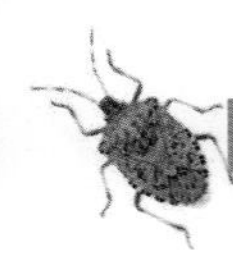

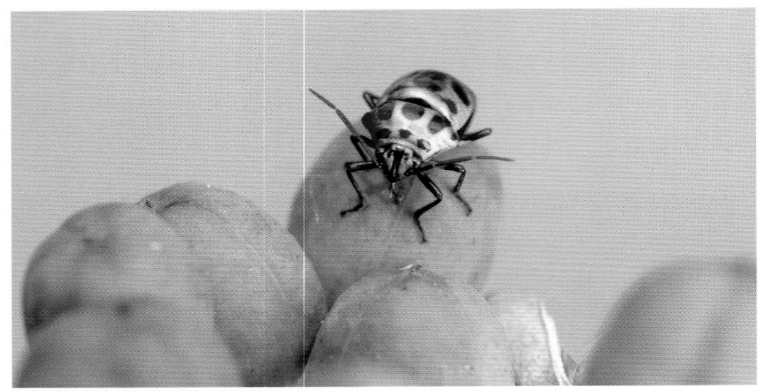

● 吸食植物果实的紫蓝丽盾蝽（云南西双版纳 – 张巍巍 摄）

一些椿象既吸食植物汁液，也取食动物性食物，因此是杂食性的，这在盲蝽科、红蝽科和蝽科等类群中相当常见。杂食性椿象兼食动、植物性食物，可能是为了获取必需的营养物质，这对于它们的生长发育至关重要。

● 波氏烟盲蝽兼食烟草汁液和烟粉虱的卵（云南玉溪 – 王建赟 摄）

椿象中还存在一些比较特殊的食性：血食性椿象吸食脊椎动物的血液，最常见的当属臭虫科和猎蝽科锥猎蝽亚科的种类，它们的唾液中含有抗凝血的物质；以扁蝽科为代表的菌食性椿象则取食真菌菌丝；还有一些椿象偶尔有吸食动物尸体和粪便汁液的行为。

椿象的天敌和御敌手段

在自然界中，椿象有很多天敌。一些小型哺乳动物、鸟类、爬行类和两栖类动物能够捕食椿象，蜘蛛和一些捕食性昆虫也会以椿象为食。在椿象的世界里，捕食性的椿象（如猎蝽）也会取食其他椿象，甚至自相残杀。寄生蜂是椿象面对的另一大类天敌，它们选择椿象的卵作为寄生对象，让这些椿象的生命在还没开始的时候就戛然而止。

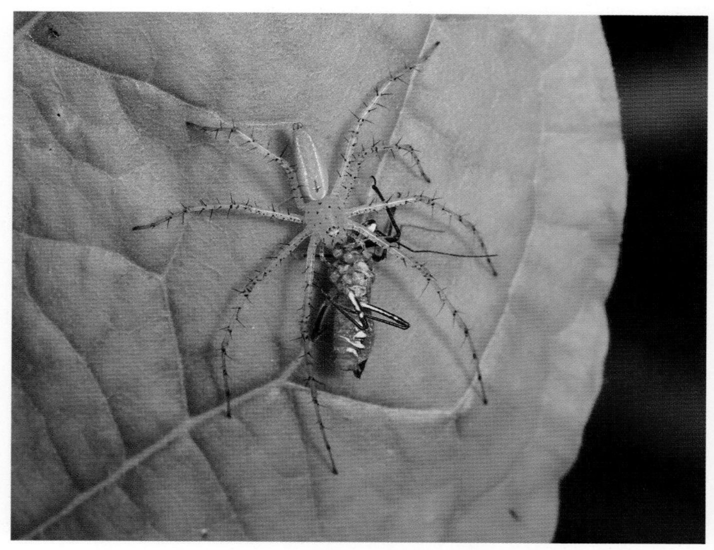

● 绿松猫蛛捕食红彩瑞猎蝽（海南儋州－王建赟 摄）

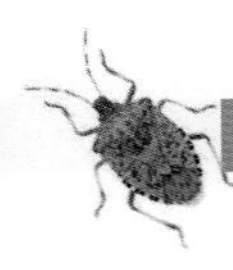

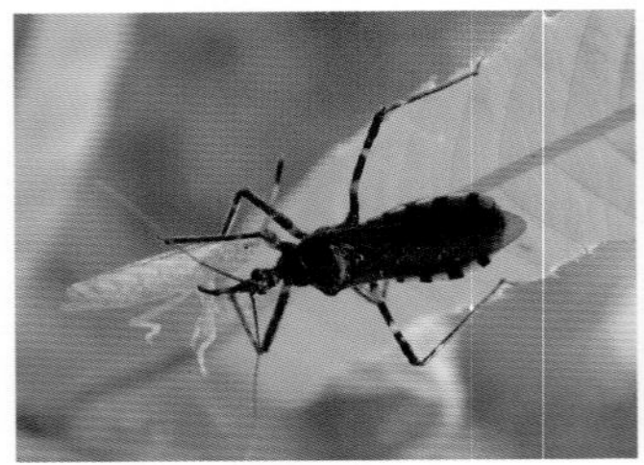

● 环斑猛猎蝽捕食荔蝽科若虫
（重庆南山－张巍巍 摄）

● 黑卵蜂寄生椿象的卵
（海南鹦哥岭－王建赟 摄）

面对天敌的威胁，椿象也发展出了多种多样的御敌手段。最为人熟知的方法就是“放臭屁”——椿象排出气味浓烈的臭腺分泌物，从而快速有效地击退天敌。一些大型猎蝽、缘蝽和荔蝽还能将臭腺分泌物直接喷向天敌。臭腺是椿象特有的结构，是由体壁下陷形成的表皮腺。成虫的臭腺通常开口在后胸侧板的前腹方，或腹部腹面的前端，而若虫的臭腺则位于腹部背面的中央。捕食性

● 茶翅蝽若虫，可见其腹部背面的臭腺孔（河北涿州－王建赟 摄）

● 受到惊吓的金鸡纳角盲蝽将触角和足紧紧收起（西藏林芝－计云 摄）

● 假死的锯蝽（云南绿春－王建赟 摄）

● 骇缘蝽长有夸张的叶状扩展，形似枯叶（云南西双版纳－王建赟 摄）

● 横脊新猎蝽能够绝佳地模拟树皮（台湾高雄－刘盈祺 摄）

椿象在受到侵害时会直接叮咬天敌，造成剧烈的疼痛。很多猎蝽在被捕捉后，会用它们的喙末端与前胸腹板的发音脊摩擦发声，人耳可以听见这种声音。有的椿象还会通过假死来逃避天敌的追捕。

拟态和伪装现象在椿象中也十分常见。常见的模拟对象包括植物嫩梢、枯叶、树皮、地衣苔藓和小土块等，这使得椿象能够较好地融入到环境背景中去。有的椿象模拟其他昆虫，通常是一些有毒或有攻击性的昆虫，如蚂蚁、蜜蜂和

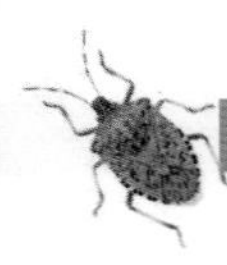

● 外表酷似蚂蚁的缢身长蝽若虫
（广西崇左－王建赟 摄）

● 具有伪装行为的荆猎蝽若虫
（云南西双版纳－王建赟 摄）

蛛蜂等。具有伪装行为的椿象，如一些猎蝽的若虫，在身上背负着沙粒、土块、食物残渣等，从而以假乱真。还有一些椿象体色斑驳鲜艳，能让天敌敬而远之。在椿象中还发现了护卵、护幼等前社会性行为，可以保护后代免受天敌伤害，因此也是椿象防御天敌的方式之一。

椿象的前社会性

前社会性行为目前已在至少 15 个科的椿象中被记载，常见的表现为护卵、护幼和为若虫提供食物等。这些行为都是为了提高后代的存活率进化而来的。

椿象的护卵行为表现方式不一。有的椿象守护在卵块上方，当遇到天敌侵扰时，成虫会表现出侧身、踢腿、振翅等动作，并且释放臭气，有时甚至起身

● 守护若虫的棕角匙同蝽
（广东南岭－余之舟 摄）

● 守护若虫的灰匙同蝽
（安徽滁州－吴云飞 摄）

● 日拟负蝽雄虫将卵背在背上（云南老君山－张巍巍 摄）

进攻。有些椿象会将卵块带在身边随时移动，如一些负子蝽的卵被产在雄虫背上，雄虫背负着卵块活动，不仅保护卵块免受天敌侵害，还能促进卵的发育；土蝽科的很多种类会用喙搬运卵块；一些缘蝽也会将卵背在背上移动。

很多椿象表现出护幼的行为，它们会以自己的身体为若虫提供庇护，或将若虫带在身上活动，或守护在若虫的旁边；还有一些椿象的雌虫会为若虫提供食物，这在土蝽科中记载得较多。

·椿象的身体构造·

椿象是昆虫纲中形态多样性最高的一个类群。不同的椿象在个体大小上存在很大差异，如鞭蝽次目的种类体长一般在 3 mm 以下，有时甚至不及 1 mm，而一些田鳖的体长则可达 110 mm。大部分椿象的体长为 5~20 mm。椿象的外形也千姿百态，最常见的椿象是椭圆形或长椭圆形的，但很多龟蝽浑圆似球，扁蝽通常薄若草纸，尺蝽和跷蝽则一般细长如杆。椿象的体色通常从

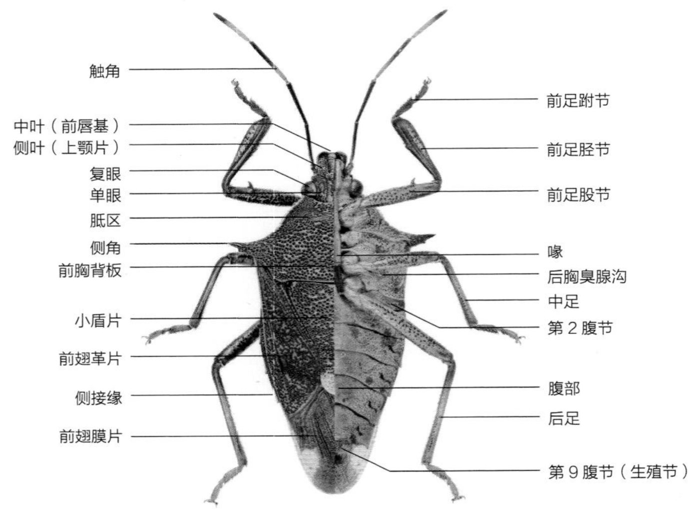

● 椿象的外部形态（台湾曙厉蝽 – 王建赟 摄）

黄褐色、褐色一直加深到黑褐色，但也有很多种类的配色十分鲜艳，有时甚至闪耀着漂亮的金属光泽。椿象的身体表面既有十分光亮的，也有因具刻点、颗粒或皱纹而显得粗糙甚至很不平整的，还有的椿象体表被毛，或生有各式突起或扩展，看上去很是怪异。

和其他昆虫一样，椿象的身体分为头、胸、腹三个主要的部分。不同种类的椿象虽然展现出不同的外部形态，但在具体的身体构造上却享有共性。要准确识别这些不同的椿象，首先就要对它们的身体构造有一定的了解和把握。

在描述椿象外部形态时，需要首先将体躯各结构定位。本书采用通用的定位方式，即以身体“重心”为中心定位，然后沿身体纵轴分出“前”“后”“左”“右”；椿象的描述中极少出现“上面”和“下面”，对绝大多数种类而言，这个轴向的方位对应的是“背”和“腹”。在具体实践中，又多以接近前胸背板和小盾片的交接线中点为“基部”，而以远离此点为“端部”；在对附肢、生殖器等不易定位的部位进行描述时，则以近着生处为“基部”，以远离着生处为“端部”。侧向方位的描述中，近体纵轴与远离体纵轴则分别对应“内侧”和“外侧”。

头部

椿象的头部外观上十分紧凑。头背面的很大一部分是头顶、额和后唇基愈合形成的区域。头的前端分出 3 个狭长的骨片状结构，位于中间的一个称为中叶，两边的称为侧叶，它们分别对应于形态学上的前唇基和上颚片。椿象的复眼通常大而发达，但在个别类群中有退化的现象。椿象的成虫一般具有 1 对单眼，它们位于复眼之间或稍微靠后，但很多水生椿象和盲蝽、红蝽等却没有单眼。在头的侧面还能看到 1 对垂直的骨片状结构，它们立在口器基部的两侧，称为小颊，其形态在一些类群中是重要的分类特征。头的腹面具有很发达的外咽片，这是椿象有别于其他昆虫的特征之一。椿象的触角一般为 4 节，距离头部最近的一节称为柄节，其后依次为梗节、基鞭节和端鞭节，各节之间的愈合或复分节会造成触角节数的变化。

椿象的口器又称“喙”，外观呈细长的管状，是典型的刺吸式口器，并总是从头的前端伸出。上唇覆盖在喙背面的基部，是一个狭小的三角形片状结构。上颚和下颚强烈变形，成为细长的口针，在取食时相互紧密嵌合形成口针束，

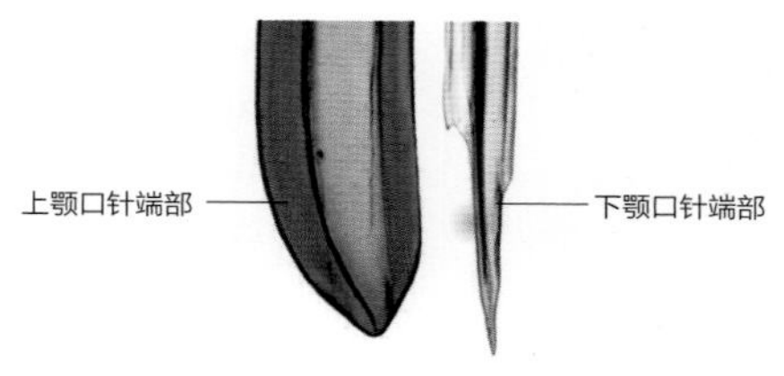

● 椿象的口针（王建赟 摄）

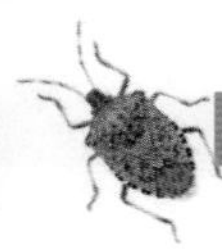

其中上颚口针在外，下颚口针在内，下颚口针内面的凹槽左右嵌合形成 2 个通道，分别是注入唾液的唾液道和吸收食物汁液的食物道。下唇是一个细长而分节的结构，其两侧上卷形成一个管状构造，将上、下颚口针包藏在内，形成了我们外观上看到的喙。椿象的下唇直或弯曲，通常分为 4 节，但猎蝽科多为 3 节，在划蝽总科中则不分节。喙的形状、长度、节数和各节间的比例是重要的分类特征。

胸部

椿象的胸部一般比较发达，分为前胸、中胸、后胸三个部分。

前胸背面宽大的骨板称为前胸背板，通常呈四边形或六边形。在四边形的前胸背板中，前面的一对角称为前角，后面的一对角称为侧角，前角之间的边缘为前缘，前角与侧角之间为侧缘，后角之间为后缘。在六边形的背板中，后面一对角称为后角，前角和后角之间的一对角为侧角，前角和侧角之间的边缘为前侧缘，侧角和后角之间的边缘为后侧缘。在前胸背板前缘，有时会分出一个狭窄的区域，称为领。在一些椿象的前胸背板前部还能观察到一对光滑且鼓起的区域，称为胝区。还有的种类前胸背板表面具一条横沟，将前胸背板分为前叶和后叶。前胸侧板是前胸侧面的骨板，但由于前胸背板常能向下弯折延伸，因此前胸侧板要比看上去的更小而偏下。前胸腹板通常面积狭小。

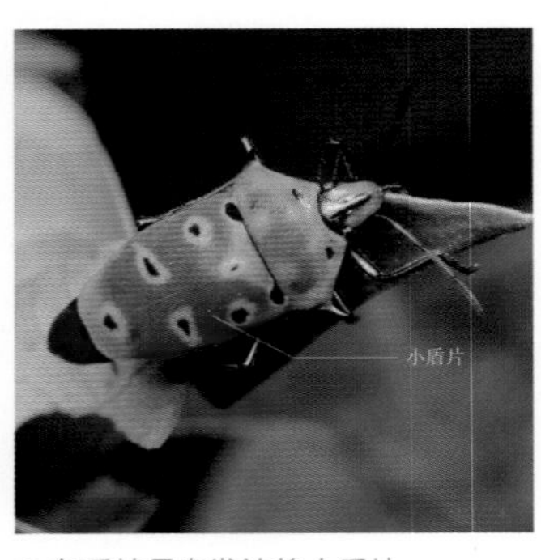

● 角盾蝽具有发达的小盾片
（海南五指山 – 王建赟 摄）

椿象中胸背板的前部通常被前胸背板遮盖而不可见，外露的部分主要是中胸小盾片（简称小盾片）。小盾片通常比较发达，外观呈三角形，在盾蝽、龟蝽和某些蝽科的种类中高度发达，甚至能将腹部完全遮住，而很多水生椿象的小盾片则较小甚至退化不见。中胸侧板和腹板在结构上与前胸近似，但一般更为发达。在一些蝽总科的种类中，中胸腹板还形成发达的脊起。

椿象的后胸背板多呈较窄的横带状，且往往被小盾片和翅所遮盖。后胸侧板与中胸侧板在结构上相似，但在前腹方具一后胸臭腺孔，臭腺分泌物就从此孔排放出来。后胸臭腺孔向外有一沟槽状的结构，称为后胸臭腺沟，其边缘常翻卷加厚。后胸臭腺孔和臭腺沟周围的胸侧板表面常发生特化，形成具有精细微观结构，利于臭腺分泌物快速挥发的挥发域，这一区域有时并不限于后胸侧板，如龟蝽的挥发域几乎占据整个胸部侧面的全部。后胸腹板通常较小，但在有些椿象中会鼓起或形成脊起。

足

足是着生在胸部的重要运动附肢，分为前足、中足和后足。椿象的足由 6 个基本部分组成，从基部到端部依次为基节、转节、股节、胫节、跗节和前跗节（包括爪）。

● 壮蝎蝽的捕捉足十分粗壮（云南绿春－王建赟 摄）

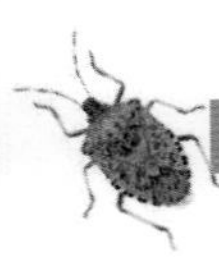

● 椿象的捕捉足 - 轮刺猎蝽
（海南儋州 - 王建赟 摄）

● 椿象的捕捉足 - 海南杆蝽猎蝽
（海南尖峰岭 - 王建赟 摄）

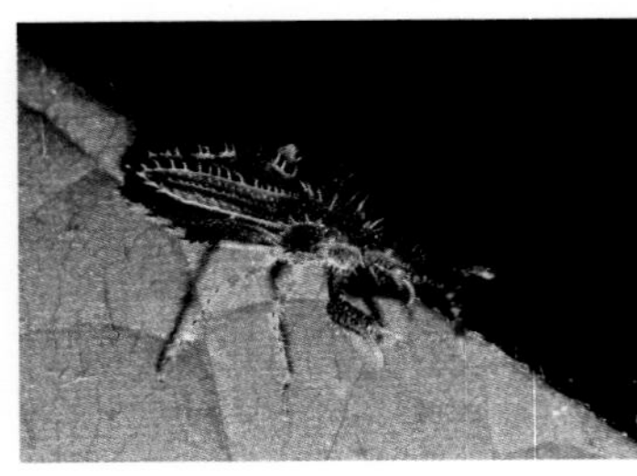

● 椿象的捕捉足 - 宾刺瘤猎蝽
（云南西双版纳 - 李虎 摄）

● 椿象的游泳足 - 黄斑粗仰蝽
（海南儋州 - 王建赟 摄）

椿象的足一般为适于行走的步行足，但也根据生活方式的不同而发生各式各样的变化。捕食性椿象的前足通常为捕捉足，它们的前足基节多伸长，股节和胫节粗壮发达并长有刺突或瘤突等，形成一个捕捉装置，如奇蝽、蝎蝽和一些猎蝽的前足。土蝽的前足胫节宽扁具齿，或呈镰刀状，都是适应在土中开掘的构造。水生椿象的后足大都扁平多毛，形似船桨，有助于在水中划动。一些缘蝽的后足股节强烈加粗，胫节形成叶状扩展。

翅

椿象的前翅一般为半鞘翅，即翅的基半加厚、端半膜质，但在奇蝽次目、鞭蝽次目、黾蝽次目和一些蝎蝽次目的种类中，前翅的质地较为均一。将前翅展开，使其长轴与身体纵轴垂直，最上面的边缘称为前缘，靠近身体的一边称为内缘，朝外的一边称为外缘。翅面骨化加厚的区域称为革质部；革质部靠近后部有一斜缝，称为爪片缝，它将革质部一分为二，与前缘之间的部分称为革片，与内缘之间的部分称为爪片；有些椿象在革片近端部处有一个垂直于前缘的切痕，称为前缘裂（或楔片缝），革片端部由此划分出一个三角形的楔片。前翅端部的膜质区域称为膜片，其上的翅脉明显可见。将前翅收起呈折叠状态，左右两翅的爪片在小盾片正后方形成一条与身体纵轴重合的缝线，称为爪片接合缝。椿象的飞行主要靠后翅来完成。后翅呈膜质，静息时折叠在前翅下方。椿象在飞行时，前、后翅借助连翅器互相联结，使它们在飞行过程中能够协调配合。

翅多型现象在椿象中非常普遍，除长翅型外，常见的类型还包括短翅型、鞘翅型、小翅型、无翅型等。

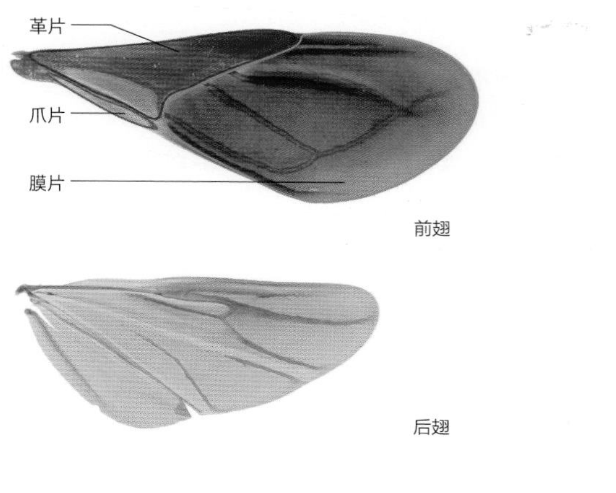

● 椿象的前、后翅（王建赟 摄）

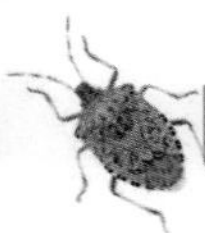

腹部

椿象的腹部由12个体节组成。雄虫的前8节和雌虫的前7节组成生殖前节。椿象腹部腹面第一个可见的腹节实际上是第2腹节，而真正的第1腹节腹板消失，但第1腹节背板一般可见。生殖前节的各节背板分为中央的主背片和两侧较小的侧背片，各节腹板也可分为主腹片和侧腹片。由侧背片和侧腹片组成的结构在分类学上称为侧接缘，其背面部分通常暴露在前翅之外。

雄虫的第9腹节呈圆筒形或碗形，称为生殖节，外生殖器平时就收藏在里面。雌虫第8腹节、第9腹节的生殖附器形成产卵器，外观上是一组瓣状或片状的结构。雌雄外生殖器的结构非常复杂，但能为椿象的分类提供重要的特征。

有些椿象雄虫的腹部不是左右对称的，这通常与它们的交配活动有关。

· 写在物种解说前 ·

分类系统

关于椿象内部类群划分的探索始于19世纪初，200多年来已有多个颇具影响力的分类系统被提出。目前国际上广泛认同的是Štys和Kerzhner在1975年提出的分类系统，他们将异翅亚目划分为7个主要类群：奇蝽次目Enicocephalomorpha、鞭蝽次目Dipsocoromorpha、黾蝽次目Gerromorpha、蝎蝽次目Nepomorpha、细蝽次目Leptopodomorpha、臭虫次目Cimicomorpha和蝽次目Pentatomomorpha。

虽然关于椿象的分类与进化研究在近20年来取得了长足的进展，但一些具体分类单元的有效性和分类地位还存在很大争议。本书主要参考《世界的椿象（第二版）》（Schuh和Weirauch，2020）中的分类系统，将中国的椿象划分到7次目23总科65科中。关于灭绝类群和有争议的分类问题的讨论，不在本书范围内。

附表：中国椿象分类系统[①]

奇蝽次目 Enicocephalomorpha

◎奇蝽总科 Enicocephaloidea

●奇蝽科 Enicocephalidae

鞭蝽次目 Dipsocoromorpha

◎鞭蝽总科 Dipsocoroidea

●栉蝽科 Ceratocombidae
○鞭蝽科 Dipsocoridae
●毛角蝽科 Schizopteridae

黾蝽次目 Gerromorpha

◎黾蝽总科 Gerroidea

●黾蝽科 Gerridae
●海蝽科 Hermatobatidae
●宽肩蝽科 Veliidae

◎膜蝽总科 Hebroidea

●膜蝽科 Hebridae

◎尺蝽总科 Hydrometroidea

●尺蝽科 Hydrometridae

◎水蝽总科 Mesovelioidea

●水蝽科 Mesoveliidae

蝎蝽次目 Nepomorpha

◎划蝽总科 Corixoidea

●划蝽科 Corixidae

◎潜蝽总科 Naucoroidea

●盖蝽科 Aphelocheiridae
●潜蝽科 Naucoridae

◎蝎蝽总科 Nepoidea

●负蝽科 Belostomatidae
●蝎蝽科 Nepidae

◎仰蝽总科 Notonectoidea

●蚤蝽科 Helotrephidae
●仰蝽科 Notonectidae
●固蝽科 Pleidae

◎蜍蝽总科 Ochteroidea

●蟾蝽科 Gelastocoridae
●蜍蝽科 Ochteridae

细蝽次目 Leptopodomorpha

◎细蝽总科 Leptopodoidea

●细蝽科 Leptopodidae

◎跳蝽总科 Saldoidea

●跳蝽科 Saldidae

臭虫次目 Cimicomorpha

◎臭虫总科 Cimicoidea

●花蝽科 Anthocoridae
●臭虫科 Cimicidae
●毛唇花蝽科 Lasiochilidae
●细角花蝽科 Lyctocoridae
●丝蝽科 Plokiophilidae
○寄蝽科 Polyctenidae

◎驼蝽总科 Microphysoidea

○驼蝽科 Microphysidae

◎盲蝽总科 Miroidea

●盲蝽科 Miridae
●网蝽科 Tingidae

◎姬蝽总科 Naboidea

●姬蝽科 Nabidae
●捷蝽科 Velocipedidae

◎猎蝽总科 Reduvioidea

●猎蝽科 Reduviidae

---

① 在中国已记载的 65 科中，有 5 个科因为缺少照片，暂时未能收录在本书的“物种识别”部分。这些科的名称前标识有空心圆形符号。

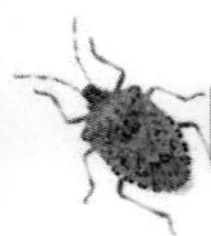

蝽次目 Pentatomomorpha

◎扁蝽总科 Aradoidea

●扁蝽科 Aradidae

◎缘蝽总科 Coreoidea

●蛛缘蝽科 Alydidae
●缘蝽科 Coreidae
●姬缘蝽科 Rhopalidae
●狭蝽科 Stenocephalidae

◎长蝽总科 Lygaeoidea

●佚长蝽科 Artheneidae
●跷蝽科 Berytidae
●杆长蝽科 Blissidae
●束蝽科 Colobathristidae
●莎长蝽科 Cymidae
●大眼长蝽科 Geocoridae
●室翅长蝽科 Heterogastridae
●长蝽科 Lygaeidae
●束长蝽科 Malcidae
○俅长蝽科 Meschiidae
●尼长蝽科 Ninidae
●尖长蝽科 Oxycarenidae
●梭长蝽科 Pachygronthidae
●皮蝽科 Piesmatidae
●地长蝽科 Rhyparochromidae

◎蝽总科 Pentatomoidea

●同蝽科 Acanthosomatidae
●土蝽科 Cydnidae
●兜蝽科 Dinidoridae
●蝽科 Pentatomidae
●龟蝽科 Plataspidae
○塞勒蝽科 Saileriolidae
●盾蝽科 Scutelleridae
●荔蝽科 Tessaratomidae
●异蝽科 Urostylididae

◎红蝽总科 Pyrrhocoroidea

●大红蝽科 Largidae
●红蝽科 Pyrrhocoridae

学名和中文名

本书所包含可定学名的椿象物种都列到种的级别，对于一些有亚种划分的物种也是如此。对于部分涉及以人名命名的属、种名，我们在相应物种下面做有注解。

物种的中文名沿用了《中国蝽类昆虫鉴定手册》《中国动物志》有关卷册和相关文献中已有的名称。若某个物种有一个以上的中文名，则选取出现频次最高或应用最广的一个为正式中文名。对于一些新发表或新记录的物种，则新拟了中文名。

物种描述

本书所包含物种按照次目、总科、科、亚科、族和属的顺序排列。其中，次目按照目前公认的系统发育顺序排列，其余的按照字母顺序排列。科和种提供有简单的识别特征。

识别特征均基于成虫，按照一般形态、表面结构、头、胸、足、翅、腹的顺序进行描述，所列举的是对识别该物种有帮助的特征，有时包括了所在大类（如亚科、族、属）的识别特征。关于每个科的体型，体长小于 3 mm 者为微型，3~10 mm 者为小型，10~30 mm 者为中型，30~100 mm 者为大型，100 mm 以上者为巨型。对每个物种则提供具体的体长范围，为雌雄两性从头端至腹末的长度。后翅脉序、腹部毛点毛、雌雄外生殖器等特征，虽然在椿象分类上有较高价值，但往往较为复杂且不易观察，故在本书中全部略去。如无特别必要，体型和被毛情况有时也予省略。

物种分布

本书所包含物种的分布信息来自对文献记录的整理和作者的野外考察。国内分布地以省级单位列出。国外分布地以分号“；”与国内分布地分隔，以国家级单位列出。对于一些分布较广泛的物种，则用“全国广布”“欧洲”“古北界”“东洋界”等概括性词语来表示。

种类识别

Species Accounts

奇蝽次目 ENICOCEPHALOMORPHA

奇蝽科 Enicocephalidae

又称“长头蝽科”。体小而柔弱，多为褐色，少数具鲜艳的红色。头伸长，在复眼后方圆鼓成球状；喙 4 节，通常粗短。前胸背板被横缢划分成前、中、后 3 叶。前足捕捉足，胫节在前端扩宽并具刺毛簇，爪发达。前翅为质地均一的膜质，基部具 1 个短横脉，也有短翅、小翅或无翅的类型。

已知约 40 属 400 种，我国记载约 4 属 7 种。生活在落叶层、树皮下或其他潮湿阴暗的环境中，也有生活在蚁穴中的种类。捕食性。

沟背奇蝽 *Oncylocotis* sp.

体长约 6.5 mm，浅黄褐色。体表生有大量柔毛。触角第 1 节不超过头前端，第 2—4 节细长，第 4 节颜色稍浅；喙粗短，第 3 节最长。前胸背板中叶具中央纵沟，两侧具“Y”形深沟；后叶后缘稍向前凹入。雄虫长翅型，雌虫短翅型。分布：四川。习性：夜晚在地面爬行，捕食蚂蚁。受到惊扰后会假死。

● 四川雅安 – 王建赟 摄

红足光背奇蝽 *Stenopirates jeanneli*

● 云南金平－李虎 摄

体长 5.8~6.8 mm，黑褐色。触角深褐色，第 2 节最长；喙第 3 节最长。前胸背板表面平整，后叶后缘向前凹入；小盾片稍鼓起。前足股节端部 2/3 和胫节基部 1/3、中足股节端部 1/3 和胫节基部 1/3、后足股节（除基部外）和胫节红色，后足胫节端部 1/3 黑褐色与红色部分界线模糊。前翅远超腹末，基部、前缘和翅痣红色。分布：四川、云南；印度、尼泊尔。

注：本种的种名源于法国昆虫学家勒内·让内尔（René Jeannel）的姓氏。让内尔以其对甲虫的研究而著名，于 1941 年发表了关于奇蝽的专著。

鞭蝽次目 DIPSOCOROMORPHA

栉蝽科 Ceratocombidae

体微小脆弱，有时前翅鞘翅型而形似甲虫，黄褐色至黑褐色。头平伸；触角第 1 节、第 2 节粗短，第 3 节、第 4 节细长呈鞭状，第 2 节明显长于第 1 节；喙多细长。后胸无挥发域。跗节 2~3 节，常雌雄异型。前翅长翅型或鞘翅型，长翅型个体具短小但明显的前缘裂，翅面具 2~4 个大翅室。

已知约 8 属 50 种，我国记载约 1 属 5 种。生活在落叶层中，有的种类见于树皮下或洞穴中，行动十分敏捷。可能为捕食性，但相关的观察和报道十分缺乏。

● 台湾大汉山 – 郑昱辰 摄

栉蝽 *Ceratocombus* sp.

体长约 1.6 mm，黑褐色。头向前伸出，前端稍下倾；单眼 1 对，紧靠复眼内缘；触角第 3 节、第 4 节上生有直立和半直立长毛。前胸背板较光滑，后缘中央宽阔凹入。足深褐色。前翅宽大，远超腹末；翅脉复杂而明显，形成 4 个大翅室。爪片具明显的“Y”形脉。分布：台湾。习性：见于潮湿的落叶层中，善于疾走。

毛角蝽科 Schizopteridae

又称“裂蝽科”。体微小，紧凑圆隆，黄褐色至黑褐色，外形极似小甲虫。头多强烈垂直；触角第 1 节、第 2 节粗短，第 3 节、第 4 节细长呈鞭状；喙 3 节或 4 节，长短不一。后足基节内侧具垫状结构，可能有促进跳跃的作用。前翅长翅型或鞘翅型。

已知约60属300种，我国记载约5属8种。见于落叶层等隐蔽的环境中，行动敏捷，善于飞行和跳跃。

柯毛角蝽 *Kokeshia* sp.

体长约1.5 mm，黄褐色。头强烈垂直；触角第3节、第4节上生有直立和半直立长毛。前胸背板横宽，前半强烈下倾；小盾片宽短，背面具1对小凹陷，顶端尖锐。各足较粗短。前翅宽大，质地柔软，具极大的爪片和若干大而明显的翅室。分布：云南。

● 云南绿春 – 王建赟 摄

僻毛角蝽 *Pinochius* sp.

体长约2.0 mm，深褐色。体表生有大量平伏长毛。头近三角形，强烈垂直；复眼较小，凸出；单眼1对，紧靠复眼内缘；触角第3节、第4节上生有直立和半直立长毛。前胸背板背面具浅横皱纹，侧缘和后缘红褐色。前翅呈屋脊状交叠在背面，革片外侧具2根隆起的纵脉，其间由3根斜脉连接，膜片较小。分布：西藏。习性：在朽木树皮下发现，行动十分敏捷。

● 西藏墨脱 – 王建赟 摄

● 西藏墨脱 – 王建赟 摄

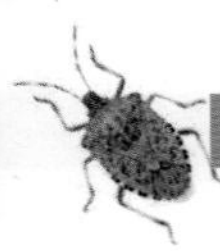

黾蝽次目 GERROMORPHA 黾蝽总科 GERROIDEA

黾蝽科 Gerridae

又称“水黾科”。体微小至大型，身体多细长，也有的紧凑呈球形。全身覆盖拒水毛。无单眼；触角第 1 节较长。长翅型个体前胸背板向后延伸，无翅型个体中胸极度延长而前胸缩短。前足粗短，中、后足十分细长，且着生位置向背侧方偏移。跗节 2 节。翅多型现象普遍，以长翅型和无翅型最常见。

已知约 70 属 800 种，我国记载约 20 属 90 种。几乎终生生活在水面上，包括静水、急流和海边沿岸等环境，海黾蝽属 *Halobates* 的一些种类生活在远洋海面。捕食性，可通过水面的振动确定猎物方位或进行通信。

短足始黾蝽 *Eotrechus brevipes*

● 西藏墨脱 - 计云 摄

雄虫体长 7.2~8.9 mm，雌虫体长 7.5~8.9 mm，褐色，背面具亮绿色毛被，侧面和腹面黑褐色。头宽于前胸背板；触角长于体长的 2/3，第 1 节略短于复眼间距。各足浅褐色；雄虫前足股节明显加粗，雌虫加粗程度稍弱；前足胫节稍弯曲。有长翅型和无翅型个体。分布：福建、西藏；印度、越南。习性：见于小瀑布及溪流附近杂草丛生的环境中，喜在干燥表面活动。

圆臀大黾蝽 *Aquarius paludum*

● 海南儋州 – 王建赟 摄

雄虫体长 11.0~15.0 mm，雌虫体长 13.0~17.0 mm，黑褐色。头顶后缘具 1 个“V”形黄褐色斑；触角褐色。前胸背板黑褐色，后叶有时红褐色，其两侧边缘黄色，后缘黑褐色。各足股节略长于胫节，后足股节明显长于中足股节。前翅黑褐色，在长翅型个体中超过腹末，在短翅型个体中达第 4 腹节或第 5 腹节背板。腹部末端具 1 对长而明显的刺突。分布：全国广布；俄罗斯、朝鲜、日本、印度、缅甸、越南、泰国。

● 西藏墨脱 – 王建赟 摄

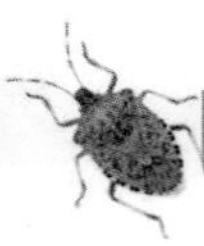

细角黾蝽 *Gerris gracilicornis*

● 云南绿春 – 王建赟 摄

体长 10.5~14.5 mm，褐色。触角细长，约为体长的 1/2。前胸背板红褐色，具 1 条完整而明显的浅色中纵纹。前足股节黄褐色，向端部颜色渐深而至褐色；中、后足长，中足第 1 跗节长为第 2 跗节的 2.5 倍。翅红褐色，多为长翅型个体。腹部腹面隆起呈脊状；雄虫第 8 腹板腹面具 1 对椭圆形凹陷，其上具银白色短毛。分布：河北、内蒙古、辽宁、黑龙江、浙江、福建、江西、山东、河南、湖北、湖南、广东、广西、重庆、四川、贵州、云南、陕西、台湾；俄罗斯、朝鲜、日本、印度。

暗条泽背黾蝽 *Limnogonus fossarum*

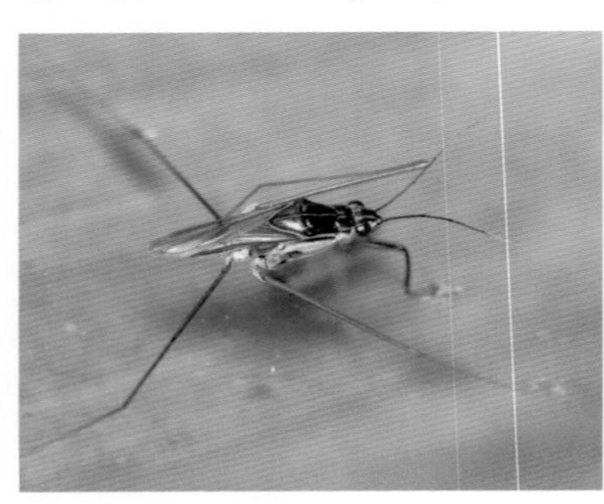

● 云南绿春 – 王建赟 摄

体长约 10.0 mm，黑褐色，体表光亮。头顶两侧具黄色纵条纹，后缘具黄色横条纹。前胸背板前部中央有 1 对紧邻的黄色纵条纹，后部中央有 1 条细长的黄色纵条纹，侧缘和后缘亦有黄色条纹围绕。足深褐色。翅黑褐色，半透明，翅脉颜色略深，也有无翅型个体。分布：福建、广东、广西、海南、云南、香港、澳门、台湾；日本、印度、缅甸、越南、老挝、泰国、斯里兰卡、菲律宾、马来西亚、新加坡、印度尼西亚。

异足涧黾蝽 *Metrocoris dentifemoratus*

体长 4.5~5.4 mm，黄褐色，具深色条纹。头顶具箭头状黑褐色斑纹，其后部不与复眼间暗带相连。前胸背板具黑褐色条纹；中胸背板具细长的黑褐色中纵纹，两侧的黑褐色弧纹在后半部分明显加宽。前足股节具 3 条宽阔的黑褐色条纹，在部分个体中与端部环纹相连；雄虫前足股节近端部具 2 个黑褐色齿突。长翅型个体前胸背板后缘端部尖长，中部及两侧具纵长黑褐色条纹；无翅型个体腹部短缩。分布：海南。

● 海南尖峰岭 – 王建赟 摄

● 海南尖峰岭 – 王建赟 摄

四川涧黾蝽 *Metrocoris sichuanensis*

体长 6.2~7.1 mm，黄褐色，具深色条纹。头顶具箭头状黑褐色斑纹。前胸背板具“T”形黑褐色条纹；中胸背板具细长的黑褐色中纵纹和 1 对较宽的黑褐色弧纹。前足股节中度加粗，其上的黑褐色条纹不与端部环纹相连；雄虫前足股节近端部具 1 个明显凹陷，其内具 1 个小的黑褐色齿突。长翅型个体前胸背板后缘端部尖长，前翅灰色，远超腹末；无翅型个体腹部短缩。分布：湖北、四川、陕西。习性：生活在流动缓慢的山间溪流中。

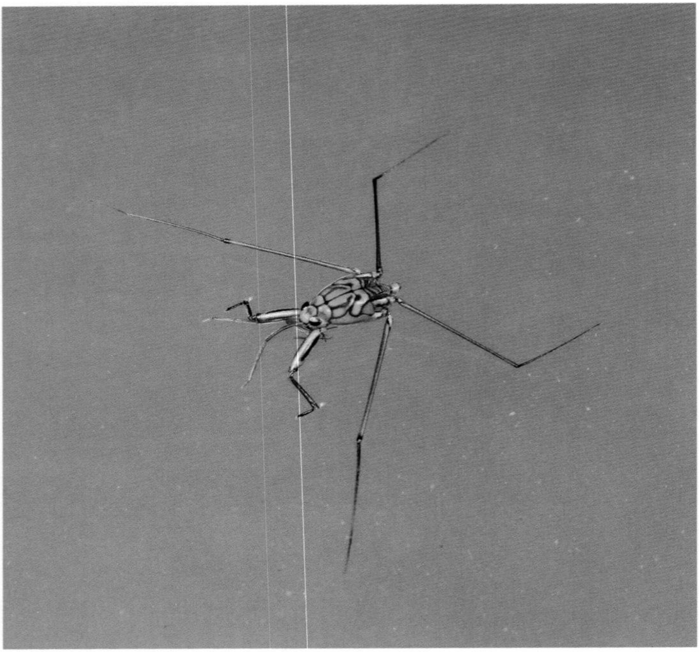

● 四川雅安 – 王建赟 摄

虎纹毛足涧黾蝽 *Ptilomera tigrina*

体长 11.7~17.5 mm，浅褐色，身体两侧的银白色带纹延伸到后足基部。头、前胸和中胸背板后缘各具 1 对银白色斑点。前足跗节长于胫节的 1/2；后足股节远长于中足股节；雄虫中足股节基半部具短而细的刚毛，端半部具较粗的拒水毛。雄虫生殖节略呈三角形，突起指向两侧，尖端无毛簇，与雌虫差别显著。分布：海南、香港、澳门；印度、缅甸、越南、老挝、泰国、柬埔寨、菲律宾、马来西亚。

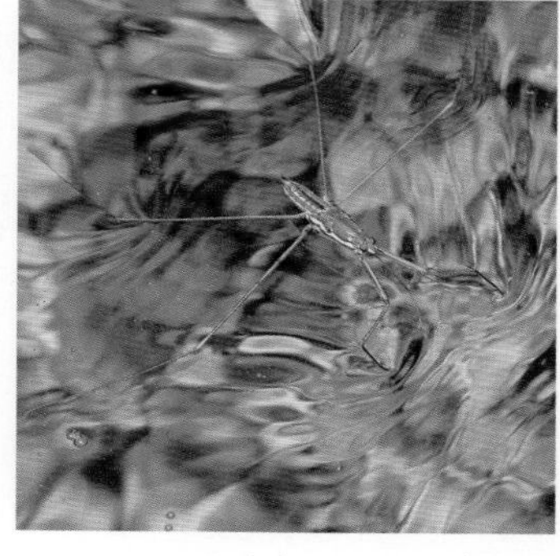

● 海南五指山 - 王建赟 摄

巨涧黾蝽 *Potamometra* sp.

体长 10.0~14.0 mm，体型宽短，黑褐色。背面散布浅黄色短柔毛。头前缘至后胸背板具 1 条橙色中纵纹。触角大部黑褐色，几乎与身体等长。足浅黄色，具深色纵条纹；前足长于体长，胫节端部增厚；中足约为体长的 4 倍；后足略长于中足。腹部明显短缩，雌虫腹部缩入胸腔。有长翅型和无翅型个体。分布：重庆。习性：生活在流动较快的山间溪流中。

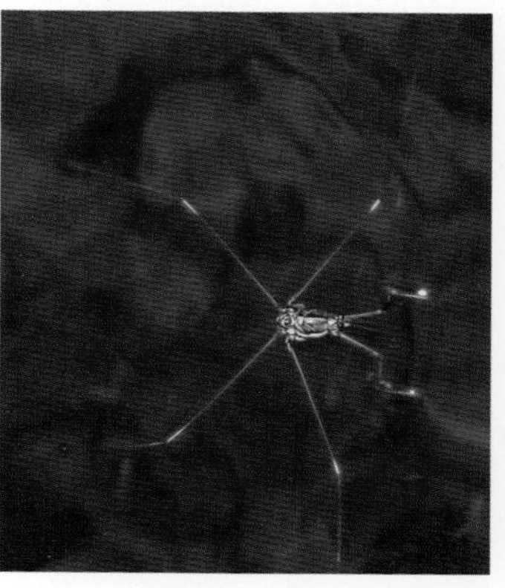

● 重庆四面山 - 张巍巍 摄

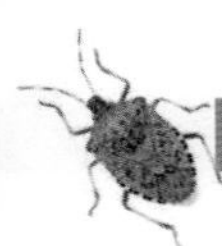

海蝽科 Hermatobatidae

包括一些体小而紧凑、椭球形、无翅的海生椿象。全身覆盖拒水毛。头十分宽短；无单眼；触角着生位置相互靠近，第 2 节最长。前胸短小，中、后胸在背面强烈愈合。前足股节加粗，胫节弯曲；中、后足较细长；跗节 3 节；腹部短缩，各节强烈愈合。

已知 1 属 13 种，我国记载 1 属 1 种。生活在热带海域的珊瑚礁附近，在涨潮时可藏身于珊瑚礁的孔洞中，并在潮水退去后外出活动。捕食性。行动敏捷，善于跳跃。

羚羊礁海蝽 *Hermatobates lingyangjiaoensis*

体长 3.2~3.9 mm，黑褐色并稍显蓝色。体表密布银色柔毛和拒水毛。触角深褐色，第 1 节基部 1/2 ~ 2/3 淡黄色。前胸背板极短小；后胸腹板后缘具 1 个梯形突起。雄虫前足股节明显加粗，基部具 1 个大的斜生刺突，亚端部具 1 个分叉的齿突，其间具 1 列小齿突；前足胫节在基部明显弯曲，弯曲前方有一弱一强 2 处隆起；雌虫各足较雄虫更细而短。分布：海南。

● 海南西沙群岛 – 陈华燕 摄

宽肩蝽科 Veliidae

又称“宽蝽科”“宽肩黾科”“阔黾科”。体微小至中型，大多粗短紧凑，体色黯淡，也有鲜红色的种类。全身覆盖拒水毛。头相对宽短，头顶在复眼内侧后方具 1 对小陷窝；喙粗短。前胸背板在长翅型个体中向后扩展，在无翅型个体中则不同程度减小；后胸臭腺沟发达。各足基节左右远离，足的形式因生活方式不同而多变；跗节 1~3 节。翅多型现象普遍。

已知约 60 属 1 100 种，我国记载约 15 属 50 种。生活在各种水体表面，甚至在湍流、叶鞘或树洞积水、水面的泡沫团中也能见到，也有海生和半陆生的种类。捕食性。可在水面疾走或灵活划动。

道氏小宽肩蝽 *Microvelia douglasi*

体长约 2.0 mm，黑褐色。体表被银白色或灰色短毛。触角第 1 节黄褐色，其余各节褐色，第 2 节最短，第 4 节最长。前胸背板具深色中纵纹，在长翅型个体中呈五角形并遮盖小盾片，在短翅型个体中呈梯形；前胸背板前缘具由毛被组成的银白色横带。足褐色，股节基半部黄褐色。前翅灰色，超过腹末，其上具数个白色斑块，末端具 1 个楔形白色斑。分布：福建、湖北、海南、四川、贵州、云南、香港、台湾；日本、东洋界、澳洲界。习性：生活在静水水面靠近岸边的地方。

注：本种由英国昆虫学家约翰·斯科特（John Scott）命名，种名献给他的合作者——英国昆虫学家约翰·威廉·道格拉斯（John William Douglas），他们曾于 1865 年合作出版了《英国的半翅目（第一卷）》。

● 云南绿春 – 王建赟 摄

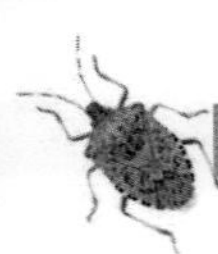

云南丽宽肩蝽 *Perittopus yunnanensis*

● 云南绿春－王建赟 摄

体长 3.2~3.8 mm，亮红色。触角黑褐色，不及体长的 1/2。前胸背板具 1 明显横缢，中部具 1 个暗色印纹，横缢后方具很多粗大刻点；前胸背板在长翅型个体中向后扩展，侧角稍突出，在无翅型个体中明显减小。各足股节基半部橙黄色，端半部黑褐色，胫节褐色；前足跗节短小具 2 节，中、后足跗节细长具 3 节。前翅明显分为革片和膜片，革片具 2 个翅室。分布：云南。习性：生活在静水表面，捕食落水的小型节肢动物。

中华宽肩蝽 *Velia sinensis*

● 四川雅安－王建赟 摄

体长 7.1~8.3 mm，黑褐色。体表被深褐色短毛，并具由银白色短毛构成的斑块。触角较长，第 1 节是头宽的 1.4~1.5 倍。前胸背板前缘具 1 列粗大刻点，后半部散布很多粗大刻点；前胸背板前部具 1 个三角形橙色斑纹。中足细长，适于在水面划行。腹部两侧具橙色纵带纹。仅知无翅型个体。分布：四川。习性：生活在流动缓慢的山间溪流中，常以较大数量群集。

黾蝽次目 GERROMORPHA 膜蝽总科 HEBROIDEA

膜蝽科 Hebridae

又称“膜翅蝽科”。体微小至小型，粗短紧凑，体色黯淡。身体部分覆盖拒水毛。头较宽大，常具 1 对单眼；小颊发达，形成片状突起；触角 4 节，很多种类的第 4 节具一短小的膜质区域，故外观呈 5 节状；喙长短不一，第 3 节长约为第 4 节的 2 倍。小盾片横带状，后胸背板宽三角形外露；胸部腹面具 1 对纵脊，其间形成喙沟。各足跗节 2 节，第 2 节长大。前翅翅脉简单，具翅多型现象。

已知约 9 属 220 种，我国记载约 3 属 15 种。生活在静水或流水水体边植物丛生的环境中，也有的见于潮湿地面、溅水的岩石表面或潮间带等环境。捕食性。因身体微小、行为隐秘，故一般不易发现。

膜蝽 *Hebrus* sp.

体长约 2.4 mm，深褐色。头背面、前胸背板和前翅革片密被金色短毛。头前端伸出，强烈下倾；小颊浅黄褐色，具 3 个圆形陷窝，后缘近平截；触角浅黄褐色，第 1 节、第 2 节粗短，第 3 节、第 4 节细长。前胸背板侧缘中部明显凹入，后缘近直；后胸背板中央具 1 条纵脊，顶端具 1 个切口；胸部腹面的纵脊近平行，向后延伸至腹部腹面基部。足浅黄褐色，各足股节端部和胫节基部颜色较深。前翅及于腹末，革片基部具 1 个灰白色斑块，膜片具 3 个灰白色晕斑。分布：云南。习性：见于山间溪流边的石块下。

● 云南丽江 – 刘盈祺 摄

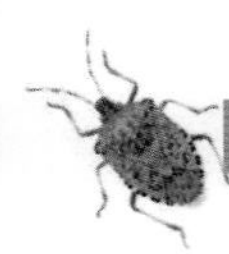

黾蝽次目 GERROMORPHA 尺蝽总科 HYDROMETROIDEA

尺蝽科 Hydrometridae

又称“丝黾科”。体微小至中型，身体和附肢大都十分细长，体色黯淡。全身或仅部分覆盖拒水毛。头明显延长，复眼位于头中段，与前胸背板相距甚远；触角第 4 节末端具一个凹窝，内有特化毛丛；喙长而直。前胸背板向后延伸，遮盖小盾片。足细长，跗节 3 节。翅多型现象普遍，翅脉较简单。

已知约 9 属 130 种，我国记载约 1 属 10 种。生活在静水水体的近岸处，与岸边环境和水面漂浮物高度关联，可在水面灵活爬行，也有生活在潮湿落叶层中的种类。捕食性。

格氏尺蝽 *Hydrometra greeni*

体长 10.5~12.5 mm，细长形，褐色至深褐色。身体大部分覆盖有粉被状短毛层。头长于前胸背板，眼前区长于眼后区，在端部稍膨大；触角约为体长的 1/2。前胸背板具显著的银白色中纵纹，后部具若干粗大刻点。足浅褐色，股节端部颜色较深。前翅远不及腹末，具白色斑纹，也有无翅型个体。分布：江苏、海南、云南、西藏；印度、尼泊尔、孟加拉国、缅甸、越南、泰国、斯里兰卡、马来西亚、新加坡、印度尼西亚。

● 西藏墨脱 – 王建赟 摄

黾蝽次目 GERROMORPHA 水蝽总科 MESOVELOIDEA

水蝽科 Mesoveliidae

体微小至小型，多为灰绿色。拒水毛仅在头和胸的部分位置发展。喙长而直。前胸背板后缘平直，小盾片发达外露。足不甚伸长，跗节 3 节。翅多型现象普遍，有长翅型和无翅型个体。

已知约 12 属 50 种，我国记载约 1 属 4 种。本科被认为是黾蝽次目中的古老类群。生活在静水水体的近岸处，有的种类生活在潮湿落叶层、洞穴和潮间带等环境。与黾蝽次目其他科不同的是，水蝽将卵产于植物组织内。

双突水蝽 *Mesovelia thermalis*

体长 2.5~3.6 mm，黄绿色。头大，前端稍下倾；复眼突出；触角浅褐色，第 1 节内侧近端部处具 2 根直立刚毛；喙黄褐色，末端黑褐色。前胸背板在长翅型个体中向后扩展，后叶黑褐色，在无翅型个体中短于中胸背板；小盾片在长翅型个体中可见，黑褐色，中央具黄褐色斑点。足浅褐色，后足股节腹面具 1~4 根小刺，也有全不具刺的。前翅灰白色，翅脉黑褐色。雄虫第 8 腹节腹面具 1 对黑褐色毛簇。图为无翅型个体。分布：北京、天津、新疆；俄罗斯、日本、哈萨克斯坦、塔吉克斯坦、乌兹别克斯坦、土库曼斯坦、伊朗、阿塞拜疆、欧洲。习性：在静水池塘的近岸处活动，通常数量较大。遇到惊扰后，能在水面或漂浮物上快速奔跑。

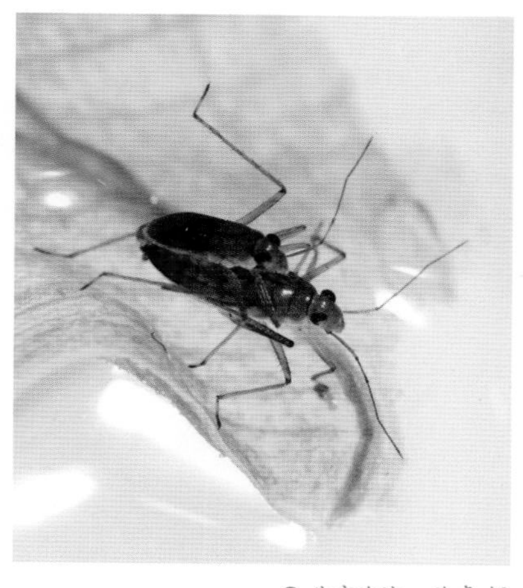

● 北京海淀 – 陈卓 摄

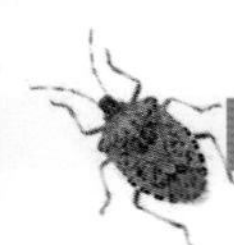

蝎蝽次目 NEPOMORPHA 划蝽总科 CORIXOIDEA

划蝽科 Corixidae

体微小至中型，长椭圆形，黄褐色并配以不规则的深色条纹。头横宽，强烈垂直；触角 3~4 节，短小，隐藏于头下；喙三角形，不分节。前胸背板横宽；小盾片通常不外露。前足股节内侧具小突起，可与喙两侧摩擦发音，前足跗节汤匙状，用以刮取食物；中足细长，跗节 1~2 节，爪成对发达；后足游泳足，跗节 2 节。前翅革质。雄虫腹部左右不对称，有的种类第 6 腹节背板具“刮器”，但功能不明。

已知约 35 属 600 种，我国记载约 10 属 80 种。生活在静水或流水环境中，也有的生活在入海口或高盐水体中。主要为植食性，也有取食动物性食料的记载。

注：划蝽科是水生蝽类中种类繁多的类群，且数量庞大。它们也是蝎蝽次目中唯一主要营植食性的类群，具有很多独特的形态特征，但很多划蝽在外观上彼此相似，难以区别，需要观察前足和生殖器的特征才能鉴定。一些划蝽的雄虫在腹部背面的左侧具有 1 个骨化结构，被称为“刮器”，其上有若干纵向刻痕，但并非用来摩擦发音的构造。“刮器”的有无和形状具有重要的分类学意义，是鉴定属、种的依据之一。

● 重庆缙云山 – 张巍巍 摄

划蝽 Corixinae sp.

体两侧近平行，流线形，略扁平，黄褐色并具若干黑褐色横纹。头黄色；复眼较大，与前胸背板前缘紧贴；无单眼。前胸背板具 7 条横纹。前足跗节汤匙状；后足桨状。前翅具明显的斑驳花纹。分布：重庆。

小划蝽 *Micronecta* sp.

● 重庆雷家桥水库 – 张巍巍 摄

体长约 2.0 mm，浅黄褐色。头黄褐色；复眼较大，与前胸背板前缘紧贴；无单眼；触角 3 节，第 3 节宽叶状。前胸背板侧角附近具 1 个深色斑点；小盾片三角形，黄褐色。前足跗节汤匙状；后足桨状。前翅革片具 4 条浅褐色纵纹，爪片上的 2 条浅褐色纵纹在端部会合。分布：重庆。

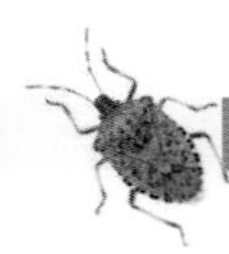

蝎蝽次目 NEPOMORPHA 潜蝽总科 NAUCOROIDEA

盖蝽科 Aphelocheiridae

又称“锅盖蝽科”。体小至中型，扁圆形，黄褐色至黑褐色，有的种类具浅色斑纹。头近似三角形，向前突出；触角 4 节，细长，末端有时伸出头外；喙细而长，伸达后胸腹板。前胸背板前缘明显凹陷。足特化程度弱，跗节 3 节。翅多型现象普遍。无后胸臭腺，但背腹腺在成虫期保留。腹部侧接缘后侧角常呈刺状突出。

已知约 1 属 100 种，我国记载约 1 属 24 种。在静水或流水环境中营底栖生活，以其他小动物为食。通过气盾呼吸方式换气，因此可以长期甚至终生待在水下。

墨脱盖蝽 *Aphelocheirus motuoensis*

体长 10.0~11.0 mm，卵圆形，黑褐色。体表被金黄色平伏短毛。头在复眼前方的长度短于复眼长；喙超过后足基节基部。前胸背板前缘、中部横纹和两侧灰褐色；前胸背板前侧缘呈片状扩展；中胸盾片明显可见。足浅黄色至黄褐色。仅知长翅型个体，前翅明显超过腹末，革片和爪片灰褐色，膜片灰白色。第 5—7 腹节侧接缘后侧角刺状突出。分布：西藏。习性：具有很强的趋光性。叮咬可造成剧烈疼痛。

● 西藏墨脱 - 王建赟 摄

● 西藏墨脱 - 张辰亮 摄

尖盖蝽 *Aphelocheirus nawae*

● 山东济南 - 张巍巍 摄

体长 8.2~8.6 mm，圆形，黑褐色并具很多黄褐色斑纹，存在一定的色斑变化。体表被金黄色平伏短毛。头黄褐色，在复眼前方的长度短于复眼长，后缘具 1 条黑褐色半圆形斑纹；喙伸达中足基节。前胸背板前侧缘弧形弯曲，侧角锐角状向侧后方突出，后缘近直。仅知短翅型个体，前翅相互远离，不及第 2 腹节背板后缘。第 2—7 腹节侧接缘后侧角刺状突出。分布：浙江、安徽、福建、江西、山东、四川；俄罗斯、韩国、日本、哈萨克斯坦。习性：生活在流动较慢的河流中。

潜蝽科 Naucoridae

又称“潜水蝽科”。体中至大型，扁圆形，黄褐色至黑褐色，体表多光滑。头宽而短，与前胸嵌合紧密；复眼紧贴前胸背板前侧角；触角4节，粗短，大都收藏于头下；喙粗短。前足捕捉足，股节十分宽大，胫节弯曲，跗节与胫节愈合；中、后足特化程度弱，跗节2节，后足有时稍呈游泳足状。前翅发达，膜片无翅脉。具后胸臭腺。

已知约40属410种，我国记载约6属12种。生活在静水或流水环境中，捕食其他小动物。通过气泡或气盾方式呼吸。

味潜蝽 *Ilyocoris cimicoides*

体长8.7~14.7 mm，黄褐色至褐色。头宽是头长的3倍，前缘弧形，中线两侧具很多深色斑点；喙伸达前足基节。前胸背板表面具很多黑褐色斑点，前缘凹入，后侧角圆弧形，后缘近直；小盾片三角形，长宽近等。前足股节极宽大，跗节1节，与胫节愈合，分界不明显，无爪；中足胫节具成列的刺毛；后足胫节和跗节具金色长毛。腹部腹面中央具纵脊。分布：天津、河北、山西、内蒙古、黑龙江、江苏、甘肃、新疆；俄罗斯、朝鲜、韩国、哈萨克斯坦、塔吉克斯坦、乌兹别克斯坦、土耳其。

● 山西晋中 – 麦祖齐 摄

蝎蝽次目 NEPOMORPHA 蝎蝽总科 NEPOIDEA

负蝽科 Belostomatidae

又称“负子蝽科”“田鳖科”。体中至巨型，其中包括体长超过 100 mm 的种类，也是已知最大的椿象，卵圆形至长椭圆形，褐色，通常背腹扁平。触角 4 节，短小，稍呈鳃叶状，收藏于头下。前足捕捉足，股节粗大，胫节弯曲，跗节与胫节愈合；中、后足通常扁平，特化为游泳足。前翅发达，具网状翅脉，尤以膜片为甚。后胸臭腺发达；第 8 腹节背板特化成 1 对短叶状构造，内侧具毛，用以伸出水面收集空气。

已知约 11 属 150 种，我国记载约 4 属 7 种。多数生活在静水水体中，善于游泳，但通常停息在水草等物体上静伏猎物。捕食能力极强，猎物包括鱼、青蛙、乌龟等脊椎动物。雄虫具护卵行为。

日拟负蝽 *Appasus japonicus*

● 云南老君山 – 张巍巍 摄

体长 18.0~22.0 mm，褐色。头近似三角形，复眼之间具 1 条深色斑纹。前胸背板前缘中部稍内凹；前胸背板前叶长是后叶的 3 倍，中央有 1 对圆形小凹窝；小盾片深褐色，并具 1 对浅褐色纵带纹，向前延伸至前胸背板后叶。前足跗节 2 节，末端具 1 对爪。腹部腹面中央具纵脊，两侧分布有绒毛带。分布：天津、河北、江苏、江西、河南、湖北、四川、贵州、云南、陕西；韩国、日本。习性：雌虫将卵产在雄虫背部，雄虫背负卵块游动，会游到水面或用足划水使卵得到充足的氧气，以利于卵的孵化。

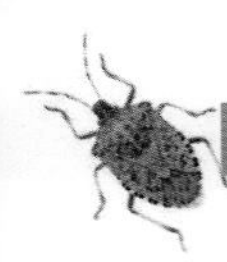

● 海南白沙－吴云飞 摄

锈色负蝽 *Diplonychus rusticus*

体长 13.0~16.5 mm，褐色。头横宽，前缘弧形。前胸背板前缘中部稍内凹；前胸背板前叶长是后叶的 2 倍；侧缘薄片状，黄褐色，后侧角圆钝。前足跗节 1 节，末端具 1 对爪。前翅大部革质，前缘基部 2/3 薄片状；膜片极小，但翅脉明显，基部具 1 布满绒毛的小圆斑。腹部腹面中央具纵脊，两侧分布有绒毛带。分布：上海、江苏、浙江、福建、江西、山东、河南、湖北、广东、广西、海南、贵州、云南、香港、台湾；日本、澳大利亚、南亚、东南亚。习性：生活在静水环境中，是稻田中常见的水生昆虫之一。有很强的趋光性。图为受到灯光引诱飞上岸来的个体。

● 西藏墨脱－吴超 摄

印鳖负蝽 *Lethocerus indicus*

又称“印度田鳖”。体长 64.0~80.0 mm，黄褐色，杂以若干细小的深色斑点。复眼大而突出，内缘近平行；头在复眼之间具一隆脊。前胸背板梯形，在前叶中央稍隆起，并具 3 条宽的黑褐色纵带纹；小盾片具 1 个黑褐色方斑。前足股节明显加粗，跗节 3 节；中、后足稍扁平，具浓密的缘毛。前翅褐色，翅脉清晰。腹部腹面中央具纵脊。分布：浙江、福建、广东、广西、海南、云南、香港、台湾；东亚、南亚、东南亚。习性：雌虫产卵于露出水面的木桩等物体上，并由雄虫看护卵块。有很强的趋光性。

注：本种是我国南方和一些东南亚国家常见的食用昆虫之一，因烹制时有香味，故名“桂花蝉”。有学者认为我国古代的“青蚨”即指本种。

蝎蝽科 Nepidae

体中至大型，长椭圆形至长筒形，黄褐色至黑褐色。头小而平伸；触角多为 3 节，第 2 节或第 2 节、第 3 节具指形突起。前胸背板明显延伸，以致前足基节窝向前开口；前足捕捉足，中、后足步行足，跗节 1 节。前翅膜片具若干小翅室。无后胸臭腺和背腹腺。第 8 腹节背板特化为 1 对长管状构造，合并成呼吸管，用以伸出水面收集空气。

已知约 15 属 260 种，我国记载约 5 属 23 种。主要见于静水环境，或在溪流中流速较缓的地方活动，游泳能力较弱，多采取爬行的方式运动。捕食性，常静息伏击猎物。

日壮蝎蝽 *Laccotrephes japonensis*

体长 32.0~38.0 mm，呼吸管长 33.0~40.0 mm，灰褐色至黑褐色。体表粗糙。头宽大于长；触角 3 节。前胸背板前、后缘明显凹陷，前叶中央具 1 对纵脊；前胸腹板呈脊状隆起，具一前一后 2 个突起。前足股节加粗，腹面基部具 1 个突起，胫节稍弯曲，跗节 1 节，无爪。腹部腹面中央具纵脊。分布：北京、天津、河北、山西、江苏、江西、湖北、贵州、云南、台湾；韩国、日本。

● 云南高黎贡山 – 张巍巍 摄

一色螳蝎蝽 *Ranatra unicolor*

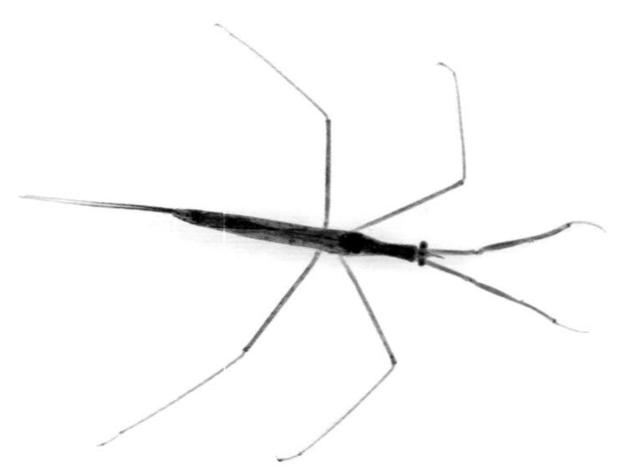

● 河南南阳－刘盈祺 摄

体长 24.0~29.5 mm，呼吸管长 15.0~21.0 mm，细长形，浅褐色。头宽短；复眼大而突出；触角 3 节；喙短小，4 节。前胸背板在中部明显变窄，后缘向内深凹；小盾片基部稍鼓起。前足捕捉足，基节细长，股节腹面中部具 2 个齿突，胫节弯曲，跗节 1 节，无爪；中、后足极细长。前翅革片和爪片分界明显，膜片深褐色。腹部腹面中央具纵脊。分布：北京、天津、河北、山西、辽宁、黑龙江、上海、江苏、浙江、安徽、福建、江西、河南、湖北、湖南、广东、四川、云南、宁夏；俄罗斯、韩国、日本、哈萨克斯坦、塔吉克斯坦、乌兹别克斯坦、伊朗、伊拉克、阿塞拜疆、亚美尼亚、沙特阿拉伯。

蝎蝽次目 NEPOMORPHA 仰蝽总科 NOTONECTOIDEA

蚤蝽科 Helotrephidae

体微小、半球形的水生椿象。头与前胸紧密愈合，形成“头胸部”，约占体长 1/2，其间仅靠 1 条波曲的缝线分界；复眼肾形，小；无单眼；触角 2 节，在某些属中仅 1 节，末端具长毛丛；喙短小。小盾片极大。前、中足特化较弱，后足游泳足；跗式 1–1–2，2–2–3 或 3–3–3。前翅鞘翅型，几乎不见翅脉。腹部腹面中央具纵脊。

已知约 20 属 190 种，我国记载约 5 属 24 种。生活于静水或流水的回水湾处，还有的种类是从温泉中发现的。捕食性，以小型无脊椎动物为食。多以腹面向上的姿势活动。

斯蚤蝽 *Distotrephes* sp.

体长约 1.0 mm，黄褐色至深褐色。头深褐色，前胸前半黄褐色、后半深褐色，头与前胸间的界线呈“W”形；复眼黑褐色，被前胸背板侧缘分割成上下两部分，下面远小于上面部分；触角 2 节。小盾片深褐色，略呈舌形。各足黄褐色。前翅前半深褐色，后半黄褐色。分布：重庆。习性：生活在山间溪流相对平静的水湾中，可在水下石头上发现。

● 重庆青龙湖 – 张巍巍 摄

仰蝽科 Notonectidae

又称“仰泳蝽科”。体小至中型，大都前宽后窄，背面隆拱，呈顺畅的流线形，灰白色至黑褐色。复眼大；触角 3~4 节，末端有时伸出头外；喙短小。前、中足特化程度弱，跗节 2 节；后足游泳足，较细而长，胫节和跗节具缘毛，爪退化。前翅膜片无翅脉。腹部腹面中央具纵脊，两侧内凹，内生长毛，形成储存空气的“气室”。

已知约 11 属 400 种，我国记载约 4 属 31 种。常见于池塘、水田、湖泊等静水环境，终生以背面朝下、腹面朝上的“仰泳”方式生活。捕食性。叮咬可造成疼痛。

普小仰蝽 *Anisops ogasawarensis*

体长 5.8~6.7 mm，灰白色。头前缘弧形，侧面观稍超过复眼前缘；复眼褐色；喙第 3 节两侧各具 1 个突起。前胸背板宽是长的 2 倍，后缘中央凹入。前足胫节基部具发音梳，可与喙两侧的突起摩擦发音。前翅透明，爪片接合缝基部具 1 个小窝，称“感觉窝”。腹部腹面中纵脊外黑褐色。分布：天津、上海、浙江、福建、江西、湖北、湖南、广东、广西、海南、四川、贵州、云南、陕西、台湾；日本。习性：生活在平地至低海拔山区的小水塘中。

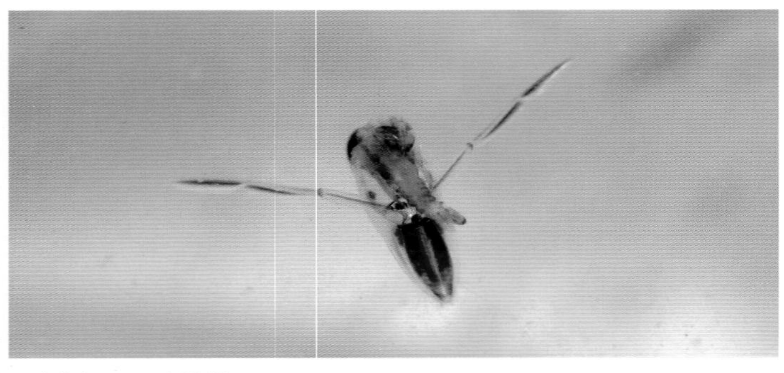

● 海南海口 – 王建赟 摄

黄斑粗仰蝽 *Enithares ciliata*

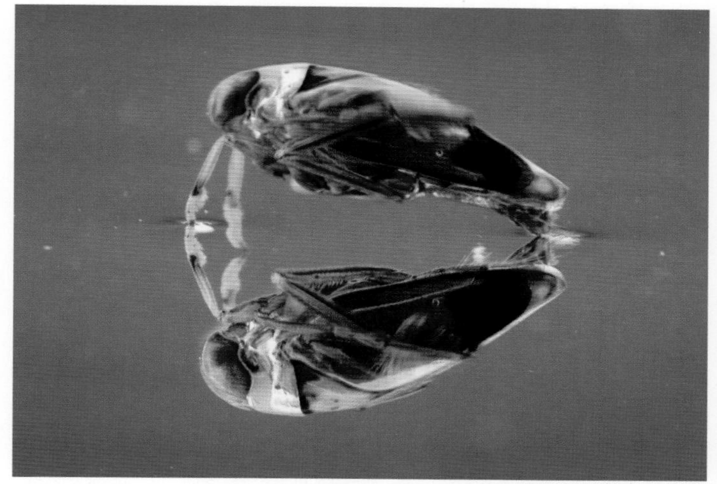

● 海南儋州 – 王建赟 摄

体长约 9.0 mm，黄褐色至黑褐色。头前缘弧形；复眼红褐色。前胸背板长于头长，前侧缘具肩窝，后半透明；小盾片基角黑褐色，中部具黑褐色斑；后胸腹板突端部钝，两侧近直。中足股节近端部处具 1 个大刺突，中足胫节端半具 3 根刺状毛。前翅革片和爪片后缘色深，膜片透明。分布：海南、云南；印度、不丹、缅甸、越南、老挝、泰国、斯里兰卡、马来西亚、新加坡。

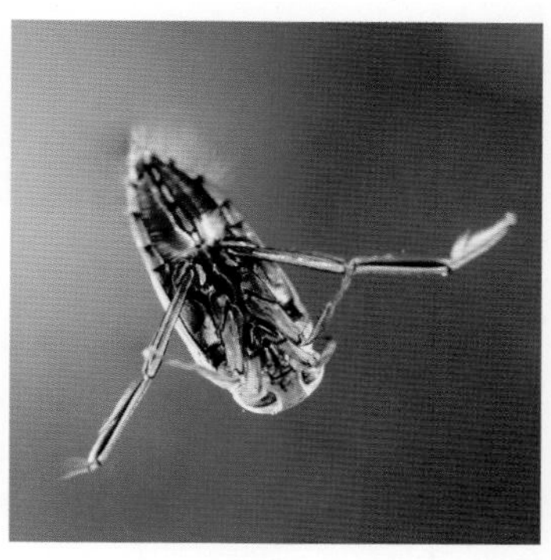

● 海南儋州 – 王建赟 摄

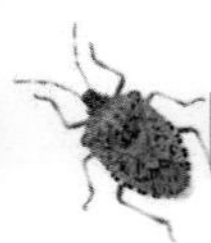

固蝽科 Pleidae

又称“固头蝽科”。体微小、紧凑的水生椿象，身体背面极为隆拱，具若干粗大刻点，黄褐色。头短而宽，与前胸嵌合紧密，不能自由活动；触角3节；喙短小。小盾片较大。各足特化程度较弱，跗节2~3节。前翅革质，爪片大，无膜片。腹部腹面中央具纵脊，与仰蝽科类似。

已知约4属35种，我国记载约1属5种。生活在水草茂盛的静水环境中，通常数量较大。与仰蝽一样采用腹面向上的姿势运动，但运动时以各足交替拨动，而不像仰蝽仅用后足划动。

额邻固蝽 *Paraplea frontalis*

● 贵州凯里 – 孙子强 摄

体长2.3~3.0 mm，黄褐色。头浅黄色，前缘弧形，头顶具1条深色短纵纹；复眼深褐色；喙黑褐色。前胸背板横宽，前缘近直；小盾片褐色。各足浅黄褐色，基节和转节黑褐色；前、中足跗节2节，后足跗节3节。身体腹面黑褐色。分布：北京、江苏、浙江、福建、广东、海南、贵州、台湾；印度、孟加拉国、印度尼西亚。习性：生活在水田中，数量十分庞大。捕食性，以小型节肢动物或其尸体为食。

蝎蝽次目 NEPOMORPHA 蜍蝽总科 OCHTEROIDEA

蟾蝽科 Gelastocoridae

体中型，宽短圆形，表面粗糙，体表干燥时灰白色，润湿时呈黑褐色，能够极佳地融入生活环境的背景色中。头横宽，强烈垂直；复眼向侧上方突出，肾形；单眼 1 对；触角 4 节，不具指形突起；喙粗短。前胸背板宽大，表面具各式突起和隆脊。前足捕捉足，股节粗大，腹面具沟槽以容纳胫节和跗节，爪不对称。中、后足步行足，爪对称；跗式 1–2–3。前翅膜片具大量网状翅脉，有时膜片极为退化；腹部宽圆。

已知约 3 属 100 种，我国记载约 1 属 3 种。陆生，见于河岸边或离水较远的地方。

亚洲蟾蝽 *Nerthra asiatica*

体长 11.6~12.3 mm，深褐色。体表被褐色短鳞状毛。头宽大于长，后缘近直。前胸背板极为宽大，侧缘近直，转角处弧形弯曲，无明显突起，后缘在中央明显凹入；前胸背板前部中央具 2 处较大的鼓起，两侧各具 1 处较小的鼓起；小盾片三角形，稍隆起，顶端圆钝。前足股节黄褐色。前翅膜片翅脉清晰可见。腹部侧接缘外露较少。分布：湖北、四川、云南、西藏；印度。习性：见于潮湿的布满砂石的地面，可做短距离跳跃。

● 西藏墨脱 – 计云 摄

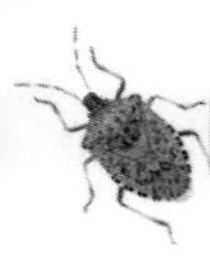

● 西藏墨脱 - 计云 摄

印度蟾蝽 *Nerthra indica*

体长 8.7~10.3 mm，黄褐色至褐色，有时稍带红褐色。体表被黄褐色短毛和褐色短鳞状毛，并多少覆盖有沙砾土渍。头宽大于长，后缘近直；复眼明显向侧上方突出。前胸背板宽大，侧缘因具不规则的突起而形状多变，常左右不对称；前胸背板表面凹凸不平，具各式鼓起和沟壑；小盾片三角形，顶端圆钝。各足颜色较深。前翅膜片翅脉依稀。腹部侧接缘明显外露。分布：福建、江西、广东、广西、四川、贵州、云南、西藏；印度、尼泊尔、越南、老挝。习性：生活在潮湿的地面，会躲藏在土块缝隙、植物根际或朽木下等环境，善于伪装。

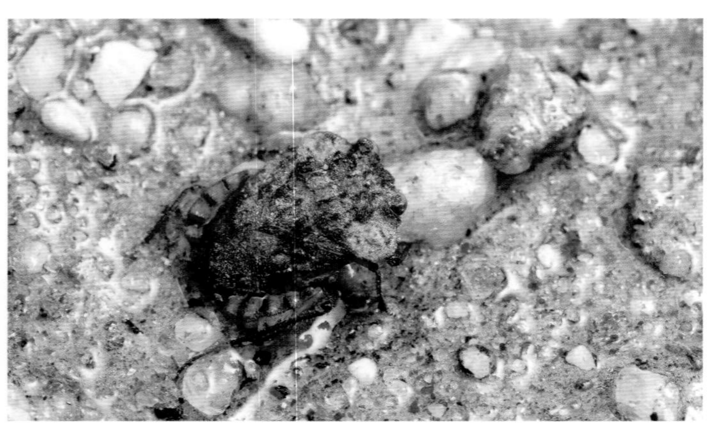

● 西藏墨脱 - 王建赟 摄

蜍蝽科 Ochteridae

又称“拟蟾蝽科”。体小型，宽圆形，黑褐色，有很多黄褐色和蓝紫色的斑纹。体表覆盖微毛层，使其整体呈抓绒质感。头短而宽；复眼大而突出，肾形；单眼 1 对；触角 4 节，端部 2 节露于头外；喙极细长，伸达后足基节。各足特化程度弱，跗式 2-2-3。前翅膜片具几个较大的翅室；有翅多型现象。

已知约 3 属 90 种，我国记载 1 属 2 种。见于静水或溪流岸边的潮湿地面。捕食性，行动敏捷，善于跳跃。蜍蝽在外形和生境上极似跳蝽，但本科触角基半收于头下，通过这一点就能轻松区别二者。

黄边蜍蝽 *Ochterus marginatus*

● 广东深圳 - 麦祖齐 摄

体长 4.4~5.5 mm，深褐色。头（除基部外）黑褐色，强烈垂直；触角第 1 节球状，黄色，第 3 节、第 4 节细长，黑褐色；喙伸达后足基节之间。前胸背板表面具灰白色至蓝紫色碎斑，侧缘弧形外拱，形成 1 个黄褐色片状扩展，侧角圆钝，后方具黄褐色斑纹，后缘中部具 1 个黄褐色横斑；小盾片黑褐色，基角、基部中央和顶端具灰白色至蓝紫色碎斑。足黄褐色。前翅革片和爪片具灰白色至蓝紫色碎斑，其中革片外侧 3 个最大，膜片具浅色晕斑。分布：北京、天津、内蒙古、黑龙江、江苏、浙江、福建、湖北、湖南、广东、海南、四川、贵州、台湾；日本、印度、越南、老挝、泰国、斯里兰卡、菲律宾、马来西亚、印度尼西亚、欧洲、非洲。

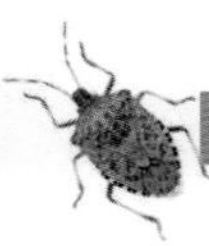

细蝽次目 LEPTOPODOMORPHA 细蝽总科 LEPTOPODOIDEA

细蝽科 Leptopodidae

又称“细足蝽科”。体小型，卵圆形至长椭圆形，浅灰色至黑褐色，变化较大。身体背面大部（至少前翅爪片）具很多粗大刻点，有的种类体表具刺。复眼大而突出，肾形或半球形；单眼 1 对，远离或紧挨；喙 4 节，短小，最多伸达前足基节。

已知约 10 属 40 种，我国记载约 3 属 4 种。见于石滩、沙地等环境，行动敏捷，能作短距离低飞。可能为捕食性。

大细蝽 *Valleriola* sp.

体长约 5.0 mm，灰褐色至黑褐色。体表被直立短细毛。复眼半球形，向两侧突出；单眼着生在 1 个小突起上；额和单眼后斑纹污橙色；触角第 1 节黄褐色，其余各节黑褐色。前胸背板前缘和后叶具粗刻点，后叶中纵纹和后缘橙色；小盾片三角形，顶端橙色。各足黄褐色，具黑褐色纵纹，股节向端部渐细。前翅具 2 条橙色纵纹和 3 个淡色斑点，膜片灰色。分布：云南。习性：在潮湿的岩石表面活动，行动迅速。

● 云南绿春 – 王建赟 摄

细蝽次目 LEPTOPODOMORPHA 跳蝽总科 SALDOIDEA

跳蝽科 Saldidae

体小型，卵圆形，灰褐色至黑褐色，有很多浅色和深色小碎斑。复眼大而突出，肾形，常与前胸背板接触；触角 4 节，第 2 节最长；喙细长，可伸达后足基节。前胸背板后缘中央常宽阔地凹入。跗节 3 节。翅多型现象普遍，长翅型个体前翅宽大，膜片具 4~5 个纵向平行排列的翅室。

已知约 33 属 350 种，我国记载约 13 属 50 种。生境类型多样，在水体周围的湿地、潮湿落叶层、干燥石滩、潮间带甚至高山草甸都能发现。捕食性。善于跳跃和低飞，行动活泼。

缅甸跳蝽 *Saldula burmanica*

体长 3.2~5.0 mm，黑褐色，有很多白色和橙色的小碎斑，体色有一定程度变异。体背面被直立或半直立黑色长刚毛。头、前胸背板和小盾片具刻点；触角第 1 节和第 2 节颜色稍浅。各足大部污黄色，基节黑褐色。前翅长翅型或短翅型；爪片近基部和近端部各具黄色斑点 1 个；膜片翅室 4 个。分布：四川、云南、西藏、陕西；巴基斯坦、印度、尼泊尔、缅甸、越南。

● 西藏墨脱 – 王建赟 摄

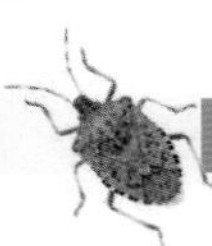

臭虫次目 CIMICOMORPHA 臭虫总科 CIMICOIDEA

花蝽科 Anthocoridae

体微小至小型，圆形至长椭圆形，黄褐色至黑褐色。头向前平伸，前端多平截；单眼 1 对；触角 4 节；喙 4 节，长短不一，第 1 节极短小。后胸臭腺沟和挥发域发达。跗节 3 节。前翅具楔片，膜片翅脉简单。

已知约 70 属 500 种，我国记载约 18 属 90 种。生活在植物上、落叶层或动物巢穴中。多为捕食性，有的种类兼食花粉。本科昆虫具有正常授精、创伤（血腔）授精和交配管授精 3 种授精方式，在相关的腹部（尤其是生殖器）形态上发生特化。

原花蝽 *Anthocoris* sp.

体长约 3.5 mm，深黑褐色。头与前胸背板近等长；触角黑褐色，第 2 节（除端部外）褐色。前胸背板侧缘稍凹，前半狭边状；中央横陷深，具很多细密刻点；后缘深凹。足褐色，各足股节亚端部、胫节基部和第 3 跗节黑褐色。前翅革片基部（除基角外）浅黄白色；爪片接合缝顶端和前缘裂处具红褐色斑点；膜片黑褐色，具 3 个浅色斑。分布：西藏。

● 西藏墨脱 – 王建赟 摄

黑头叉胸花蝽 *Amphiareus obscuriceps*

● 北京延庆－王建赟 摄

体长 2.4~2.9 mm，黄褐色。体表被金色直立或半直立长毛。头顶黑褐色，顶端稍浅；复眼黑褐色，具稀疏短毛；触角褐色，第 2 节基部 2/3 黄褐色；喙伸达前足基节。前胸背板前缘具 1 列刻点，前侧角和后侧角各具 1 根长毛，胝区光滑隆起，后叶散布刻点；小盾片中央凹陷；后胸臭腺沟向前弯折；后胸腹板突起末端分叉。前翅膜片灰褐色。分布：北京、天津、河北、内蒙古、辽宁、江苏、浙江、山东、河南、湖南、广西、海南、四川、云南、陕西、甘肃、台湾；日本。

黑纹透翅花蝽 *Montandoniola moraguesi*

● 海南海口－王建赟 摄

体长 2.5~3.1 mm，黑褐色。体表光滑，具光泽。头较长而平伸；触角第 2 节加粗，第 3 节、第 4 节细，浅黄褐色；喙伸达前足基节。前胸背板侧缘稍内弯，后缘中央明显内弯；小盾片中央凹陷；后胸臭腺沟向前弯折。前、中足胫节和各足跗节浅黄褐色。前翅超过腹末，革片内侧和爪片大部透明，膜片透明，中央具 1 条深色纵带纹，几乎贯穿全长。分布：福建、广东、广西、海南、西藏、香港、台湾；日本、印度、新加坡、印度尼西亚、欧洲、大洋洲、非洲。习性：常见于植物叶片上，捕食蓟马。

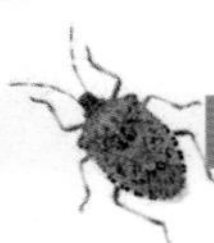

海岛小花蝽 *Orius maxidentex*

● 海南三亚－王建赟 摄

体长 1.4~2.1mm，黄褐色至黑褐色。头宽大于长，两单眼互相远离，之间无横毛列；触角第 1 节粗壮，略伸过头的最前端，第 2 节最长。前胸背板表面具粗大刻点，侧缘近直，后缘向前弓形凹入；小盾片长略等于前胸背板长。在休息姿态时左右前翅的前缘近平行，前翅大部淡黄褐色，半透明，楔片端部色略深，膜片灰白色。腹下棕褐色至黑褐色，各足淡黄褐色。分布：海南；泰国、印度、巴基斯坦、伊朗、苏丹。

注：本种与分布于我国华南地区的淡翅小花蝽 *Orius tantillus* 在外形上较为相似，但生殖器结构不同。

东亚小花蝽 *Orius sauteri*

● 北京延庆－王建赟 摄

体长 1.9~2.3 mm，褐色至黑褐色。头顶中央具“Y”形分布的纵毛列，单眼之间具 1 个横毛列；触角黄褐色，第 3 节、第 4 节颜色稍深。前胸背板侧缘微凹或直，中央横陷清楚，领和后叶具很多刻点，外观呈横皱状。足黄褐色，各足股节外侧颜色较深。前翅爪片和革片浅色，楔片大部或仅末端颜色较深，膜片灰褐色。分布：北京、天津、河北、山西、辽宁、吉林、黑龙江、山东、河南、湖北、四川、甘肃；俄罗斯、朝鲜、日本。

注：本种的种名源于德国商人汉斯·索德（Hans Sauter）的姓氏。索德 1902 年起在我国台湾从事标本采集活动，并将采获的大量昆虫标本捐赠或贩卖给欧洲的博物馆，以供有关学者研究，因此可找到不少以他姓氏命名的昆虫。

南方小花蝽 *Orius strigicollis*

● 江苏常州 – 王建赟 摄

体长 1.9~2.1 mm，褐色至黑褐色。头顶中部有“Y”形分布的纵毛列和刻点列，单眼之间有横毛列；雄虫触角较雌虫稍粗，第 2 节黄褐色。前胸背板侧缘直，中央横陷清楚，领和后叶具很多刻点，外观稍呈横皱状。足黄褐色，各足胫节毛长不超过该节直径。前翅革片与爪片浅色，楔片大部或全部黑褐色，膜片浅灰褐色。分布：江苏、浙江、福建、山东、湖北、广东、四川、贵州；日本。习性：在植物上活动，能够捕食蓟马、蚜虫、红蜘蛛等。

注：在很多近年国内文献和介绍中，本种的学名常被误作其异名 *O. similis*。

臭虫科 Cimicidae

体小至中型，圆形至椭圆形，极为扁平，红褐色。复眼小；无单眼；唇基扩宽，前端平截；触角 4 节；喙 4 节，长短不一，第 1 节极短小。前胸背板前缘凹入，侧缘扩展；小盾片宽短的三角形。跗节 3 节。前翅极退化缩短，呈瓣状，无后翅。

已知约 24 属 110 种，我国记载约 2 属 3 种。以鸟兽的血液为食，平时躲藏在鸟兽巢穴的缝隙中，只在进食时接近寄主。具创伤（血腔）授精的行为。

温带臭虫 *Cimex lectularis*

● 北京－吴超 摄

体长 4.0~5.5 mm，扁圆形，黄褐色至红褐色。体表被浅褐色短毛。头宽扁；复眼黑褐色，向两侧突出，具较短的眼柄；触角第 1 节粗短，第 2 节长而稍细，第 3 节、第 4 节黄白色，比第 2 节更细；喙伸达前足基节前缘。前胸背板侧缘向前侧方扩展，前侧角圆钝，接近复眼后缘。前翅覆盖第 1 腹节背板的大部。分布：随人类活动携播而在全球广布。习性：平时藏身于床板缝隙等处，夜晚外出吸食人血，具极强的耐饥饿能力。腹部具较强的扩展能力，在饱腹后可变得十分膨胀。叮咬可造成皮肤红肿瘙痒，常连串叮咬，有时可导致过敏，但不传播严重的疾病。

毛唇花蝽科 Lasiochilidae

体小型，外形与花蝽科类似，多为褐色。头向前平伸，前端平截；单眼 1 对；触角 4 节；喙 4 节，第 1 节极短小。后胸臭腺沟发达，向后弯曲或直接指向后方。跗节 3 节。前翅具楔片，膜片翅脉简单。腹部仅第 1 和第 2 腹节具侧背片。

已知约 10 属 60 种，我国记载 1 属 1 种。在地面、树皮下或植物表面活动。捕食性。交配时通过正常的方式授精。

日本毛唇花蝽 *Lasiochilus japonicus*

体长 2.2~2.9 mm，稍扁平，褐色至深褐色。体表密被浅褐色半直立长毛。头光滑；触角第 2 节端部 2/3、第 3 节和第 4 节黄褐色；喙黄褐色。前胸背板光滑，具 1 个浅的中纵沟，领较窄，侧缘近直，前侧角和后侧角各具 1 根长毛，后缘深凹；小盾片基半光滑，端半较粗糙。后胸臭腺沟短，稍向后弯。足黄褐色，前足胫节端部稍加宽。前翅膜片灰褐色。腹末具数根很长的毛。分布：广东、云南；韩国、日本。习性：生活在朽木树皮下。

● 云南绿春 – 王建赟 摄

细角花蝽科 Lyctocoridae

体小型，外形与花蝽科类似，黄褐色至深褐色。头向前平伸，前端平截；单眼 1 对；触角 4 节，第 3 节、第 4 节较细；喙 4 节，细而直，至少伸达腹部基部，第 1 节短小，第 3 节细长。后胸臭腺沟发达，呈直角状向前弯曲。前足胫节具海绵窝。前翅具楔片，膜片翅脉 1~4 根。腹部具侧背片；雌虫第 7 腹节腹板前缘中央具 1 个内突。

已知约 1 属 28 种，我国记载约 1 属 5 种。生活在落叶层、树皮下和鸟兽巢穴等环境中。捕食性，也有吸食哺乳动物血液和植物汁液的报道。具创伤（血腔）授精的行为。

广细角花蝽 *Lyctocoris campestris*

体长 3.2~3.8 mm，黄褐色。头褐色，前端颜色较浅；触角第 2 节基半色浅，第 3 节、第 4 节具直立或半直立的细长刚毛。前胸背板褐色，侧缘近直，后缘宽阔凹入；小盾片基半褐色，端半深褐色，具横皱纹。足浅黄褐色，各足胫节具刺状刚毛。前翅远超腹末，爪片基部 2/3 和革片基半浅黄褐色，爪片端部、革片端半和楔片褐色，膜片浅灰白色，半透明。分布：新疆；全球广布。

● 新疆昌吉 – 陈卓 摄

丝蝽科 Plokiophilidae

丝蝽是一类小型昆虫，体形接近花蝽，多在蛛网和足丝蚁网附近活动，伺机取食网上的猎物或猎物残片。目前全世界约有 9 属 21 种（包括 1 琥珀种和 1 化石种），我国于 2021 年首次记录本科种类。

版纳丝蝽 *Plokiophiloides bannaensis*

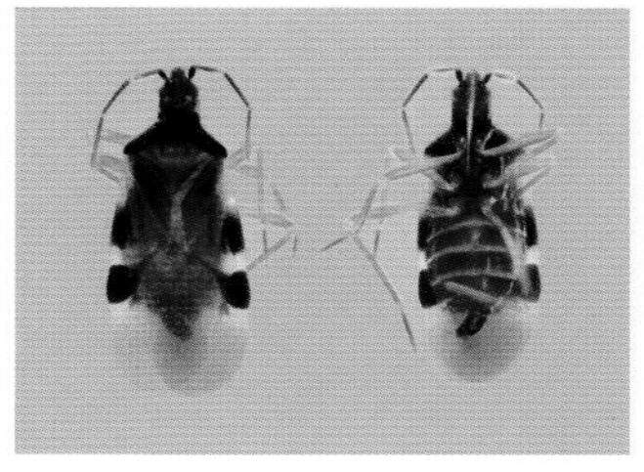

● 云南西双版纳 - 骆久阳 摄

体长 1.5~1.7 mm，暗红棕色。头近柱状，长等于宽，复眼远离前胸背板前缘；触角第 2 节端部及第 4 节端部大部浅黄色，前翅革片基部、革片前缘近端部、膜片近楔片端部浅白色。头后部具 2 对长毛，胸部背板及前翅表面具微刺。触角及各足具浓密半直立长毛；喙几乎达中胸腹板后缘。前胸背板长约为宽的 1/2，后缘强烈向前凹陷。前翅超过腹末。各足股节及胫节内侧无强刺列，前足及中足胫节端部均具毛梳。腹部背板大部膜质。分布：云南。习性：生活在狼蛛洞穴中，取食狼蛛的猎物残片。

● 云南西双版纳 - 骆久阳 摄

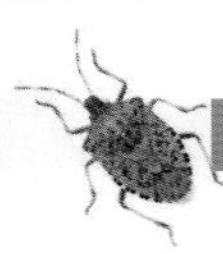

臭虫次目 CIMICOMORPHA 盲蝽总科 MIROIDEA

盲蝽科 Miridae

体微小至中型、身体娇弱的椿象，体形和体色富于变化。头短而宽，多少下倾；多数无单眼；触角 4 节；喙 4 节，长短不一。前胸背板多圆鼓；后胸臭腺沟多为耳状。各足转节 2 节，足易从此处断开脱落；跗节多为 3 节；前跗节结构多样，是分类的重要依据。前翅具楔片，翅面常沿前缘裂向下弯折，膜片翅脉简单，具 1~2 个翅室。

本科是半翅目中仅次于叶蝉科 Cicadellidae 的第二大科，已知约 1 300 属 11 000 种，我国记载约 210 属 950 种。生境类型多样，在野外十分常见。兼具植食性、捕食性和杂食性的种类，有的取食真菌。行动活泼，善于飞行和跳跃。

● 云南绿春 – 王建赟 摄

金鸡纳角盲蝽 *Helopeltis cinchonae*

体长 5.5~7.0 mm，褐色至深红褐色，雌虫体色较浅。头横宽；触角第 1 节粗短，约等于头宽，第 2 节、第 3 节细长；喙伸达中足基节中部。前胸背板光亮；小盾片具 1 个直立的突起，突起端半颜色较浅，末端小球状。足细长，各足股节具结节。前翅远超腹末，楔片内缘红色，膜片深灰色，具 1 个淡色斑。分布：江西、广东、广西、海南、贵州、云南、西藏、香港、台湾；缅甸、越南、泰国、马来西亚、印度尼西亚。习性：生活在茶树、蕨类等植物上。受到侵扰时会将足缩在一起，触角向后平铺在背面。

茶角盲蝽 *Helopeltis theivora*

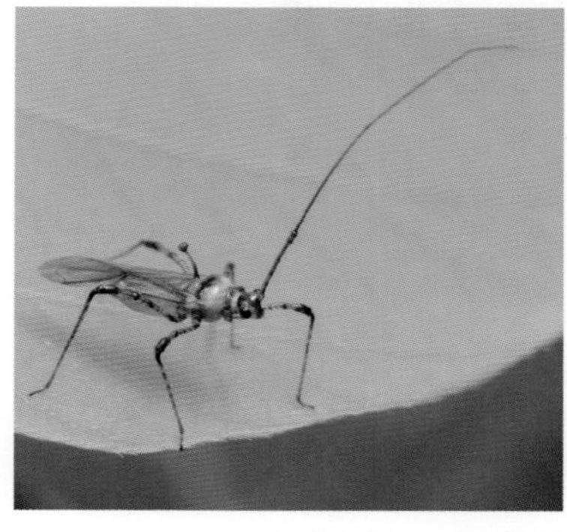

● 海南琼中 – 王建赟 摄

体长 5.6~7.2 mm，黄色至黄褐色。头顶具深褐色；触角细长，约为体长的 2 倍，第 1 节明显长于头宽；喙伸达中足基节后缘。前胸背板领前半黄色、后半褐色，或全为黄色；前胸背板后叶具 1 个深褐色大斑；小盾片的直立突起稍向后弯，末端小球状。足细长，各足股节具结节。前翅灰色，半透明。腹部黄绿色至黄褐色。分布：海南、云南、香港；印度、斯里兰卡、马来西亚、印度尼西亚。习性：生活在腰果、可可、芒果、茶树等植物上，是这些经济作物的害虫。

环曼盲蝽 *Mansoniella annulata*

● 四川宝兴 – 刘盈祺 摄

体长 7.8~7.9 mm，浅黄色。头背面具浅红色斑纹；触角玫红色，第 1 节端部膨大，第 2 节细长；喙伸达前足基节后缘，末端黑褐色。前胸背板领黄白色，后半侧面具 1 条褐色带纹，向后纵贯前叶；小盾片黄白色。足半透明，各足股节端部颜色较深。前翅半透明，爪片玫红色，革片端部具 1 个玫红色环斑，膜片浅黄褐色，翅脉红色，翅室端角近似直角。分布：湖北、四川、贵州、云南、陕西。

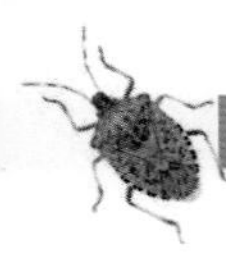

● 云南玉溪 – 王建赟 摄

波氏烟盲蝽 *Nesidiocoris poppiusi*

体长 3.5~3.6 mm，黄绿色。头浅橙色，唇基深褐色；触角褐色至深褐色，第 2 节约为第 1 节长的 3 倍；喙稍伸过后足基节中部。前胸背板梯形；中胸大部橙色，小盾片黄白色，具 1 条黑褐色中纵带。足浅黄绿色，后足胫节基部黑褐色。前翅革片黄白色，具褐色至黑褐色斑纹，膜片灰褐色。腹部绿色。分布：福建、河南、广西、海南、四川、贵州、云南、陕西、甘肃、台湾。习性：杂食性。图为波氏烟盲蝽取食烟粉虱的卵。

注：本种与烟盲蝽（见下文）非常相似，且生活环境重叠，在以往文献中常与后者混淆。种名源于芬兰昆虫学家罗伯特·贝蒂尔·波皮乌斯（Robert Bertil Poppius）的姓氏。

● 海南儋州 – 王建赟 摄

烟盲蝽 *Nesidiocoris tenuis*

体长 2.9~3.6 mm，黄绿色。头基部横纹和唇基端部褐色；触角褐色，第 1 节、第 2 节基部深褐色，第 1 节端部和第 2 节中段黄褐色；喙伸达第 2 腹节。前胸背板梯形，后叶一般具 4 个深褐色纵斑；小盾片浅绿色，顶端深褐色。足浅黄绿色，胫节基部褐色至黑褐色，有时前、中足胫节基部颜色不加深。前翅革片浅黄绿色，具褐色至黑褐色斑纹，膜片浅褐色。腹部绿色。分布：北京、天津、河北、山西、内蒙古、江苏、浙江、福建、江西、山东、河南、湖北、湖南、广东、广西、海南、四川、贵州、云南、西藏、陕西、台湾；世界广布。习性：生活在茄科等植物上，捕食烟蚜（桃蚜）、烟粉虱、螨类等小型节肢动物，在食物短缺时也会吸食植物汁液。

花尖头盲蝽 *Fulvius anthocoroides*

● 海南儋州 – 王建赟 摄

体长 2.6~3.1 mm，黑褐色。头前端较尖；触角第 2 节端部 1/3 浅黄白色，第 3 节、第 4 节较细，并具若干长毛；喙长，几乎伸达腹末。前胸背板侧缘向内弯曲，后缘宽阔凹入；中胸盾片宽阔地外露，深褐色，小盾片三角形。各足股节深褐色，端部红色，胫节褐色。前翅基部 1/3 浅黄白色，爪片中央具 1 条纵脊，革片端角处具 1 个浅白色斑，膜片灰褐色，稍带反光。分布：海南、香港、台湾；日本、印度、泰国、斯里兰卡、马来西亚、新加坡、澳大利亚、非洲、南美洲。习性：发现于朽木树皮下。

散斑鲨盲蝽 *Rhinomiris conspersus*

● 海南五指山 – 张巍巍 摄

体长 7.6~8.8 mm，狭长形，深褐色。头前端较尖；触角第 1 节和第 2 节基半浅褐色，其余黑褐色，第 2 节最端部黄白色；喙伸过腹末，第 1 节中部具黄白色环纹。前胸背板前叶稍鼓起，后叶具 3 条黄褐色纵纹，后缘黄褐色，边缘波曲；中胸盾片宽阔外露，小盾片稍鼓起。各足股节向端部渐细，具 2 个黄白色环纹，各足胫节中部具 1 条黄白色环纹。前翅革片和爪片具大量黄褐色斑点，革片中部具 1 个隐约的黄褐色横斑，楔片基部黄白色，膜片具不规则的灰白色晕斑。分布：海南、云南；菲律宾。

斑盾驼盲蝽 *Angerianus fractus*

● 云南西双版纳 – 王建赟 摄

体长 2.4~2.5 mm，浅褐色。头横宽，在眼后延伸成颈，头顶具深褐色“Y”形斑；触角细长，第 1 节基半深褐色。前胸背板前部收狭，后叶鼓起，表面密布刻点，具 1 条浅色中纵线和 1 对深褐色大斑点；小盾片深褐色，末端具 1 个黄白色大斑点。足细长，后足股节基部 3/4 深褐色。前翅爪片基部和端部、革片近端部处具深褐色斑纹，在前缘裂处强烈下折。分布：广东、贵州、云南；尼泊尔、缅甸、越南、老挝、泰国。

斑楔齿爪盲蝽 *Deraeocoris ater*

● 江苏常州 – 王建赟 摄

体长 7.6~9.6 mm，体色多变，从橙黄色到完全黑褐色，体表光亮。头稍向前平伸；触角黑褐色，第 1 节长约等于头宽，第 2 节细长，向端部渐加粗，第 3 节、第 4 节较细。前胸背板密布细刻点；小盾片稍鼓起。各足股节黑褐色，胫节亚基部的窄环和端半（除顶端）黄褐色。前翅楔片基部具黄白色至橙红色斑点，膜片灰褐色，沿楔片端角处具 1 个浅色斑。分布：北京、山西、内蒙古、黑龙江、江苏、湖北、陕西、甘肃、宁夏、青海；俄罗斯、日本。

黑食蚜齿爪盲蝽 *Deraeocoris punctulatus*

● 北京延庆 – 王建赟 摄

体长 3.8~4.7 mm，黑褐色。头横宽，具 1 条黄褐色中纵线，黑色部分不达头后缘；触角第 1 节长远短于头宽。前胸背板密布细刻点，领、中纵线和后缘黄褐色；小盾片基角和顶端黄褐色。各足黄褐色至褐色，股节具不规则深褐色斑，胫节基部、近中部和端部具深褐色环纹。前翅黄褐色，爪片基部和端部，革片基部、中部和端部，楔片基部和端部具黑褐色斑点，膜片浅灰色，半透明，翅脉褐色。分布：北京、天津、河北、山西、内蒙古、黑龙江、浙江、山东、河南、四川、陕西、甘肃、宁夏、新疆；俄罗斯、日本、西亚地区、欧洲。习性：捕食蚜虫、螨类等小型节肢动物，也吸食植物汁液。

大田齿爪盲蝽 *Deraeocoris sanghonami*

● 陕西秦岭 – 张巍巍 摄

体长 9.6~13.0 mm，黑褐色，斑纹多变化。体表光亮。头稍向前平伸；触角第 2 节近中部和第 3 节基部 2/3 褐色，第 3 节端部 1/3 和第 4 节深褐色。前胸背板密布细刻点，前侧角向前突出，后部具 1 个黄色半环斑；小盾片具 1 个黄色心形斑。各足胫节具 2 个浅黄白色环纹。前翅楔片中部具黄白色大斑点，膜片深灰色，沿楔片端角处具 1 个浅色斑。分布：陕西、甘肃；俄罗斯、韩国。

鹿树盲蝽 *Alcecoris* sp.

● 云南西双版纳 – 郑昱辰 摄

体长约 2.5 mm，深褐色。复眼大，相互紧靠，几乎占据头背面的大部分；单眼 1 对，生于复眼内侧；触角第 1 节长于头宽，端部具一上一下 2 个角状突起，第 2 节黑褐色，膨大成勺状。前胸背板侧缘凹入；小盾片近端部具 1 条浅色横带纹，末端黑褐色。足细长，黄褐色至褐色。前翅灰褐色，革片基部、近中部和端部，楔片端部，爪片黑褐色，楔片基部具 1 个白色斑点。分布：云南。

红纹透翅盲蝽 *Hyalopeplus lineifer*

体长 9.0~9.3 mm，黄绿色。头顶中央与复眼内侧具 3 条红褐色纵条纹；触角第 1 节、第 2 节红褐色，端部黑褐色，第 3 节基部黄褐色。前胸背板前缘和后缘红褐色，侧角直角；中胸盾片褐色，小盾片绿色，具 1 条褐色纵条纹，末端褐色。后足股节端部褐色，胫节红褐色。前翅透明，翅脉褐色至黑褐色，楔片玫红色。分布：广西、海南、云南、台湾；日本、越南、菲律宾、马来西亚、印度尼西亚、大洋洲。

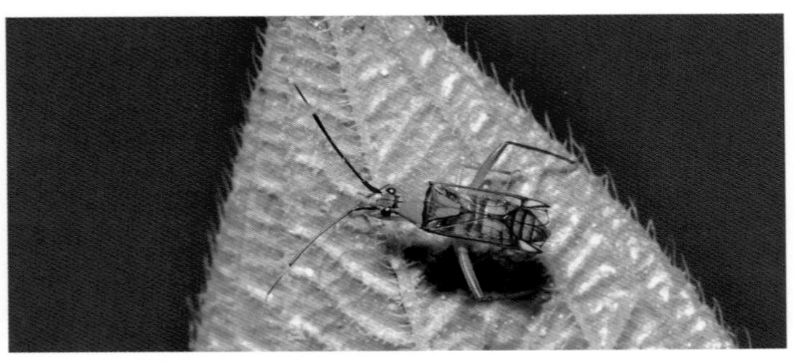
● 云南盈江 – 张巍巍 摄

刺角透翅盲蝽 *Hyalopeplus spinosus*

体长 9.7~11.6 mm，黄绿色。头顶中央与复眼内侧具 3 条深褐色纵条纹；触角褐色至黑褐色，第 2 节基半红褐色，第 3 节基部黄色。前胸背板绿色，前叶具 3 条褐色纵条纹，后缘具黑褐色和白色横带纹，侧角尖锐，向两侧突出；小盾片绿色。后足胫节红褐色。前翅透明，翅脉褐色至黑褐色。分布：广东、广西、海南、云南、台湾；印度、越南。

● 海南五指山 – 张巍巍 摄

美丽毛盾盲蝽 *Onomaus lautus*

体长 9.2~9.5 mm，青绿色。头绿褐色；触角黑褐色，第 1 节红褐色，第 3 节基半白色。前胸背板褐色，两侧深褐色，中央具 1 个黑色圆斑；小盾片黑褐色，稍隆起，具 1 对绿色斑。各足股节基部浅绿色，端部红色，胫节黄褐色至深褐色。前翅浅绿色，爪片基部黑褐色，端部红色，革片中部具 1 个红色五角形斑，楔片前缘黑褐色，端角红色，膜片基部和端部黑褐色。分布：湖北、湖南、广西、四川、贵州、甘肃、台湾；日本。

● 广西大明山 – 张巍巍 摄

● 云南高黎贡山 – 张巍巍 摄

狭毛盾盲蝽 *Onomaus tenuis*

体长 6.7~8.5 mm，青绿色。头黑褐色，中央具 1 个黄褐色斑；触角黑褐色，第 3 节基部白色。前胸背板褐色，两侧深褐色，领黄白色；小盾片绿色，稍隆起，中纵纹和侧缘前半黑褐色。足绿褐色至褐色，各足股节端部和胫节基部具深色环纹，后足股节中部和端部宽阔地红色。前翅浅绿色，革片和爪片基部深褐色，爪片端半褐色，革片中部具 1 个褐色大斑，膜片端半深褐色。分布：贵州、云南。习性：常见于宽大的植物叶片表面。

● 海南五指山 – 王建赟 摄

竹盲蝽 *Mecistoscelis scirtetoides*

体长 6.2~8.0 mm，瘦长形，翠绿色。头绿褐色，头顶中央褐色；触角黑褐色，极细长；喙伸达后足基节后缘。前胸背板后叶具 1 对褐色“L”形条纹；小盾片绿色。足褐色，极细长，各足股节基部浅绿色，端部黄褐色。前翅革片内缘深褐色，爪片褐色，膜片灰褐色，半透明。分布：海南、云南、台湾；印度、缅甸、印度尼西亚、大洋洲。习性：见于竹类等禾本科植物上，在叶片上吸食并产生白色斑点。

三点苜蓿盲蝽 *Adelphocoris fasciaticollis*

体长 6.3~8.5 mm，浅黄褐色。头背面具褐色斑纹；触角褐色，第 2 节端半颜色较深。前胸背板前部具 1 对黑褐色斑点，后部具 1 条黑褐色横带纹，有时分开成 2 个或 4 个斑点；小盾片基角深褐色。足污褐色，具深色斑点。前翅爪片深褐色，革片后部具深褐色三角形大斑，楔片黄白色，端角深褐色，膜片黑褐色。分布：北京、河北、山西、内蒙古、辽宁、黑龙江、江苏、安徽、江西、山东、河南、湖北、海南、四川、陕西。习性：寄主种类繁多，可见于棉花、小麦、大豆等多种经济作物上。

● 河北涿州 – 王建赟 摄

横断苜蓿盲蝽 *Adelphocoris funestus*

体长 7.0~8.5 mm，黑色。头具稀疏细毛；触角第 1 节、第 2 节黑褐色，第 3 节、第 4 节深褐色，基部白色；喙伸达中足基节后缘。前胸背板具光泽，后缘狭窄地白色；小盾片具浅横皱纹。各足胫节端部 2/3 褐色。前翅具金色平伏短毛和黑褐色半平伏刚毛，楔片中部淡黄白色至褐色，膜片黑褐色。分布：湖北、四川、贵州、陕西、甘肃。

● 四川平武 – 张巍巍 摄

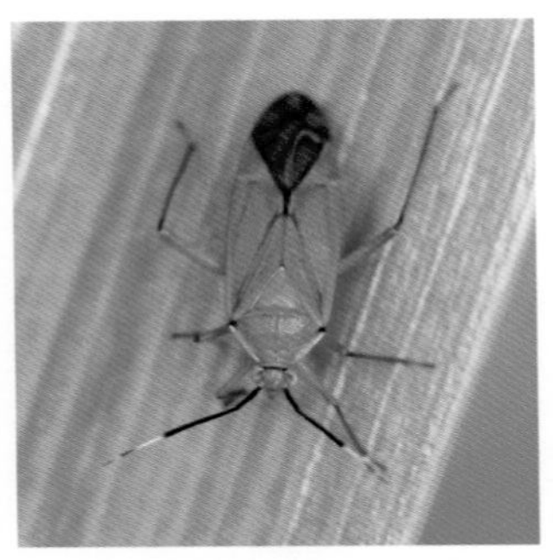

● 重庆四面山 – 张巍巍 摄

尖角肩盲蝽 *Allorhinocoris virescens*

体长 7.5~9.2 mm，翠绿色。头后缘以后黑褐色，露出呈横纹状；触角黑褐色，第 3 节基部 2/3 和第 4 节基部白色。前胸背板侧缘扁薄，侧角稍突出，具 1 个黑褐色斑点。后足胫节基半绿褐色，端半浅红褐色。前翅同体色，仅爪片最末端和楔片最末端狭窄地黑褐色，膜片深褐色，具黑褐色斑纹，翅脉橙色。分布：重庆、四川；印度。

皂荚后丽盲蝽 *Apolygus gleditsiicola*

体长 3.6~4.2 mm，浅黄褐色。头前端（唇基端部和上唇）黑褐色；触角第 2 节黑褐色，亚基部黄褐色。前胸背板表面具细密刻点；小盾片黄色，表面具浅横皱纹。后足股节端部具 2 个褐色环纹；各足胫节具黑褐色刺，刺基部具深色斑点。前翅缘片后端具黑褐色斑晕，有时消失，革片端部和楔片内角、端角具黑斑。分布：北京、河北、河南。

● 北京延庆 – 王建赟 摄

绿后丽盲蝽 *Apolygus lucorum*

● 重庆金佛山 – 张巍巍 摄

体长 4.4~5.4 mm，绿色，具可变的黑褐色斑纹。头前端（唇基端部）黑褐色；触角第 2 节短于前胸背板宽，向端部渐成褐色，第 3 节、第 4 节深褐色。前胸背板表面具细密刻点。后足股节端部具 2 个隐约的褐色环纹；各足胫节刺基部无深色斑点。前翅革片内角及周围常具黑褐色晕斑，楔片端角部分无黑斑。分布：北京、河北、山西、吉林、黑龙江、江苏、福建、江西、河南、湖北、湖南、重庆、贵州、云南、陕西、甘肃、宁夏；俄罗斯、日本、欧洲、北美洲、非洲。习性：寄主种类繁多，是我国重要的农业害虫之一。

狭领纹唇盲蝽 *Charagochilus angusticollis*

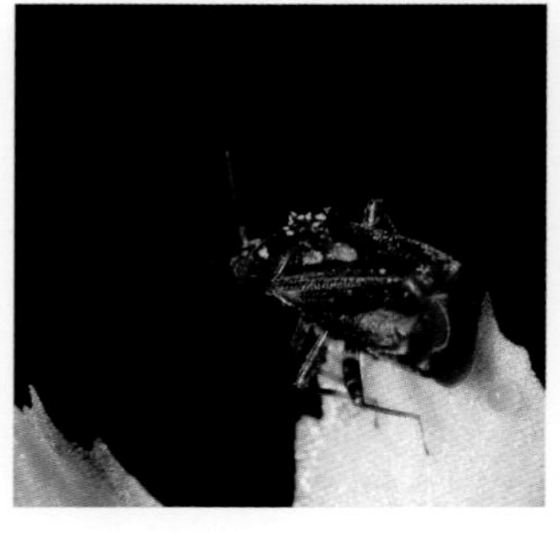

● 重庆四面山 – 张巍巍 摄

体长 2.8~4.0 mm，黑褐色。体表被银白色平伏鳞毛。头顶具 1 对黄褐色斑点；触角第 1 节黄褐色，第 2 节两端黑褐色，中部黄褐色。前胸背板后缘颜色稍浅；小盾片末端黄色。各足股节深褐色，亚基部具 1 条淡色环纹；后足胫节基部 3/4 颜色较深，端部 1/4 黄白色。前翅革片基部，楔片基部和端角黄褐色，膜片深褐色，翅脉浅色。分布：北京、河北、浙江、安徽、福建、河南、湖北、广东、广西、重庆、四川、贵州、云南、陕西、甘肃、台湾；俄罗斯、朝鲜、日本。习性：常见于草丛中，善于飞行。

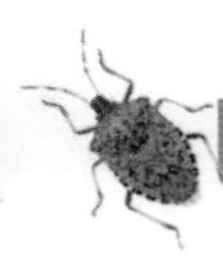

● 北京延庆 - 王建赟 摄

北京异盲蝽 *Polymerus pekinensis*

体长 4.7~7.7 mm，黑褐色。体表被银白色平伏鳞毛。头顶具 1 对白色斑点；触角第 1 节黄褐色，雌虫第 2 节中部 1/3 浅褐色。前胸背板隆拱，前部下倾，后缘有时色浅；小盾片稍隆拱。各足股节近端部具 1 个浅色环纹；各足胫节基部 2/5~3/5 和端部黑褐色，其余黄白色，前、中足胫节亚基部具 1 个浅色环纹。前翅楔片基部和端角黄白色，膜片翅脉浅色。分布：北京、天津、山西、内蒙古、吉林、黑龙江、江苏、浙江、安徽、福建、江西、山东、四川、云南、陕西；俄罗斯、朝鲜、日本、越南。

● 陕西秦岭 - 张巍巍 摄

暗乌毛盲蝽 *Cheilocapsus nigrescens*

体长 12.5~13.0 mm，深褐色。头绿褐色；触角第 1 节深红褐色，第 3 节基部 3/4 和第 4 节基部黄白色。前胸背板深绿褐色，前部中央具 1 个黑色斑点，侧缘黑褐色，侧角稍突出；小盾片墨绿色，末端色浅。足褐色，各足股节具深色斑点，后足胫节基部 1/3 黑褐色，其余浅黄白色。前翅边缘和楔片黄绿色，楔片内角和端角深褐色，膜片褐色。分布：河南、陕西。

乌毛盲蝽 *Cheilocapsus thiberanus*

● 四川平武 – 张巍巍 摄

体长 9.5~10.0 mm，污褐色。头绿褐色；触角第 1 节、第 2 节深红褐色，第 2 节端部颜色稍深，第 3 节、第 4 节基半黄白色。前胸背板前部中央具 1 个水滴状黑色斑点，侧缘黑褐色，侧角稍突出；小盾片末端墨绿色。足绿褐色，各足股节具深色斑点，后足胫节基部黑褐色，其余浅黄白色。前翅边缘黄绿色，革片中部和端部靠外具深褐色斑，有时连成1个纵斑，楔片黄绿色并稍带红色，内角和端角深褐色，膜片褐色。分布：福建、湖北、湖南、广西、四川、云南、西藏、甘肃、宁夏。

多变光盲蝽 *Chilocrates patulus*

● 云南绿春 – 王建赟 摄

体长 4.7~5.0 mm，体色极富变化，可从黄褐色、橙红色一直到完全黑色。图中所示个体头橙红色；触角第 1 节橙红色，第 2 节深红褐色至黑褐色，第 3 节基半浅黄白色。前胸背板橙红色，后缘黑褐色；小盾片和前翅完全黑色。足黄褐色至橙褐色，中、后足股节端部具 2 个褐色环纹，后足胫节基半的刺基部具深色斑点，端半的则不明显。分布：河南、湖北、广西、四川、贵州、云南、西藏、陕西、甘肃；不丹、尼泊尔、缅甸、印度。

花肢淡盲蝽 *Creontiades coloripes*

● 河北涿州 - 王建赟 摄

体长 6.7~7.0 mm，浅黄绿色并稍带红褐色。头黄褐色；触角浅黄褐色，细长。前胸背板黄褐色，后缘红褐色，其后狭窄地浅黄白色；中胸盾片褐色，小盾片黄褐色，具若干黑褐色斑点，末端黑褐色。足浅黄褐色，后足股节端半深红褐色。前翅爪片浅红褐色，楔片内角红色，膜片灰褐色。分布：河北、江西、山东、河南、湖北、四川、贵州、云南、陕西、台湾；朝鲜、韩国、日本。

● 四川石棉 - 张巍巍 摄

中国拟厚盲蝽 *Eurystylopsis chinensis*

体长约 6.7 mm，深灰褐色。头深褐色；触角第 1 节红褐色，第 2 节红褐色，向端部渐深，棒状，第 3 节、第 4 节基部黄白色。前胸背板隆起，具 3 条深褐色宽纵带；小盾片褐色至深褐色，稍隆起。各足股节黑褐色，胫节基部 2/5 和端部深褐色，其余浅黄白色。前翅因革片和爪片具深褐色斑纹而稍显斑驳。分布：浙江、福建、广东、广西、四川、贵州、云南、陕西、甘肃。

缅甸厚盲蝽 *Eurystylus burmanicus*

● 广西崇左 - 王建赟 摄

体长约 5.5 mm，紫褐色。体表被黄白色平伏短毛。头浅黄褐色；触角第 1 节黄褐色，第 2 节深褐色，向端部渐深。前胸背板前部具 1 对黑色小斑点，后部具 1 对黑色眼斑，中纵带宽，浅黄褐色，纵贯全长；小盾片深褐色，中央具浅黄褐色宽纵带。各足股节基部 2/3 ~ 3/4 浅白色，端部深褐色，胫节基部和端部深褐色，中部浅白色，其中前翅斑驳。后足胫节只在最端部色深。分布：广西、云南；印度、缅甸。

眼斑厚盲蝽 *Eurystylus coelestialium*

● 北京延庆 - 王建赟 摄

体长 6.0~8.0 mm，黑褐色。体表被黄白色平伏短毛。头顶具 1 对黄褐色斑点；触角黑褐色，第 1 节稍压扁，第 2 节棒状，基部白色，第 3 节基半和第 4 节基部白色。前胸背板前部具 1 对黑色短横斑，后部具 1 对黑色眼斑；小盾片基角和端角浅黄白色。各足股节基部 2/3 ~ 3/4 白色，端部黑褐色，胫节基部和端部黑褐色，中部白色。前翅革片后部靠外具 1 个黄白色斑，楔片中部具橙色波状斑，膜片透明，具黑褐色斑纹。分布：北京、天津、河北、黑龙江、江苏、浙江、安徽、福建、江西、山东、河南、湖南、广东、广西、四川、贵州、陕西；俄罗斯、朝鲜、日本。

● 重庆南山 – 张巍巍 摄

灰黄厚盲蝽 *Eurystylus luteus*

体长 4.7~6.7 mm，灰黄褐色。体表密被黄褐色平伏短毛，形成易脱落的小毛斑，体色因毛斑脱落而有不同。触角黑褐色，第 1 节宽扁，第 2 节棒状，第 3 节、第 4 节基部有时白色。前胸背板褐色，无明显的点斑和眼斑；小盾片中纵纹色深，前半清晰而后半模糊。足褐色，中、后足股节基部颜色稍浅。前翅革片深褐色，散布若干浅黄褐色碎斑。分布：浙江、安徽、福建、江西、广东、海南、重庆、四川、贵州、云南；日本。

● 北京小龙门 – 王建赟 摄

长毛草盲蝽 *Lygus rugulipennis*

体长 5.0~6.5 mm，浅黄褐色并稍带绿色。头绿褐色，具各式红褐色至褐色斑纹；触角黄褐色至深褐色，第 2 节端部 1/3 黑褐色。前胸背板稍带红褐色泽，具形式不一的黑褐色斑纹；中胸盾片颜色常较深，小盾片具 1 对黑褐色三角形纵斑，大小不等。后足股节端部和胫节基部黑褐色。前翅革片具可变的深色斑纹，楔片端角深褐色。分布：北京、河北、内蒙古、辽宁、吉林、黑龙江、河南、四川、西藏、新疆；俄罗斯、朝鲜、韩国、日本。

纹翅盲蝽 *Mermitelocerus annulipes*

体长 7.5~9.5 mm，翠绿色，带黑褐色斑纹。头黄绿色，具褐色斑纹；触角第 1 节粗棒状，被浓密黑色短毛，第 2 节长棒状，基半黄褐色而端半黑褐色，第 3 节、第 4 节细，第 3 节基部浅色。前胸背板具若干黑褐色斑纹，领黄褐色；中胸盾片黑褐色，小盾片鲜绿色。各足股节红褐色，具深色斑点，胫节绿褐色。前翅爪片和革片中部浅黄褐色，楔片端角深褐色。分布：北京、河北、辽宁、吉林、黑龙江、陕西；俄罗斯、朝鲜、韩国、日本。

● 北京小龙门 – 王建赟 摄

东盲蝽 *Orientomiris* sp.

体长约 6.0 mm，黑褐色。头深褐色，稍具光泽；触角第 1 节污褐色，第 2 节较细而长，褐色，第 3 节基半和第 4 节基部黄白色，其余红褐色。前胸背板一色；小盾片深红褐色。足浅褐色，后足股节端部和胫节基部深褐色，胫节其余部分黄白色。前翅具半平伏短细柔毛，膜片深灰褐色。分布：重庆。

● 重庆金佛山 – 张巍巍 摄

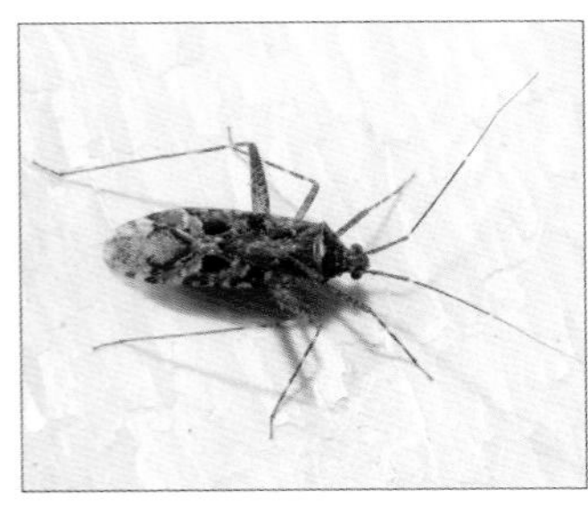
● 西藏墨脱－王建赟 摄

角斑植盲蝽 *Phytocoris exohataensis*

体长 7.0~8.0 mm，深绿褐色。触角细长，第 2—4 节黑褐色，第 2 节、第 3 节基部黄白色。前胸背板墨绿色，后缘黑褐色；小盾片墨绿色，末端灰绿色。足浅黄褐色，各足股节具褐色碎斑，端部稍带绿色，胫节黄白色，具 3 个深褐色环纹。前翅斑驳，爪片内侧具 1 个黑褐色斜斑，革片近端部具 1 个黑褐色三角形大斑，端部灰色，膜片黄褐色，具深褐色斑纹。分布：湖北、湖南、云南、西藏。

泛泰盲蝽 *Taylorilygus apicalis*

● 西藏林芝－张巍巍 摄

体长 4.2~5.7 mm，浅绿色。体表被灰白色平伏短毛。触角第 2—4 节褐色，第 2 节长于前胸背板宽。前胸背板光滑，具 4 条隐约的褐色宽纵斑；小盾片同体色，有时具 1 对褐色短纵纹。后足股节端部具 2 个浅褐色环纹，胫节具浅色刺。前翅爪片后部内侧常具 1 条浅褐色纵纹，革片常具 3 条模糊的浅褐色斜纹，楔片端角褐色。分布：浙江、福建、江西、湖北、湖南、广东、广西、四川、贵州、云南、西藏、台湾；日本、欧洲、北美洲、大洋洲、非洲、南美洲。

台湾猬盲蝽 *Tinginotum formosanum*

体长约 4.0 mm，褐色至深褐色。体表被灰白色短毛。头灰褐色；触角黑褐色，第 1 节中部黄褐色，第 2 节基部和端部黄白色，中部具 1 个黄白色小环纹。前胸背板褐色，后缘浅色；小盾片黑褐色，中纵纹黄褐色，端部的菱斑黄白色。足黄褐色，具深褐色碎斑和环纹。前翅斑驳，斑纹可变，楔片黄褐色，内角具黑褐色斑，膜片灰褐色，翅室后方具深褐色大斑。分布：广东、广西、海南、云南、西藏、台湾。习性：生活在构树上。

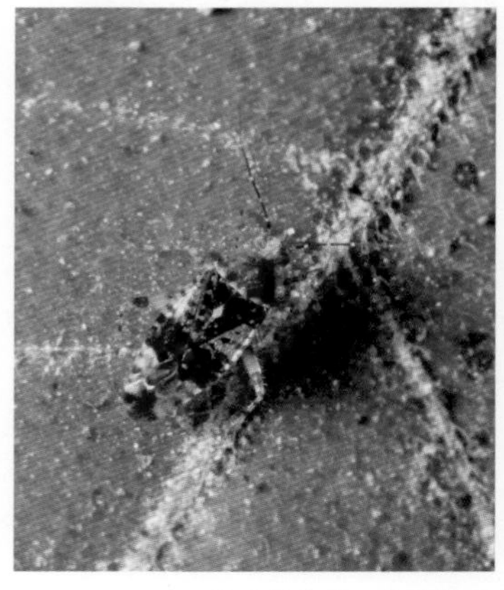

● 西藏林芝－张巍巍 摄

狭盲蝽 *Stenodema* sp.

体长约 8.0 mm，狭长形，黄绿色。头在复眼内侧黑褐色；触角黄褐色，第 1 节稍长于头长，第 2 节细长。前胸背板黄褐色，两侧具深褐色纵带纹，侧缘黄白色；小盾片基部中央具 1 对小褐色斑点。足细长，各足股节绿褐色，具深色斑点，胫节具直立细长毛，跗节颜色较深。前翅爪片和革片深褐色，膜片灰褐色。分布：西藏。

● 西藏林芝－王建赟 摄

● 北京朝阳－王建赟 摄

条赤须盲蝽 *Trigonotylus caelestialium*

体长 4.8~6.5 mm，狭长形，浅绿色。头近三角形，前端较尖，背面具浅褐色中纵纹；触角细长，红色，第 1 节具 3 条鲜红色纵纹。前胸背板有时具 4 条隐约的褐色纵纹；中胸盾片宽阔地外露，小盾片中线颜色较浅。足绿色，各足胫节端部和跗节红褐色。前翅半透明，膜片浅褐色。分布：北京、天津、河北、山西、内蒙古、辽宁、吉林、黑龙江、江苏、江西、山东、河南、湖北、四川、云南、陕西、甘肃、宁夏、新疆；俄罗斯、朝鲜、韩国、日本、欧洲、北美洲。习性：见于草地、农田等生态环境，寄主主要为禾本科植物。

● 北京丰台－张小蜂 摄

微小跳盲蝽 *Halticus minutus*

体长 2.2~2.4 mm，紧凑圆隆，黑褐色。头横宽；复眼紧贴前胸背板前缘；触角极细长，浅黄褐色，第 3 节、第 4 节端部色深。前胸背板侧缘近直，侧角圆钝，后缘向后弧弯；中胸盾片不外露。各足股节深褐色至黑褐色，端部浅黄褐色，后足股节膨大，前、中足胫节浅黄褐色，后足胫节基半（除最基部外）深褐色至黑褐色，最基部和端半浅黄褐色。分布：北京、浙江、福建、江西、河南、湖北、广东、广西、四川、云南、陕西、台湾；东洋界。

角额盲蝽 *Acrorrhinium* sp.

体长约 5.0 mm，狭长形，灰褐色至褐色。头圆，额具 1 个尖锐的角状突起；触角褐色，第 1 节端部和第 2 节基部白色。前胸背板颜色较深，前半下倾，后缘凹入；中胸盾片宽阔地外露，中央黑褐色，小盾片稍隆起。各足股节深褐色。前翅散布黄白色小斑点，爪片内角具 1 个灰白色大斑点，革片中部具 1 个黑褐色斜斑，内角具 1 个黑褐色纵斑，楔片和膜片深褐色。分布：福建。

● 福建厦门 – 郑昱辰 摄

中华微刺盲蝽 *Campylomma chinensis*

体长 2.3~2.5 mm，浅绿褐色。体表密被平伏短细毛。头横宽，黄绿色，前端较尖；触角浅黄褐色，第 1 节和第 2 节基部黑褐色。中胸盾片外露，浅橙色。各足股节端部具隐约的深色环纹，背面端部具刺毛，后足股节膨大，各足胫节具黑褐色刺毛，刺基部具深色斑点。前翅膜片浅灰褐色。分布：福建、广东、广西、海南、云南、香港、台湾。

● 云南哈巴雪山 – 陈卓 摄

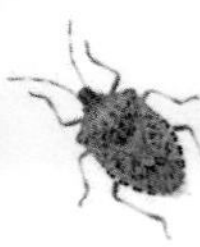

网蝽科 Tingidae

又称“白纱娘科”“军配虫科”。体小型，因前胸背板和前翅呈细密网格状而显得十分特殊。头常短小，具长刺；小颊发达；触角第 1 节、第 2 节短小，第 3 节细长，第 4 节稍呈纺锤形；喙 4 节，细而直。前胸背板形状多奇异，通常向后扩展形成三角突，遮盖小盾片；后胸臭腺沟发达。足细而直，跗节 2 节；前翅革质，常较宽大，各部分强烈变形，具翅多型现象。

已知约 300 属 2 600 种，我国记载约 59 属 240 种。多在叶片背面活动，也有生活在近地面或植物根际的种类，还有的能造瘿。植食性。

广翅网蝽 *Collinutius* sp.

体长约 5.0 mm，黄褐色。头刺 5 根；触角褐色，第 4 节黑褐色；喙伸达后足基节前缘。前胸背板褐色，具 3 条纵脊，中纵脊直，侧纵脊稍呈波状弯曲；头兜侧扁，向前上方耸起，超过复眼前缘；侧背板由透明小室组成，向前侧方扩展，半圆形，边缘具 1 列刚毛；三角突末端稍钝。足褐色。前翅宽大，中部之前和端部具黑褐色带纹，两侧稍波曲，具 1 列刚毛；前缘域最宽，透明，亚前缘域和中域褐色，不透明，膜域长三角形。分布：西藏。

● 西藏墨脱 – 张辰亮 摄

悬铃木方翅网蝽 *Corythucha ciliata*

● 北京海淀 – 王建赟 摄

体长 3.2~3.7 mm，乳白色，腹面黑褐色。前胸背板中纵脊、头兜、侧背板和前翅的网格具小刺。头黑褐色；触角浅黄褐色；喙伸达中胸腹板中部。前胸背板具 3 条纵脊，中纵脊片状直立，侧纵脊弧形片状；头兜盔状，明显超过头端，稍高于中纵脊；侧背板耳状，中部内侧具 1 个褐色囊状突起。足浅黄褐色。前翅近长方形，中部之前具 1 个黑褐色横斑；前缘域最宽，透明，中域中部外侧突起。分布：北京、河北、山西、上海、浙江、江苏、福建、江西、山东、河南、湖北、湖南、重庆、四川、贵州、陕西；韩国、日本、以色列、欧洲、北美洲、澳大利亚、智利。习性：寄主主要为悬铃木，也在其他多个科的植物上发现。成虫、若虫群集在叶片背面吸食，造成叶片发白枯萎，产生的大量油渍状排泄物对叶片造成污染，还能传播植物病害。

注：本种原产北美洲，国内于 2002 年在湖南长沙首次被记录，是我国重要外来入侵害虫。

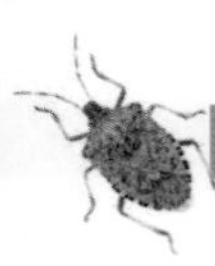

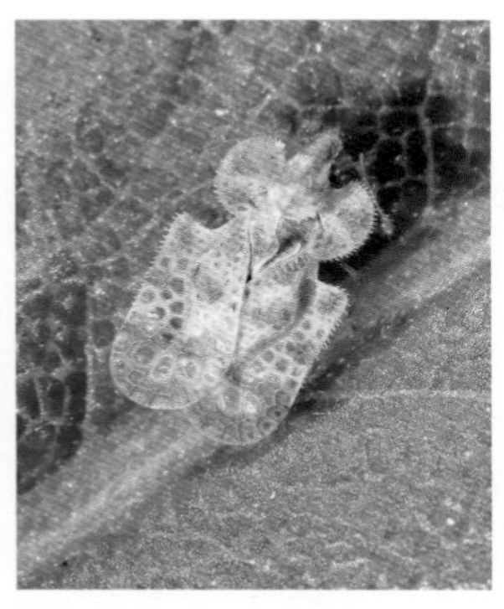

● 江苏南京 – 王建赟 摄

菊方翅网蝽 *Corythucha marmorata*

体长约 2.8 mm，乳白色并具浅褐色斑纹，腹面黑褐色。前胸背板中纵脊、头兜、侧背板和前翅的网格具小刺。头黑褐色；触角浅黄褐色；喙伸达后胸腹板前缘。前胸背板具 3 条纵脊，中纵脊片状直立，侧纵脊弧形片状；头兜盔状，明显超过头端，显著高于中纵脊；侧背板半圆形，中部和端部具浅褐色斑纹，中部内侧具 1 个褐色囊状突起。足浅黄褐色。前翅近长方形，亚基部直角状突出，基部、中部、近端部和端部具浅褐色横纹，中域中部外侧突起。分布：上海、江苏、浙江、江西、河南、湖北、海南、台湾；韩国、日本、美国、加拿大、墨西哥、牙买加。习性：寄主主要为菊科植物。

注：本种原产北美洲，国内于2012年在上海首次被记录，是我国外来入侵害虫之一。

大负板网蝽 *Cysteochila delineata*

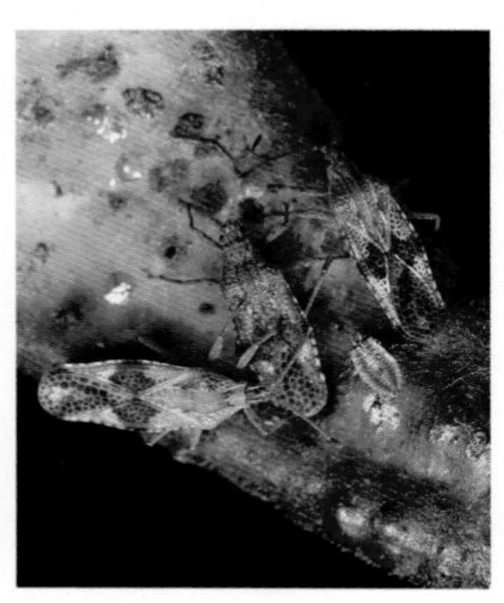

● 海南儋州 – 王建赟 摄

体长 4.5~4.6 mm，长卵形，褐色。头黑褐色，头刺 5 根，其中前方 3 根靠近愈合；触角第 4 节黑褐色；喙伸达中胸腹板后缘。前胸背板具 3 条相互平行的纵脊，各脊近端部处黑褐色；头兜低平，前缘近直；侧背板翻卷贴附在前胸背板上，将侧纵脊的前半遮盖，但离中纵脊很远。前翅窄而长，近中部稍向外弓，具红褐色至深褐色横斑，膜域除基部和端部外红褐色至深褐色。分布：海南、四川、贵州、云南；印度。习性：寄主植物为羊蹄甲。

贝肩网蝽 *Dulinius conchatus*

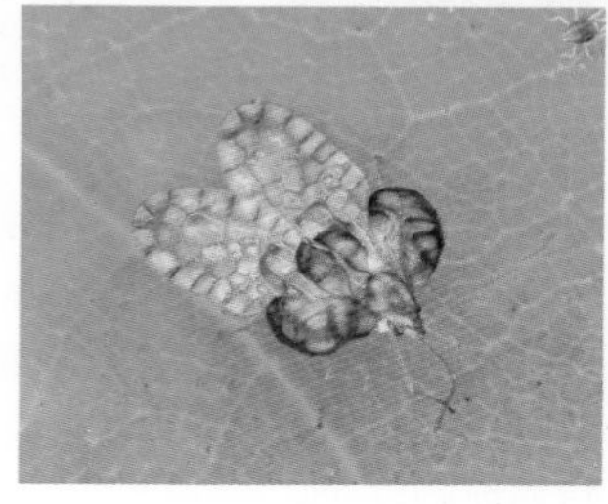

● 海南儋州 – 王建赟 摄

体长 2.9~3.3 mm，浅褐色，光亮透明并带虹彩反光。前胸背板和前翅的网格较大。头褐色，头刺 5 根；触角黄褐色，第 4 节稍长于第 3 节。前胸背板褐色，具 3 条纵脊，中纵脊短，片状直立，侧纵脊高大，呈半球状耸起，并向中间合拢；头兜盔状，明显超过头端；侧背板极为宽大，呈半球状耸起。足浅黄褐色，各足跗节端部深褐色。前翅基部狭窄，在中部之前突然扩宽，端部宽圆。分布：江西、广东、海南、香港；日本、印度、斯里兰卡、菲律宾、马来西亚、印度尼西亚。习性：寄主为茜草科植物。

刺肩网蝽 *Haedus vicarius*

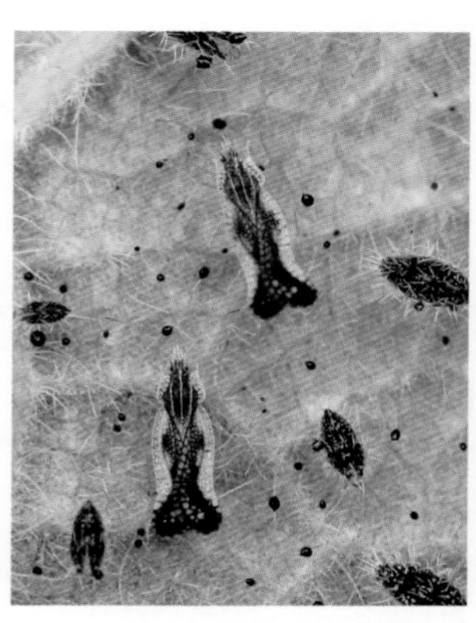

● 海南儋州 – 王建赟 摄

体长 2.9 mm，黄褐色至黑褐色。头褐色，头刺 7 根；触角第 1 节、第 2 节黄褐色，第 3 节、第 4 节褐色；喙伸达中、后足基节之间。前胸背板具细而深的刻点，三角突由网格组成；纵脊 3 条，中纵脊片状直立，前端突出呈刺状，侧纵脊稍低，与中纵脊平行；侧背板叶状，前端平截，具 1 个向前的刺突，超过复眼前缘。足浅黄褐色。前翅窄而长，中部之后稍向内凹，端部宽圆，中域中部外侧突起。分布：广东、广西、海南；印度、菲律宾。习性：寄主植物为野棉花。

● 北京海淀 – 陈卓 摄

梨冠网蝽 *Stephanitis nashi*

体长 3.0~3.2 mm，深褐色。头刺 5 根；触角浅黄褐色。前胸背板具 3 条纵脊，中纵脊半圆形耸立，具 3 列网格，侧纵脊短而低，向前不达头兜后缘；头兜较窄而侧扁，向前伸过触角第 1 节中部，但不遮盖复眼；侧背板宽大，具 4 列网格，外缘圆弧形。足浅黄褐色。前翅中域稍短于翅长之半。分布：北京、天津、河北、山西、吉林、黑龙江、浙江、安徽、福建、江西、山东、河南、湖北、湖南、广东、广西、海南、重庆、四川、云南；俄罗斯、韩国、日本。习性：寄主为蔷薇科植物。成虫和若虫在叶片背面吸食。

香蕉冠网蝽 *Stephanitis typica*

体长 3.6~3.8 mm，除头和前胸背板浅褐色外均呈玻璃状透明。头刺 5 根；触角浅黄褐色。前胸背板具 3 条纵脊，中纵脊半圆形耸立，具浅褐色斑纹，侧纵脊短而低；头兜梨形，向前伸达触角第 1 节中部，但不遮盖复眼；侧背板宽大，前端超过复眼，具 3 列网格，其中外缘网格边缘褐色。足浅黄褐色。前翅在停息时仅小面积重叠，端部明显分开，表面斑纹不明显。分布：福建、广东、广西、海南、香港、台湾；朝鲜、日本、巴基斯坦、印度、斯里兰卡、菲律宾、马来西亚、印度尼西亚、巴布亚新几内亚。习性：寄主为芭蕉科植物。成虫和若虫在叶片背面吸食。

● 海南儋州 – 王建赟 摄

臭虫次目 CIMICOMORPHA 姬蝽总科 NABOIDEA

姬蝽科 Nabidae

又称“姬猎蝽科”“拟猎蝽科”。体小至中小型，长椭圆形至狭长形且体色常暗淡，或粗壮厚实且体色鲜艳。头向前平伸；单眼 1 对；触角 4 节，具梗前节；喙 4 节，多细长弯曲。前足较中、后足粗大，股节和胫节腹面常具刺列或突起；前、中足胫节端部常具海绵窝；跗节 3 节。前翅前缘裂有或无，膜片具 2~3 个翅室，翅室端部具若干辐射状短纵脉，具翅多型现象。

已知约 31 属 390 种，我国记载约 14 属 80 种。生活在灌丛、草地、落叶层或树皮下等多种环境。捕食性。雄虫腹部末端（生殖节）常具特殊的刚毛列，称为“艾氏器”，据推测可用后足胫节的特殊刚毛拨动，以助释放性外激素。

环斑高姬蝽 *Gorpis annulatus*

体长 7.8~9.5 mm，狭长形，黄褐色。头顶具 1 对褐色纵条纹；触角第 1 节、第 2 节褐色，端部黑褐色，第 3 节、第 4 节深褐色；喙褐色。前胸背板前叶黄绿色，具深褐色印纹，后叶大部褐色；小盾片中纵纹褐色，顶端尖锐；胸部侧面和腹面浅绿色。足细长，各足股节端半具 2 个褐色环纹，胫节近基部具 1 个隐约褐色环纹；前足股节加粗，近基部具 1 个褐色环纹，腹面具 2 列小刺，胫节稍弯，腹面具直立短刚毛列。前翅褐色，革片基半外缘浅黄色。多为长翅型个体，短翅型个体前翅稍超过腹部中部。腹部黄绿色。分布：广西、海南、云南、西藏；印度、缅甸、马来西亚、印度尼西亚。

● 西藏墨脱 – 王建赟 摄

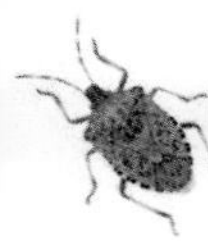

暗色姬蝽 *Nabis stenoferus*

● 河北涿州－王建赟 摄

体长 7.8~8.7 mm，狭长形，黄褐色。头两侧和头顶的 1 对纵条纹黑褐色，头腹面浅黄褐色；触角第 1 节内侧黑褐色；喙第 2 节、第 3 节近等长，末端黑褐色。前胸背板中纵带和前叶的印纹深褐色；小盾片基部和中央黑褐色。各足股节具深褐色至黑褐色斑纹。前翅革片端部和膜片基部具黑褐色斑点，膜片灰色，翅脉明显。腹部腹面中央和两侧具黑褐色纵条纹。分布：北京、天津、河北、山西、辽宁、吉林、黑龙江、江苏、浙江、安徽、福建、江西、山东、河南、湖北、四川、云南、陕西、甘肃、新疆；俄罗斯、韩国、日本。习性：见于草地、农田等生态环境，能捕食蚜虫、盲蝽和螨类等小型节肢动物。

红斑狭姬蝽 *Stenonabis roseisignis*

● 广西崇左－王建赟 摄

体长约 6.3 mm，黄褐色。头褐色，后部中央和眼后颜色较深；触角第 1 节长于头长，第 2 节具 4 个黑褐色环纹，第 3 节、第 4 节深褐色。前胸背板具隐约的褐色斑纹，领和后叶具明显刻点；小盾片褐色，中央凹陷。各足股节和胫节具褐色环纹。前翅革片内侧和爪片端半深褐色，革片端部浅红色，端角褐色，膜片灰褐色，基半颜色较深，翅脉褐色。分布：广西、云南。

贝裸异姬蝽 *Alloeorhynchus bakeri*

● 海南五指山 - 吴云飞 摄

体长 7.5~8.7 mm，黑褐色。体表较光亮，具稀疏直立长刚毛。头平伸，前端稍下倾；触角第 1 节粗短，稍超过头端。前胸背板中部之后具横缢，后缘近直；小盾片中部具 1 对小凹窝，侧缘稍加厚，端部圆钝。前、中足股节加粗，腹面具刺列，后足胫节端部 1/3 褐色，各足跗节黄褐色。前翅革片中部具 1 个红色三角形大斑，革片端角和膜片端缘灰褐色。腹部侧接缘红色，第 4—7 节前缘和后缘深褐色。分布：海南、云南；越南、菲律宾。

平带花姬蝽 *Prostemma fasciatum*

● 海南白沙 - 王建赟 摄

体长 6.7~7.0 mm，黑褐色。体表被黑色细长毛和短柔毛。头平伸；触角第 1 节中部黄褐色。前胸背板前叶黑褐色，后叶橙红色，后缘中部宽阔地凹入；小盾片橙红色。足较粗短，各足股节黄白色，前足股节基部 2/3 和中、后足股节中部深褐色。前翅革片基半和爪片（除端角外）橙红色，革片中部的横斑、端角的斑点和膜片端部的大斑点黄白色至浅黄色。分布：福建、广东、广西、海南、香港、台湾；日本、菲律宾、印度尼西亚。习性：在地面活动，善于爬行。

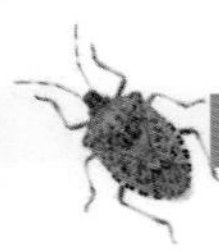

捷蝽科 Velocipedidae

体中小型，卵圆形，褐色至黑褐色，稍扁平。前胸背板、小盾片和前翅具细密刻点。头长而平伸；复眼向两侧突出；单眼 1 对；触角 4 节，具梗前节；喙 4 节，细而长，第 3 节极为细长，其余各节较短小。前胸背板前叶两侧常突出。跗节 3 节。前翅外革片强烈扩展，使翅面显得极宽大，膜片具 3 个翅室，翅室端部具若干辐射状翅脉。

已知约 3 属 30 种，我国记载约 1 属 6 种。有关的生物学资料很匮乏，已知可见于朽木树皮下，也可被灯光吸引。据推测为捕食性。

云南斯捷蝽 *Scotomedes yunnanensis*

● 云南保山 – 张巍巍 摄

体长约 8.2 mm，黑褐色。头腹面两侧的横皱纹向中央聚拢，形成齿状纵脊；触角第 1 节不超过头端，第 2 节长，端部 1/3 黄褐色，第 3 节、第 4 节褐色。前胸背板前叶中部具 1 对突起，侧缘钝角状，后叶中部具短纵脊，后侧角圆钝，后缘宽阔内凹。各足跗节黄褐色。前翅宽大，革片外侧明显向上翘折；革片近中部和端角、爪片顶端和膜片外侧基部各具 1 个黄褐色斑点。分布：云南。

臭虫次目 CIMICOMORPHA 猎蝽总科 REDUVIOIDEA

猎蝽科 Reduviidae

体小至大型，体形与体色变化多端。头常在眼后伸长变细，头顶常具横沟；单眼 1 对或无；触角 4 节，长短不一，具梗前节，有的种类第 2—4 节又复分为多节；喙通常 3 节，粗短弯曲或细长平直。前胸背板常被横缢分为前、后叶；前胸腹板具发音沟；后胸臭腺沟与挥发域强烈退化。前足通常特化成捕捉足，发生不同形式的变化；跗式多变，前足跗节可减至 1 节或全无。前翅常具 2~3 个翅室，翅多型现象普遍。

本科是半翅目第三大科，已知约 990 属 7 500 种，我国记载约 160 属 470 种。生境类型极为多样，还表现出拟态、伪装、前社会性等行为。捕食性，不同类群对猎物种类有所偏好，锥猎蝽亚科 Triatominae 的种类以脊椎动物血液为食。

横脊新猎蝽 *Neocentrocnemis stali*

● 海南尖峰岭 - 王建赟 摄

体长 19.0~24.0 mm，灰黄褐色，具黑褐色斑纹。体表具各式突起和颗粒，十分粗糙。头眼后区细长；触角第 2 节端部黄白色；喙 4 节。前胸背板前叶具 1 对刺突，后叶后部具 1 对锥突，后叶侧缘锯齿状；小盾片末端翘起。各足股节和胫节具黑褐色斑纹。前翅革片灰色，翅脉白色，膜片深灰褐色，具 3 个翅室，每个翅室在基部和端部均各具 1 个黑褐色斑点。腹部第 2 节、第 3 节侧接缘后侧角具 2 根短刺，其余各节则只具 1 根短刺。分布：海南、台湾；巴基斯坦、印度、孟加拉国、缅甸、越南、老挝、斯里兰卡。习性：见于树皮下、树洞中或类似环境。

● 海南定安 - 王建赟 摄

黑光猎蝽 *Ectrychotes andreae*

体长 12.7~15.5 mm，黑色，稍带蓝色光泽。体表较光滑。头较圆，触角基部具 1 片状突起；触角 8 节，第 1 节稍短于头长；喙粗短，第 1 节、第 2 节近等长。前胸背板稍圆鼓，前叶后半和后叶前半具中纵沟，横缢在中间中断；小盾片具 3 个端突。前足股节和胫节具黄色条纹；各足转节，前、中足股节基部和后足基半红色。前翅基部黄白色。腹部侧接缘大部黄色至红色，腹面大部红色，并具黑色横纹，末端黑色。分布：北京、河北、辽宁、上海、江苏、浙江、福建、湖北、湖南、广东、广西、海南、四川、贵州、云南、陕西、甘肃、香港、台湾；韩国、日本、越南。习性：在地面活动。

● 海南尖峰岭 - 王建赟 摄

二色赤猎蝽 *Haematoloecha nigrorufa*

体长 12.5~15.0 mm，红黑相间，色斑多变化，主要分为“黑头型”与“红头型”两种，其中“黑头型”个体头、小盾片与足黑褐色，红色部分较黯淡；而“红头型”个体头、小盾片大部与足鲜红色。触角 8 节，黑褐色。前胸背板稍圆鼓，前叶具纵贯的中纵沟，向后延伸至后叶中部之后；小盾片具 2 个端突。前翅黑褐色部分面积多变。图为“黑头型”个体。分布：北京、天津、河北、山西、吉林、上海、江苏、浙江、安徽、福建、江西、山东、河南、湖北、湖南、广东、广西、海南、四川、贵州、陕西、香港、台湾；韩国、日本、越南。习性：在地面活动，曾观察到捕食北京小直形马陆 *Orthomorphella pekuensis*。

环足健猎蝽 *Neozirta eidmanni*

● 广东南岭 - 余之舟 摄

体长 22.5~28.6 mm，黑褐色。雄虫长翅型，雌虫小翅型。头平伸，中叶脊状隆起；触角 4 节，第 3 节稍长于第 4 节；喙第 1 节、第 2 节近等长。前胸背板前叶后部具纵沟，向后延伸至后叶中部之后，前叶明显（雄虫）或稍微（雌虫）短于后叶；小盾片具 2 个端突和 2 个侧突。各足股节和胫节中部具黄白色宽环纹。腹部侧接缘第 2 节、第 3 节中部，第 6 节基部和第 7 节基半具黄白色斑块，第 7 腹板前缘和侧缘具黄白色斑纹。图为小翅型雌虫。分布：北京、河南、浙江、湖北、广西、四川、贵州、陕西、台湾。习性：以大型马陆为食。

广大蚊猎蝽 *Myiophanes tipulina*

● 四川天全 - 刘盈祺 摄

体长 16.1~18.6 mm，细长形，浅黄褐色。体表密被灰白色细长柔毛。头褐色；触角黑褐色，第 1 节端部和第 2 节基部黄白色；喙第 1 节长于第 2 节。前胸背板沙漏形，前、后叶具 2 条浅色纵条纹，后缘两侧浅色；小盾片褐色。前足具交替的深色和浅色环纹，股节腹面具 2 列小刺，中、后足股节近端部具 1 个黄褐色和 1 个黑褐色环纹，股节端部和胫节基部黄白色。前翅灰褐色，翅脉黑褐色，大部膜质。分布：北京、天津、河北、上海、浙江、河南、湖北、海南、四川、云南、西藏、陕西；日本、澳大利亚、非洲。

注：本种喜黑暗，在洞穴、废弃房舍或类似环境中能发现。

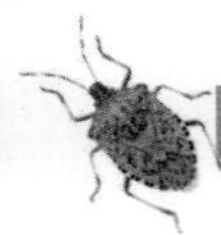

中华眼蚊猎蝽 *Ocelliemesina sinica*

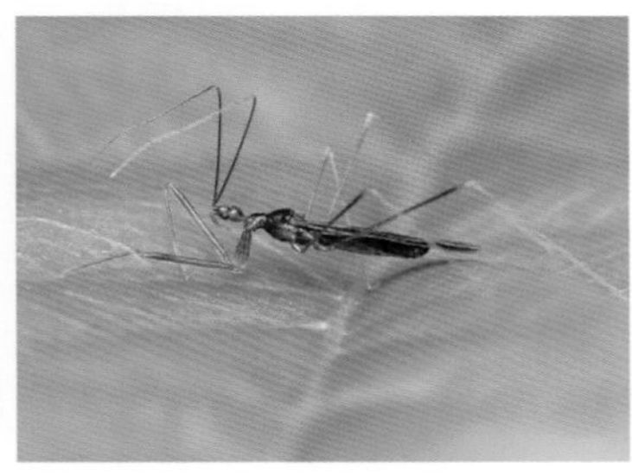

● 云南绿春 – 王建赟 摄

体长约 7.5 mm，狭长形，深红褐色。体表较光亮，被稀疏的金色半直立短毛。头在复眼后稍圆鼓，具 1 对单眼；触角黑褐色；喙第 1 节长于第 2 节。前胸背板前叶比后叶短而窄；小盾片具 1 个斜立刺突。各足股节近端部具隐约深褐色晕影，前足股节腹面具 2 列小刺，前足胫节腹面具 1 列小齿突。前翅深褐色，较宽大，具 2 个翅室。分布：云南。

注：蚊猎蝽亚科 Emesinae 已知约 1 000 种，除本种和澳大利亚的独阿蚊猎蝽 *Armstrongocoris singularis* 外均无单眼。

海南杆蝽猎蝽 *Ischnobaenella hainana*

● 海南尖峰岭 – 王建赟 摄

体长 28.8~33.1 mm，细长型，黑褐色。无翅型。头圆筒形，背面的斑纹和腹面浅黄褐色；触角褐色至深褐色；喙第 1 节大部浅黄褐色，第 2 节、第 3 节浅褐色。前胸背板前端最宽，向后逐渐狭窄，至后叶处又稍加宽；中胸短于后胸。前足基节基部浅黄褐色，股节和胫节具浅色斑纹和环纹，股节腹面端半具刺列，最基部的刺突最大，跗节基部 2/3 黄白色，中、后足股节褐色，具 4 个隐约的浅色小环纹，胫节具 4 个黄白色小环纹。分布：海南。

红痣二节猎蝽 *Empicoris rubromaculatus*

● 香港离岛 – 吴云飞 摄

体长 4.1~6.1 mm，细长，深褐色。头宽短；触角白色，具若干深色环纹，其中第 1 节具 10 个左右深色环纹。前胸背板后叶具 2 条隐约的浅色纵带纹，侧缘脊仅占后叶侧缘的前 1/3；小盾片具斜立刺突；后胸背板具白色直立刺突。前足捕捉足，股节具 3 个白色环纹，跗节 2 节；中、后足细长，白色并具若干深色环纹。前翅具大量不规则的深色斑点；翅痣多少带有红色。分布：天津、浙江、山东、湖南、广东、广西、四川、贵州、云南、甘肃、香港；俄罗斯、蒙古、韩国、日本、印度、菲律宾、欧洲、北美洲、非洲。

长头猎蝽 *Henricohahnia vittata*

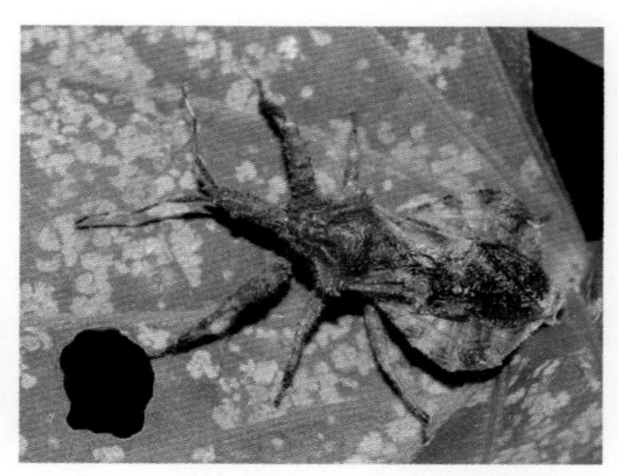
● 海南鹦哥岭 – 刘盈祺 摄

体长 15.0~18.0 mm，雄虫红褐色，雌虫黄褐色至褐色。体表被金色直立短毛，并有若干小突起。头长，中叶向前呈锥状突出；触角第 2 节端部 2/3、第 3 节端部和第 4 节黑褐色，第 3 节基半和第 4 节基部黄白色。前胸背板后叶具 4 条纵脊，侧角向侧后方突出，后缘中央深凹。足粗短，各足胫节端部黑褐色。前翅爪片和膜片黑褐色。腹部向两侧扩宽。分布：广西、海南、云南；老挝。

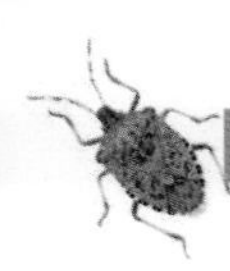

● 重庆四面山－张巍巍 摄

齿塔猎蝽 *Tapirocoris densa*

体长 11.8~13.0 mm，褐色。头长，背面具深褐色纵斑，中叶向前呈指状突出；触角黄褐色，第 1 节红褐色，第 2 节端部 1/3 黑褐色；喙较直。前胸背板侧缘黑褐色，前叶具网格状斑纹，侧角齿状突出，后缘波曲，在中间凹入；小盾片中央黑褐色。足黄褐色，前足股节腹面具 2 列刺突，胫节内外侧各具 4 个刺突。前翅稍超过腹末。腹部向两侧扩宽，侧接缘具黄绿色斑块，腹面散布黑褐色斑点。分布：湖南、广西、重庆、四川、贵州、云南、陕西。习性：在灌丛中活动。

● 重庆四面山－张巍巍 摄

马来胶猎蝽 *Amulius malayus*

● 海南白沙 – 吴云飞 摄

体长 20.5~24.5 mm，稍扁平，黑褐色。复眼生于头的近端部，单眼生于头侧；触角第 1 节远短于第 2 节；喙近直，第 2 节最长。前胸背板宽大，前叶鲜红色，前角刺状伸出，后叶宽阔地向后扩展，遮盖小盾片大部；小盾片仅末端露出。前足股节中部鲜红色，端部黄白色，胫节基部和中部黄白色，表面生有长毛，中、后足股节基部鲜红色，近端部具 1 个不完整的浅色环纹。前翅革片具 2 个白色斑点。腹部宽圆，侧接缘各节基部具黄白色斑点。分布：海南；老挝、泰国、柬埔寨、马来西亚。习性：在树干上生活，将前足胫节裹以树胶粘捕其他昆虫。

多氏田猎蝽 *Agriosphodrus dohrni*

● 陕西汉中 – 李虎 摄

体长 20.0~25.2 mm，黑褐色。体表被黑色直立长毛。头较尖长；触角第 1 节、第 4 节长，第 2 节、第 3 节短；喙细长弯曲，第 1 节长约为第 2 节的 1/2。前胸背板前叶短小圆鼓，后部中央具深陷，后叶中央具浅纵沟，侧角圆钝；小盾片中部凹陷。各足基节红色至黑色，颜色可变。前翅超过腹末，膜片灰褐色。腹部侧接缘裙边状，各节端半和第 5—7 节外缘浅黄白色，腹板各节两侧各具 1 个白色蜡斑，腹末常带红色斑纹。分布：上海、江苏、浙江、安徽、福建、江西、河南、湖北、湖南、广东、广西、海南、四川、贵州、云南、陕西、甘肃、台湾；日本、印度、越南。

注：本种的种名源于德国动物学家安东 · 多恩（Anton Dohrn）的姓氏。

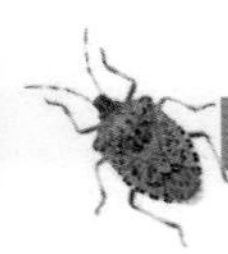

● 云南金平 – 李虎 摄

秀猎蝽 *Astinus siamensis*

体长 19.9~21.5 mm，橙色。头圆柱形，眼前区短于眼后区；触角第 3 节最长；喙粗壮弯曲，第 1 节长于第 2 节。前胸背板前叶短于后叶，具 1 对锥状突起，后叶前部具 3 个白色蜡斑，后部中央具 1 对扁角状突起，突起后缘颗粒状，侧角角状突出；小盾片基部具 1 对白色蜡斑，端部锥状立起。前足股节稍加粗。前翅稍超过腹末，革片基部和中部各具 1 个白色横蜡斑，膜片黄褐色。腹部腹面黄色，中央黑褐色。分布：广西、云南；越南、泰国。

● 云南盈江 – 张巍巍 摄

黄壮猎蝽 *Biasticus flavus*

体长 10.9~12.8 mm，浅黄色。头黑褐色，向前平伸，单眼之间具 1 条黄褐色纵斑；触角黑褐色，第 2 节长于第 3 节。前胸背板前叶黑褐色，稍圆鼓，后叶较低平，侧角圆钝；小盾片中央黑褐色。足黑褐色。前翅黄褐色，明显超过腹末，爪片基部 2/3 褐色。腹部腹面具黑褐色横带纹。分布：广东、广西、海南、贵州、云南、西藏、香港、台湾；印度、缅甸、越南、马来西亚。

黑腹壮猎蝽 *Biasticus ventralis*

● 云南西双版纳－王建赟 摄

体长 10.6~11.6 mm，黑褐色。头平伸，单眼之间具 1 个黄褐色纵斑，腹面黄色；触角褐色至深褐色；喙深褐色。前胸背板前叶圆鼓，中央具深纵沟，后叶稍圆鼓，后侧缘檐状，后缘稍凹入。各足股节端半稍呈结节状，胫节基部褐色，跗节 3 节，第 1 节短小。前翅明显超过腹末，革片端角黄色，膜片基部褐色，其余无色透明。腹末向两侧扩宽，第 2—4 节腹板两侧具不规则黄色斑纹。分布：云南。

红缘土猎蝽 *Coranus marginatus*

体长 10.0~10.9 mm，黑褐色。体表被灰白色直立长毛和平伏短毛。头平伸；复眼向两侧突出，使头宽约为前胸背板后缘的 2/3；触角第 2—4 节深褐色，第 2 节短于第 3 节。前胸背板前叶具深的中纵沟，两侧具刻纹，后叶表面具粗密刻点，后缘稍波曲；小盾片端部向上翘起。前足股节稍加粗。前翅超过腹末。腹部侧接缘均匀扩展并上折，边缘红色。分布：福建、广西、云南、西藏；缅甸。

● 西藏波密－王建赟 摄

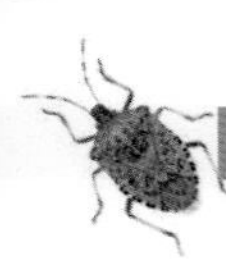

● 海南儋州 – 王建赟 摄

黑尾土猎蝽 *Coranus spiniscutis*

体长 9.5~9.8 mm，褐色。体表被灰白色直立长毛和弯曲短毛。头黑褐色，后叶具黄褐色纵纹；复眼不明显向两侧突出，使头宽约为前胸背板后缘的 1/2；触角褐色，第 2 节短于第 3 节。前胸背板黑褐色，前叶具深的中纵沟，两侧具刻纹，后叶表面具粗密刻点，后缘稍波曲；前胸背板横缢较浅，被两条短纵脊隔断；小盾片端部向上翘起。足黑褐色，具若干黄褐色环纹。前翅稍超过腹末，革片基部污黄色，其余黄褐色，膜片黑褐色。腹部侧接缘各节基部黑褐色。分布：浙江、福建、江西、湖北、湖南、广西、海南、云南、台湾；日本、印度、缅甸、越南。习性：见于草地环境。

● 云南绿春 – 王建赟 摄

环勺猎蝽 *Cosmolestes annulipes*

体长 10.9~13.1 mm，黄色。头黑褐色，具黄白色斑纹；触角褐色至深褐色；喙第 1 节黄白色，具黑褐色斑纹，第 2 节黄褐色，第 3 节深褐色。前胸背板前缘黄白色，前叶黑褐色，圆鼓，后叶后部中央和侧角带褐色晕影；小盾片黑褐色，具黄白色中纵纹和 1 对白色蜡斑，端部黄白色，呈勺状扩展。足黄白色，股节具 4~5 个黑褐色环纹，胫节基部具 2 个黑褐色环纹，端部 3/4 褐色。前翅膜片灰褐色，内室基脉黄白色。腹部侧接缘各节基部黑褐色，腹面具深浅相间的斑纹。分布：福建、河南、广东、广西、海南、云南；印度、缅甸。

乌带红猎蝽 *Cydnocoris fasciatus*

● 西藏墨脱 – 计云 摄

体长 13.6~15.0 mm，橙色。头较宽短，在复眼间具 1 条黑褐色横带纹；触角基部具向前弯曲的刺突；触角黑褐色，第 3 节最短。前胸背板前叶后部中央稍凹陷，侧角圆钝；小盾片中央呈“Y”形脊起。前、中足胫节基部和端部，后足胫节和各足跗节黑褐色。前翅明显超过腹末，革片近端部具黑褐色横斑，膜片深褐色。分布：福建、广东、广西、海南、贵州、云南、西藏、香港；印度、马来西亚。

艳红猎蝽 *Cydnocoris russatus*

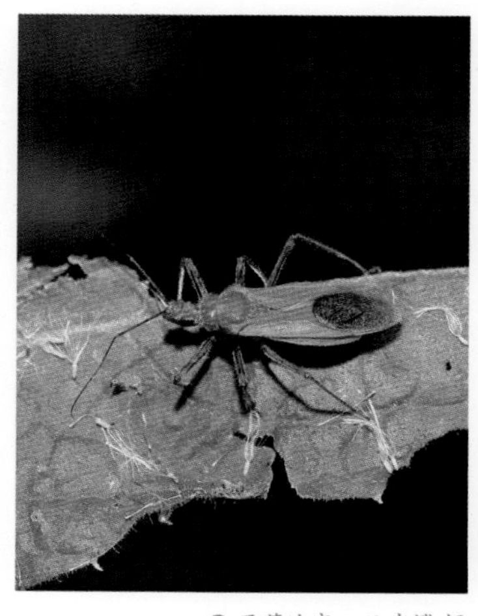

● 西藏波密 – 王建赟 摄

体长 13.1~18.5 mm，红色。头较宽短，在复眼间具 1 条黑褐色横条纹，腹面黑褐色；触角基部具向前弯曲的刺突；触角黑褐色；喙第 3 节黑褐色。前胸背板前叶后部中央稍凹陷，侧角圆钝；小盾片中央呈“Y”形脊起。足黑褐色，各足转节和股节最基部红色。前翅明显超过腹末，膜片黑褐色。腹部腹板具黑褐色横纹，并常在中央中断。分布：江苏、浙江、安徽、福建、江西、河南、湖南、广东、广西、海南、四川、贵州、陕西、甘肃、香港、台湾；韩国、日本、越南。

● 西藏墨脱－计云 摄

多变嗯猎蝽 *Endochus cingalensis*

体长 15.5~29.0 mm，体色和斑纹多变化，从浅黄褐色至完全黑褐色。头圆柱形，眼前区短于眼后区；触角基部具细小刺突；触角第 1 节与前足股节近等长。前胸背板前叶短小，稍圆鼓，后部中央具凹陷，后叶低平，侧角尖锐并伸向两侧，其后具 1 个齿状突起，后缘稍内凹；小盾片顶端尖锐。前足股节稍加粗。前翅稍超过腹末。腹部稍向两侧扩宽，侧接缘各节基半黑褐色，端半颜色较浅。分布：福建、江西、广西、海南、贵州、云南、西藏、台湾；印度、缅甸、斯里兰卡。

黑角嗯猎蝽 *Endochus nigricornis*

体长 16.3~21.7 mm，橙黄色至黄褐色，具变化多端的深褐色至黑褐色斑纹。头背面全无斑纹，或具黑褐色纵纹，或完全黑褐色；触角黄黑相间至完全黑褐色。前胸背板前叶稍圆鼓，具黑褐色斑点至完全黑褐色，后叶中央常具黑褐色方形斑，有时缩减成纵纹或斑点，侧角黑褐色；小盾片除边缘外黑褐色；胸部侧板具黑褐色斑纹。各足股节亚端部具深色环纹。前翅革片从完全浅色至除基部和前缘外全为深褐色。腹部侧接缘一色。分布：浙江、安徽、福建、湖北、广东、广西、海南、四川、贵州、云南、西藏、台湾；印度、缅甸、菲律宾、马来西亚、印度尼西亚。习性：白天活动，善于飞行。

● 西藏墨脱－王建赟 摄

霜斑素猎蝽 *Epidaus famulus*

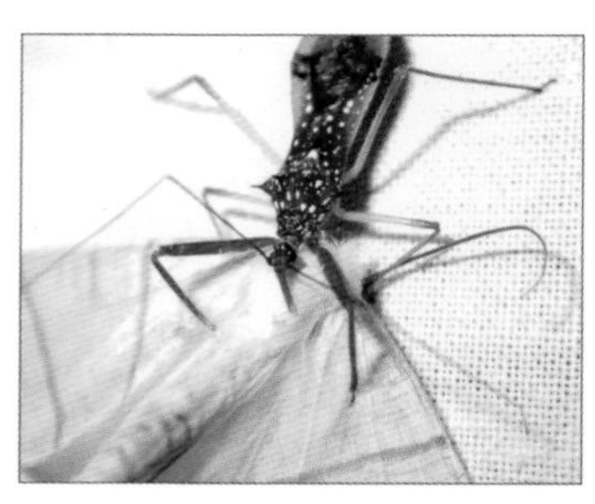

● 重庆四面山 – 张巍巍 摄

体长 14.7~25.4 mm，黄褐色至红褐色。头后叶黑褐色；触角基部具小刺突；触角黑褐色，第 1 节最长，具 2 个褐色环纹，端部褐色；喙第 1 节长约为第 2 节与第 3 节之和。前胸背板具若干白色蜡斑，前叶短小，后叶后部中央具 1 对黑褐色刺突，侧角黑褐色，刺状突出；小盾片，胸部侧板与腹板具若干白色蜡斑。前足股节稍加粗，中、后足股节（除端部外）和胫节（除基部外）颜色稍浅。前翅革片具若干白色蜡斑。腹部向两侧扩展，侧接缘黄色，第 5 节端半和第 6 节基部 1/3 黑褐色。分布：福建、江西、湖南、广东、广西、海南、重庆、四川、贵州、云南、台湾；印度、缅甸、越南。

● 海南黎母山 – 王建赟 摄

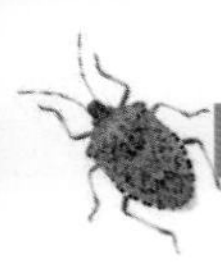

● 陕西秦岭 – 张巍巍 摄

瘤突素猎蝽 *Epidaus tuberosus*

体长 17.3~24.6 mm，黄褐色至红褐色，不同个体深浅不一。头后叶黑褐色；触角基部具小瘤状突起；触角第 2 节端部黑褐色。前胸背板前角不突出，前叶稍圆鼓，后叶前部具 2 条短纵脊，后部中央具 1 对黑褐色锥状突，侧角黑褐色，短刺状；小盾片黑褐色。前足股节稍加粗，中、后足股节（除端部外）颜色稍浅。前翅超过腹末，膜片褐色。腹部侧接缘向两侧扩展，第 3 节、第 4 节和第 7 节前缘，以及第 5 节全部和第 6 节基半红褐色，其余污黄色。分布：北京、浙江、河南、四川、陕西。

注：本种由我国昆虫学家杨新史于 1940 年命名，是国人自己发表的第一种猎蝽科昆虫。

淡素猎蝽 *Epidaus wangi*

体长 21.8~26.8 mm，浅黄色至橙色。触角基部具弯刺状突起；触角第 1 节基部、中部和端部与第 2 节基部和端部黑褐色，第 2 节中部和第 3 节、第 4 节红褐色；喙第 1 节、第 2 节之间黑褐色，第 3 节褐色。前胸背板前角黑褐色，后叶前部具 2 个黑褐色斑点，后部中央具 1 对黑褐色锥状突，侧角黑褐色，刺状突出。各足股节和胫节具黑褐色环纹。前翅明显超过腹末，爪片内侧和膜片内室基部黑褐色。腹部侧接缘向两侧扩宽。分布：云南、西藏；印度。

● 西藏墨脱 – 王建赟 摄

● 西藏墨脱 – 翟卿 摄

纹彩猎蝽 *Euagoras plagiatus*

● 云南绿春 – 刘盈祺 摄

体长 12.7~13.8 mm，黄褐色。头深红色；触角基部具小瘤状突起；触角黑褐色，具褐色环纹；喙褐色，末端黑褐色。前胸背板深红色，前角短锥状，前叶稍圆鼓，后叶中央具黑褐色方形斑，侧角具黑褐色细长刺突，向侧上方翘起；小盾片深红色，末端尖锐。各足基节浅红色，股节具黑褐色纵纹，端部红色。前翅外侧黄色至红黄色，革片内侧和爪片黑褐色。腹部腹面两侧具黑褐色纵带纹。分布：浙江、福建、江西、湖南、广东、广西、海南、贵州、云南、香港、台湾；日本、印度、缅甸、越南、斯里兰卡、菲律宾、马来西亚、新加坡、印度尼西亚。

● 海南儋州 – 吴云飞 摄

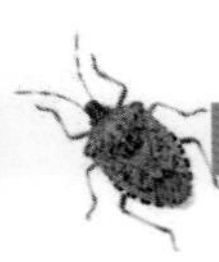

● 重庆四面山 – 张巍巍 摄

毛翅菱猎蝽 *Isyndus lativentris*

体长 23.4~29.3 mm，深褐色。体表密被黄白色平伏短毛。头圆柱形；触角基部具小瘤状突起；触角第 1 节、第 2 节黑褐色，第 3 节、第 4 节橙色至橙褐色。前胸背板前角瘤状，前叶表面具浅刻纹，两侧具乳突，后叶宽大，侧角直角状突出；小盾片中部具明显的突起。各足股节稍带红褐色，前足股节稍加粗，各足胫节稍带黄褐色。前翅超过腹末，革片具明显的绒毛簇。雄虫腹部腹面后部中央具 1 个明显突起。分布：广西、云南、重庆、四川；印度、越南。

● 重庆青龙湖 – 张巍巍 摄

褐菱猎蝽 *Isyndus obscurus*

体长 20.0~29.2 mm，深褐色。体表密被黄白色平伏短毛。触角基部具小突起；触角黑褐色，第 3 节基半和第 4 节端半橙黄色。前胸背板前叶具浅刻纹，两侧具乳突，后叶表面具浅横皱纹，侧角直角状突出，后侧缘具缺刻；小盾片中央稍突起。前足股节稍加粗。前翅革片无簇生绒毛。腹部稍微（雄虫）或明显（雌虫）向两侧扩宽；雄虫腹部腹面后部中央具 1 个较小突起。分布：北京、河北、辽宁、浙江、安徽、福建、江西、山东、河南、湖北、广东、广西、海南、贵州、云南、重庆、四川、陕西、甘肃、西藏、台湾；韩国、日本、不丹、印度、越南。

毛足菱猎蝽 *Isyndus pilosipes*

● 西藏林芝－张巍巍 摄

体长 25.5~34.0 mm，浅褐色至褐色。体表密被黄白色平伏短毛。头部分为黑褐色；触角基部具小突起；触角黄褐色至红褐色，第 1 节端部、第 2 节端部 2/3 黑褐色，第 3 节中部和第 4 节基半深褐色。前胸背板前叶具明显刻纹，两侧的乳突较小，后叶表面具细密横皱纹，侧角短刺状突出，其后具 1 个明显突起。足红褐色，各足股节近端部具 1 条隐约环纹，端部黑褐色。前翅革片灰褐色。腹部稍微（雄虫）或呈菱形（雌虫）向两侧扩宽。分布：福建、广东、广西、四川、贵州、云南、西藏；印度、缅甸。

茧蜂岭猎蝽 *Lingnania braconiformis*

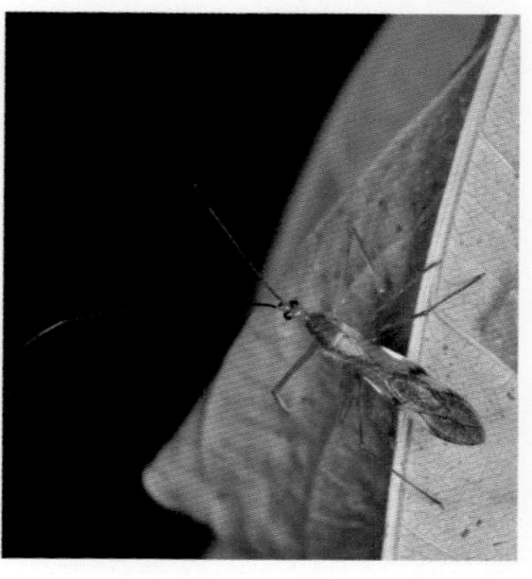

● 云南西双版纳－郑昱辰 摄

体长 12.5~15.0 mm，狭长形，橙黄色，具可变的黑褐色斑纹，雌虫体色较雄虫稍浅。头背面在复眼间具 1 条黑褐色横纹；触角基部具小突起；触角第 1 节、第 2 节黑褐色，第 3 节、第 4 节褐色。前胸背板侧角圆钝；小盾片顶端尖锐。各足股节具浅褐色至黑褐色环纹，有时消失，各足胫节黄褐色，端部颜色稍深，跗节 2 节。前翅远超腹末，革片中部之后的斑纹和端角深褐色至黑褐色。腹部腹面浅黄白色，具黑褐色斑纹。分布：福建、广东、广西、海南、四川、贵州、云南、台湾。

● 西藏墨脱 – 计云 摄

丽匿盾猎蝽 *Panthous excellens*

体长 23.6~29.5 mm，黄色。体表光滑。头大部黑褐色，端部红色；触角黑褐色；喙粗壮弯曲，鲜红色。前胸背板前叶黑色，十分短小，后叶宽大，向后扩展将小盾片完全遮盖，后侧缘和后缘呈檐状。各足股节和胫节具结节，基节、转节和股节基部鲜红色。前翅明显超过腹末，革片端角黑褐色，膜片深褐色。腹部侧接缘各节大部鲜红色，具黑褐色斑纹，后缘具大小不一的乳白色斑点组成的横带。分布：西藏；印度。

● 西藏墨脱 – 王建赟 摄

棘猎蝽 *Polididus armatissimus*

体长 10.2~12.0 mm，褐色至红褐色。体表被黄色平伏短毛，并具大量长短不一的褐色刺突。触角基部具直立长刺突；触角深红褐色，第 1 节最长；喙第 1 节长于第 2 节、第 3 节之和。前胸背板前角刺状突出，前叶具 8 根刺突，后叶表面具若干小刺，前缘两侧和后部中央各具 1 对长刺突，侧角刺状突出；小盾片具 3 根刺。各足股节具大量刺突，中、后足股节刺稍细。前翅革片内侧、爪片和膜片浅黄褐色，膜片翅室细长。腹部侧接缘各节具刺突，其中后侧角的刺突最大。分布：安徽、福建、江西、河南、湖北、广东、广西、贵州、西藏、香港、台湾；韩国、日本、印度、缅甸、越南、斯里兰卡、印度尼西亚、沙特阿拉伯。

红彩瑞猎蝽 *Rhynocoris fuscipes*

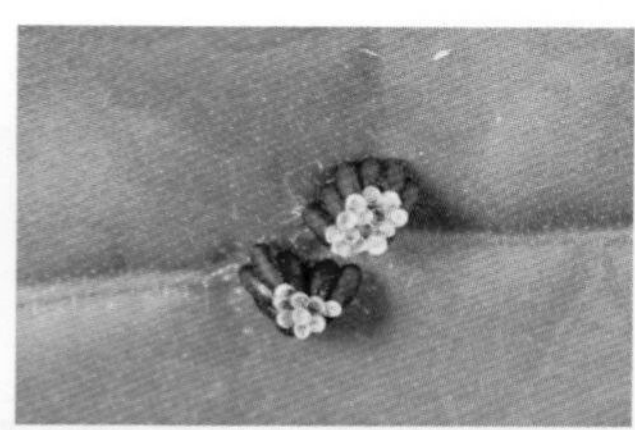

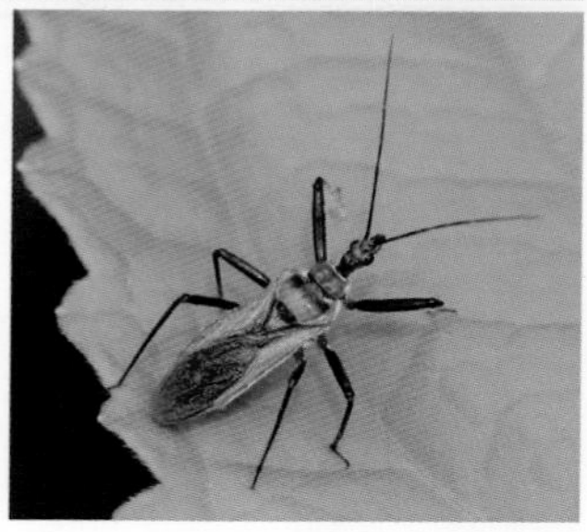

● 海南儋州 – 王建赟 摄

体长 12.0~16.2 mm，红色。头除复眼间横带纹、眼后区两侧外黑褐色，腹面黄白色；触角和喙黑褐色。前胸背板前缘黄白色，前角短锥状，前叶稍圆鼓，后叶前部黑褐色，具灰白色短毛组成的横带；小盾片前半黑褐色。足黑褐色，各足股节腹面基半具黄白色纵纹。前翅超过腹末，革片内侧、爪片和膜片蓝褐色。腹部侧接缘各节基部稍带黑褐色，腹面具相间的黑褐色和黄白色横纹。分布：浙江、福建、江西、湖南、广东、广西、海南、四川、贵州、云南、西藏、台湾；日本、印度、缅甸、越南、老挝、泰国、斯里兰卡、马来西亚。

云斑瑞猎蝽 *Rhynocoris incertis*

● 重庆四面山 – 张巍巍 摄

体长 14.8~17.8 mm，黑褐色，具可变的红色斑纹。头背面具黄褐色至红褐色斑纹，有时极不明显；触角第 2 节长于第 3 节。前胸背板前叶红色至完全黑褐色，稍圆鼓，表面具云形刻纹，后叶侧缘和后缘红色至完全黑褐色，后侧缘檐状，后缘稍凹入；小盾片末端稍钝。前翅稍超过腹末。腹部侧接缘完全红色至完全黑褐色，均匀扩宽，各节后侧角黄褐色。分布：河北、江苏、浙江、安徽、福建、江西、河南、湖北、湖南、广东、广西、重庆、四川、贵州、陕西；日本。

轮刺猎蝽 *Scipinia horrida*

● 海南儋州 – 王建赟 摄

体长 8.2~11.5 mm，黄褐色。头褐色，后部背面黑褐色，具 6 根较大刺突和若干小刺突；触角褐色，第 2 节和第 3 节基半黑褐色；喙第 1 节稍长于第 2 节。前胸背板前角刺状突出，前叶具 2 对较大刺突，靠后的 1 对末端分叉，后叶具粗密刻点，后缘稍凸出；小盾片末端刺状翘起。前足股节端半红褐色，明显加粗，具若干刺突和瘤突，中、后足股节稍呈结节状。前翅革片端角红褐色，爪片深褐色。腹部侧接缘黄白色至黄色，第 5 节和第 6 节、第 7 节基半红褐色。分布：浙江、福建、江西、河南、湖南、广东、广西、海南、四川、贵州、云南、西藏、陕西、甘肃、台湾；印度、缅甸、斯里兰卡、菲律宾、印度尼西亚。

齿缘刺猎蝽 *Sclomina erinacea*

体长 14.0~15.5 mm，黄褐色至褐色。体表具大量长短不一的刺突。头前叶两侧和后叶背面的纵纹黑褐色，头前端具 2 根短刺，触角后方具 3 对长刺；触角黑褐色，第 1—3 节具浅色环纹；喙第 1 节短于第 2 节。前胸背板前角短刺状，前叶具 4 对刺突，后叶具 4 根强刺；小盾片基部中央黑褐色，末端尖锐。各足股节具黑褐色纵纹，表面具若干短刺突。前翅革片和爪片大部黑褐色。腹部侧接缘第 3 节刺状突出，其余各节尖叶状突出，腹面两侧斑驳。分布：浙江、安徽、福建、江西、湖南、广东、广西、海南、重庆、四川、贵州、云南、香港、台湾；越南。

● 贵州雷山 - 王建赟 摄

史氏塞猎蝽 *Serendiba staliana*

● 四川雅安 – 刘盈祺 摄

体长 13.0~15.6 mm，狭长形，黄褐色。头浅红褐色，前叶具 1 条浅色中纵纹；复眼向两侧突出；触角基部具黑褐色小锥状突；触角第 1 节基部黑褐色。前胸背板前叶褐色，后叶黄色，具 1 对褐色宽纵带，侧角刺状突出；小盾片黄色，基角深褐色。各足基节、转节和股节黄色，胫节和跗节橙黄色，跗节 2 节。前翅远超腹末，革片大部和爪片深红褐色，革片端部黄色，膜片浅褐色，翅脉黑褐色。分布：江西、广东、广西、四川、贵州、台湾；韩国、日本。

注：本种的种名源于瑞典昆虫学家卡尔·史道（Carl Stål）的姓氏。史道在 19 世纪 50—70 年代所做的一系列工作对今天的半翅目分类研究影响深远，同时他对直翅目、鞘翅目等类群也有深入研究。

红缘猛猎蝽 *Sphedanolestes gularis*

● 四川青城山 – 王建赟 摄

体长 11.5~13.0 mm，黑褐色。体表被灰白色平伏和直立短毛。头在单眼之间的斑纹黄褐色；头腹面黄白色；触角第 2 节短于第 3 节。前胸背板前叶两侧圆鼓，后叶中央具 1 个宽浅凹陷。各足股节端部稍细缩。前翅远超腹末，膜片长而大。腹部红色，腹面两侧有时具黑褐色斑纹。分布：浙江、安徽、福建、江西、河南、湖北、湖南、广东、广西、重庆、四川、贵州、云南、西藏、甘肃。

环斑猛猎蝽 *Sphedanolestes impressicollis*

● 湖南娄底 – 王建赟 摄

体长 13.0~18.0 mm，黑褐色，体色多变化。头腹面黄白色；触角第 1 节具 2 个浅色环纹，有时十分模糊；喙第 1 节短于第 2 节。前胸背板前叶两侧圆鼓，后叶从全部黄褐色、黄褐色具黑褐色斑纹到全部黑褐色变化，中央具 1 条纵沟。各足股节基部黄色，中部和近端部具白色环纹，胫节近基部具 1 条白色环纹。前翅革片黄褐色至黑褐色。腹部侧接缘各节端半至大部黄白色至黄色。分布：北京、天津、河北、辽宁、江苏、浙江、安徽、福建、江西、山东、河南、湖北、湖南、广东、广西、海南、重庆、四川、贵州、云南、陕西、甘肃、台湾；朝鲜、韩国、日本、印度。

赤腹猛猎蝽 *Sphedanolestes pubinotum*

体长 14.0~19.2 mm，黑褐色，稍带蓝色反光。体表毛被在不同地区个体间有差异，有的具灰白色短绒毛带，有的密被金色短绒毛。头在单眼外侧和单眼之间的斑纹黄褐色至褐色；触角第 2 节短于第 3 节。前胸背板前叶稍圆鼓，后叶中央具明显纵沟，侧角圆钝，稍上翘。前翅超过腹末。腹部侧接缘鲜红色；腹部腹面红色，具 3~5 条黑褐色横纹，有时不明显。分布：浙江、安徽、福建、江西、广东、广西、海南、四川、贵州、云南、西藏；印度、缅甸、马来西亚、印度尼西亚。

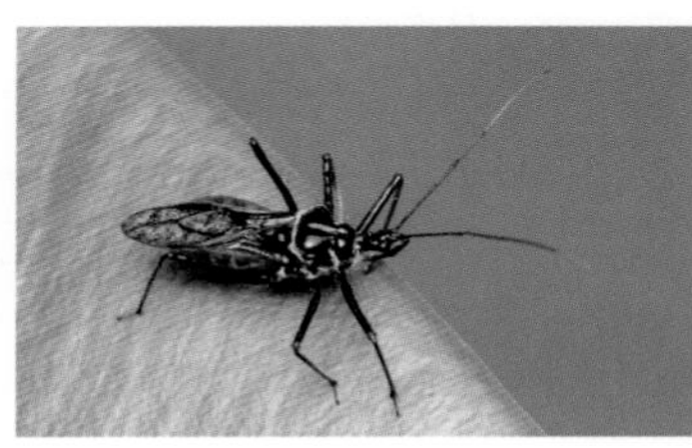

● 贵州雷山 – 王建赟 摄

● 西藏波密 – 计云 摄

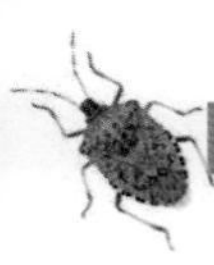

● 广西崇左－张巍巍 摄

黄带犀猎蝽 *Sycanus croceovittatus*

体长 21.0~25.0 mm，黑褐色。头长梭形，与前胸背板与小盾片之和近等长；触角第 1 节与前足股节近等长；喙细长弯曲，第 1 节稍长于眼前区。前胸背板前叶短小，表面具刻纹，后叶稍圆鼓，表面具皱刻点；小盾片中部具顶端分叉的直立刺突。前翅超过腹末，革片端半黄色。腹部侧接缘强烈扩展上翘，腹部腹板两侧还具 1 列白色斑点。分布：福建、湖南、广东、广西、海南、贵州、云南、香港；印度、缅甸。

● 广西崇左－张巍巍 摄

黄犀猎蝽 *Sycanus croceus*

体长 18.5~25.2 mm，黄色。头（除单眼外侧斑纹和腹面外）黑褐色；触角和喙第 1 节黑褐色，喙第 2 节、第 3 节红褐色。前胸背板前叶黑褐色，短小，后叶表面具皱刻点；小盾片基部黑褐色，中部具顶端分叉的直立刺突。足黑褐色。前翅超过腹末，革片内侧靠近爪片的边缘和端角、爪片大部黑褐色。腹部侧接缘强烈扩展上翘，各腹节背板和腹板前缘具黑褐色横纹，在侧接缘上扩大成大斑，腹板两侧还具 1 列黑褐色斑点和 1 列白色斑点。分布：广西、云南、香港。

革红脂猎蝽 *Velinus annulatus*

体长 14.5~17.3 mm，浅黄绿色，体色多变化。头背面具黑褐色斑纹，有时面积极大；触角黑褐色，第 1 节常具浅色环纹；喙第 1 节短于第 2 节。前胸背板前叶短于后叶，中纵沟一直延伸至后叶后部；小盾片（除顶端外）黑褐色，基角具白色蜡斑。各足股节结节状，具深色环纹，胫节黑褐色，基部具 2 个浅色环纹。前翅远超腹末，革片红色，近端部具 1 个白色霜斑，膜片褐色。腹部侧接缘波状扩展上翘，具深褐色斑纹。分布：福建、广东、广西、贵州、云南；印度、缅甸。

● 云南绿春 – 王建赟 摄

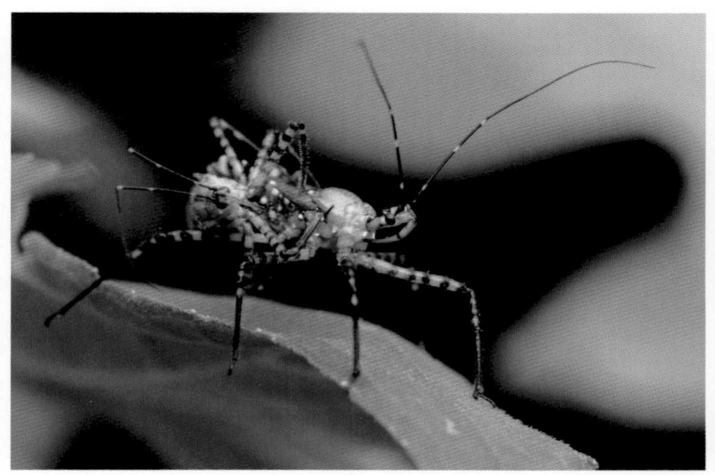

● 云南绿春 – 王建赟 摄

● 广西崇左 – 王建赟 摄

红小猎蝽 *Vesbius purpureus*

体长 7.0~9.5 mm，红色。头（除颈外）黑褐色；复眼着生于头前端，使得眼前区远短于眼后区；触角黑褐色；喙黑褐色，第 2 节明显长于第 1 节。前胸背板前叶后部中央具 1 个凹陷，后叶圆鼓，后角突出；小盾片三角形。足（除基节外）黑褐色，各足股节结节状，胫节长于转节与股节之和，表面环生直立长毛。前翅远超腹末，革片四边室狭长，膜片基部 2/3 黑褐色，端部 1/3 透明。分布：湖南、广西、海南、云南、台湾；印度、缅甸、斯里兰卡、菲律宾、马来西亚、印度尼西亚。

● 云南西双版纳 – 张巍巍 摄

黑文猎蝽 *Villanovanus nigrorufus*

体长 19.2~25.6 mm，红色。体表被灰白色平伏短毛。头稍短于前胸背板，后叶稍圆鼓；触角基部具小刺突；触角黑褐色；喙黑褐色，第 1 节颜色稍浅，长约为第 2 节与第 3 节之和。前胸背板前叶长约为后叶的 1/2，后叶中央具 1 个黑褐色方形斑块，侧角刺状突出；小盾片顶端尖削。足黑褐色，前足股节稍加粗，前足胫节稍弯曲。前翅超过腹末，爪片内侧和膜片黑褐色。腹部腹面（除侧缘和末端外）黑褐色，腹板各节前缘无毛，形成深色横带纹。分布：广西、海南、贵州、云南。

淡裙猎蝽 *Yolinus albopustulatus*

● 广西崇左－张巍巍 摄

体长 19.0~24.0 mm，黑褐色。体表较光亮。头长梭形，与前胸背板与小盾片之和近等长；触角第 2 节最短；喙细长弯曲，第 2 节最长。前胸背板前叶短于后叶的 1/2，后半具深的中纵沟，后叶前半具宽浅的中纵沟，后缘平直；小盾片顶端钝圆。各足股节端部稍呈结节状。前翅超过腹末。腹部侧接缘呈裙边状强烈扩展，表面呈泡状卷起，第 6 节、第 7 节泡突乳白色；腹部侧缘后半褐色；腹部末端有时红色。分布：天津、浙江、安徽、江西、福建、河南、湖北、湖南、广东、广西、海南、四川、贵州、云南、陕西。习性：通常可见在树干上活动，善于飞行。

蛮羽猎蝽 *Ptilocerus immitis*

● 陕西洋县－陈卓 摄

体长约 5.0 mm，褐色。体表被浓密的褐色长毛，其中触角第 2 节和后足胫节的毛长远大于各自的直径。头横宽；复眼向两侧突出；单眼 1 对，相距较远；触角黄褐色，第 1 节粗短，第 2 节长而稍弯，第 3 节、第 4 节短小。前胸背板横宽。后足较前两对足长，后足跗节 2 节。前翅宽大，革片具 3 个翅室，膜片基部半透明，其余深褐色，具 2 个黑褐色大斑，外缘中部具 1 条黄褐色斑纹。腹部短小紧凑，腹面基部具毛状体。分布：陕西、台湾；日本。习性：毛猎蝽亚科 Holoptilinae 的部分种类腹部具特殊的毛状体构造，其内部是分泌腺，能够分泌吸引并麻醉蚂蚁的液体，从而达到捕食的目的。

● 云南绿春 – 刘盈祺 摄

黑哎猎蝽 *Ectomocoris atrox*

体长 15.0~20.5 mm，黑褐色。头稍呈锥状，眼前区显著长于眼后区；复眼侧面观肾形；触角第 1 节稍短于头；喙粗壮，第 2 节最长，第 3 节尖细。前胸背板前叶长约为后叶的 2 倍，后部中央具中纵沟；小盾片末端尖长，稍翘起。前足股节粗壮，前足胫节具发达的海绵窝，长度几乎占该节的 4/5，中、后足股节基半黄褐色，胫节和跗节褐色。前翅爪片中部和膜片翅室深黑色，膜片内室具 1 个黄色圆斑。腹部侧接缘各节基半浅褐色。分布：江苏、浙江、福建、江西、湖南、广东、广西、海南、四川、贵州、云南、西藏、陕西、香港、台湾；印度、缅甸、越南、柬埔寨、斯里兰卡、菲律宾、马来西亚、印度尼西亚。习性：夜间可见在地面爬行，常被灯光吸引。

丽哎猎蝽 *Ectomocoris elegans*

● 海南白沙 – 吴云飞 摄

体长 15.0~18.5 mm，黑褐色。头平伸，前端褐色；触角黄褐色，第 3 节、第 4 节深褐色；喙褐色，粗壮。前胸背板前叶长约为后叶的 2 倍；小盾片端突较短，稍翘起。足黄褐色至褐色，前足胫节具极长的海绵窝，几达该节基部。前翅革片翅脉和爪片外侧黄褐色，膜片近基部具 1 条黄褐色横带纹，端半灰褐色。腹部侧接缘大部黄褐色。分布：广西、海南、云南、台湾；日本、印度、缅甸、越南、菲律宾、马来西亚。

日月盗猎蝽 *Peirates arcuatus*

● 重庆王二包 – 张巍巍 摄

体长 10.0~11.5 mm，黑褐色。体表被灰白色丝毛和绒毛。头前端稍下倾；触角第 1 节短，不达头端；喙第 2 节粗大，第 3 节尖细。前胸背板橙红色至红色，前叶圆鼓，表面具纵刻纹，后叶横宽，长度不及前叶 1/2；小盾片红色，顶端细缩上翘。前足股节粗壮，胫节具海绵窝，但不及该节长度 1/2。前翅革片和爪片基半红色，膜片深黑色，近基部具 1 条黄白色弯曲横带纹，近端部具 1 个黄白色圆斑。腹部侧接缘各节基半黄白色。分布：福建、广东、重庆、四川、陕西、台湾；日本、印度、缅甸、斯里兰卡、菲律宾、印度尼西亚。

污黑盗猎蝽 *Peirates turpis*

● 湖南娄底 – 王建赟 摄

体长 13.0~15.0 mm，黑褐色。体表较光亮。头前端稍下倾；触角第 1 节短，稍超过头端；喙第 2 节稍超过复眼后缘。前胸背板前叶表面具浅刻纹，后部中央具 1 个明显凹陷，后叶长约为前叶 1/2；小盾片顶端细缩平伸。前足基节稍侧扁，股节粗壮。前翅大部同体色，革片内域靠近翅脉的部分、爪片中部和膜片内室基部和外室大部深黑色，也有短翅型个体。分布：北京、河北、内蒙古、江苏、浙江、江西、山东、河南、湖北、湖南、广西、四川、贵州、云南、陕西、甘肃、香港；日本、越南。习性：在地面活动。雌虫在表土层产卵，卵的部分被埋于土中。

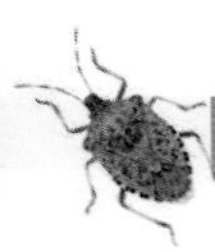

● 海南鹦哥岭 – 刘盈祺 摄

黄足直头猎蝽 *Sirthenea flavipes*

体长 17.0~22.5 mm，黄褐色，不同个体斑纹有变化，有的头、前胸背板前叶和足带有橙红色至红褐色泽。头锥状平伸，眼前区远长于眼后区，前端和颈深褐色；触角第 1 节不达头端，第 2 节深褐色。前胸背板前叶表面具黑褐色纵刻纹，前缘凹入，后叶黑褐色；小盾片黑褐色，基部和顶端有时黄褐色。前足胫节海绵窝较小，中足胫节无海绵窝。前翅大部深褐色，革片基部和内角附近、爪片基部和端半、膜片端部浅黄褐色，深色面积稍有变化。腹部侧接缘各节黄黑相间。分布：上海、江苏、浙江、安徽、福建、江西、河南、湖北、湖南、广东、广西、海南、重庆、四川、贵州、云南、西藏、陕西、甘肃、台湾；朝鲜、韩国、日本、阿富汗、巴基斯坦、印度、尼泊尔、孟加拉国、缅甸、越南、老挝、泰国、柬埔寨、斯里兰卡、菲律宾、马来西亚、印度尼西亚、伊朗。

● 云南绿春 – 王建赟 摄

宾刺瘤猎蝽 *Carcinocoris binghami*

体长 6.5~7.6 mm，黄褐色。体表，尤其是头、前胸背板和腹部侧接缘具大量长刺突，刺突端部生有 1 根短毛。头黑褐色；触角第 1 节黑褐色，第 2 节基半和第 4 节深褐色，第 1—3 节具刺突。前胸背板六边形，前叶黑褐色，后叶具 2 条侧纵脊，侧角向两侧突出；小盾片刀状伸长，接近腹末，中央具 1 条纵脊，边缘具若干刺突。前足形似蟹钳。腹部两侧刺突长于侧接缘各节的宽度，第 4 节和第 6 节、第 7 节端部黑褐色。分布：云南；缅甸、越南、老挝、泰国。

华龟瘤猎蝽 *Chelocoris sinicus*

● 云南普洱 – 郑昱辰 摄

体长5.9~7.7 mm，黄褐色至褐色。体表，尤其是头、前胸背板具大量短刺突。头前端具参差不齐的刺突；触角第4节长球形（雄虫）或近纺锤形（雌虫）。前胸背板前叶稍圆鼓，表面具长短不一的刺突，后叶表面具刻点和突起，具2条侧纵脊，其上具小刺突；小盾片黑褐色，边缘浅黄褐色，长三角形。前足形似蟹钳。前翅革片端角深褐色，膜片外室明显长于内室。腹部侧接缘稍呈菱形扩展，第4节、第5节前缘和第6节端半黑褐色。分布：福建、海南、云南。

硕菱瘤猎蝽 *Amblythyreus chapa*

● 广东南岭 – 余之舟 摄

体长12.0~14.2 mm，黄绿色，具褐色至黑褐色斑纹，雄虫颜色较雌虫更深。头背面黑褐色；触角第1节背面黑褐色，第2节、第3节和第4节基部黄褐色，第4节端半黑褐色（雄虫）或黄色（雌虫）。前胸背板前叶中央具黑褐色斑块（雄虫），或只在后部中央具1个黑褐色斑点（雌虫），后叶大部褐色，侧角尖锐突出；小盾片基部隆起，具1对黑褐色半圆斑，顶端宽圆。各足胫节端半和跗节稍带红褐色泽，前足形似螳螂的捕捉足。前翅深褐色。腹部侧接缘菱形扩展，最宽处位于第3节、第4节之间，第3节端半、第4节和第5节前缘黑褐色，腹末带黑褐色（雄虫）或红色（雌虫）。图为雌虫。分布：广东、广西、海南、四川、贵州；越南。习性：常藏于植物花序上，善于伏击猎物。

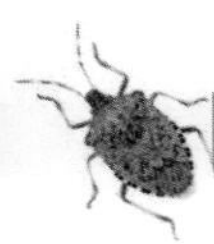

中国螳瘤猎蝽 *Cnizocoris sinensis*

● 北京密云－张小蜂 摄

体长 9.0~10.5 mm，雄虫褐色、长椭圆形，雌虫绿色、卵圆形。头背面黑褐色；触角雌雄异型，红褐色，第 1 节黑褐色。前胸背板前角较尖，后叶具 1 对侧纵脊，侧角呈角状突出，边缘黑褐色；小盾片基部中央具 1 个黑褐色隆起。前足螳螂足状。前翅革片浅红褐色，前缘浅灰绿色，膜片黑褐色。雄虫腹部侧接缘各节后侧角和第 4 节黑褐色。分布：北京、天津、河北、山西、内蒙古、浙江、河南、陕西、甘肃、宁夏。习性：常在草丛、灌丛中活动，善于伏击猎物。

中国原瘤猎蝽 *Phymata chinensis*

● 山西黎城－王建赟 摄

体长 7.0~8.0 mm，褐色。体表具细小颗粒状突起。头棱角分明，前端向上翘折；触角可收伏于头和前胸侧面的沟槽内，第 4 节长纺锤形；喙粗短。前胸背板宽大，表面具 1 对侧纵脊，边缘稍呈锯齿状，后半稍上翘；小盾片短小，具中纵脊。前足螳螂足状，常缩在身体下方。前翅膜片透明。腹部明显向两侧扩宽，背板部分外露，侧接缘第 2—4 节外侧黄白色。分布：北京、天津、山西、内蒙古、山东。

注：本种是否为一独立种尚具争议，它有时被作为原瘤猎蝽 *Phymata crassipes* 的同物异名，有时又被作为后者的一个亚种。

淡带荆猎蝽 *Acanthaspis cincticus*

体长 13.0~17.5 mm，黑褐色。雄虫长翅型，雌虫短翅型。头在复眼后稍细缩，眼前区与眼后区近等长；喙第 1 节、第 2 节近等长。前胸背板前叶圆鼓，表面具瘤突和刻纹，后叶表面具皱纹，侧角黄白色，短刺状伸向后侧方，后叶后部具 1 对黄白色横纹，有时扩大成横贯全长的横带纹，有时消失；小盾片顶端具直立刺突。各足股节端半和胫节具黄白色环纹，有时不成完整的环；前、中足胫节具海绵窝。前翅灰褐色，革片具 1 条黄白色纵带纹。腹部侧接缘各节后侧角黄褐色。分布：北京、天津、河北、山西、内蒙古、辽宁、江苏、浙江、安徽、江西、山东、河南、湖南、广西、贵州、云南、陕西、甘肃；朝鲜、韩国、日本、印度、缅甸。习性：在地面活动。若虫具伪装行为，将砂石、土粒和食物残渣（通常是蚂蚁尸体）等物体背负在身体背面，高龄若虫还有背负蜕的情况。

● 河北小五台山 – 王建赟 摄

● 北京百望山 – 王建赟 摄

四斑荆猎蝽 *Acanthaspis collaris*

● 云南西双版纳－张巍巍 摄

体长 20.0~24.0 mm，黑褐色。头背面中央稍显褐色；触角第 1 节近端部黄褐色；喙第 1 节长于第 2 节。前胸背板领和前叶的斑纹褐色，表面的刻纹较浅，后叶表面具皱纹，后部具 4 个黄褐色斑点，近后缘处具 1 对乳突，侧角角状突出；小盾片顶端具直立刺突。各足股节具黄褐色环纹，胫节大部黄褐色。前翅革片基部的斑点和中部的波状斑黄褐色，爪片和膜片翅脉褐色。腹部侧接缘各节端半黄褐色。分布：云南；老挝、泰国。

黄革荆猎蝽 *Acanthaspis westermanni*

● 广西崇左－王建赟 摄

体长 10.0~12.0 mm，褐色。雄虫长翅型，雌虫短翅型。体表被浅色直立细长毛。头背面具黑褐色斑纹；触角第 2 节端部黑褐色。前胸背板前叶鼓起，表面具刻纹，后叶浅黄褐色至深褐色，表面具细皱纹，侧角角状突出；小盾片黑褐色，顶端具刺突。各足股节具不规则的黑褐色斑纹，胫节基部、中部的环纹和端部黑褐色。前翅革片黑褐色，革片中央具浅黄褐色纵斑，所占面积很大，膜片翅室基部深黑色。腹部侧接缘各节后侧角黄褐色。图为长翅型雄虫。分布：福建、江西、广东、广西、海南、云南、香港、台湾。

淡斑虎猎蝽 *Inara alboguttata*

● 广西崇左 - 张巍巍 摄

体长 15.5~17.0 mm，蓝黑色，具铜绿色光泽。体表被浅色直立细毛。头前端显著下倾，后部细缩；复眼大，向两侧突出；触角第 1 节短于第 2 节，第 3 节最长；喙第 1 节、第 2 节近等长。前胸背板前、后叶均圆鼓，侧角短刺状，伸向后侧方；小盾片短，顶端刺状立起，刺突除末端外红色。前、中足股节（除端半背面外）和后足股节（除最端部）红色。前翅超过腹末，革片近端角处具 1 个白色圆斑。分布：广西、云南；缅甸、越南、新加坡。

双色背猎蝽 *Reduvius gregoryi*

● 云南澜沧 - 刘盈祺 摄

体长 16.0~19.0 mm，黄褐色。体表被金黄色短细毛。头黑褐色，向前平伸；复眼在腹面几乎相接；触角深褐色，第 2 节（除端部外）黄褐色。前胸背板前叶短小，黑褐色，具印纹，后叶前部具 3 个黑褐色斑点，后叶中央稍凹入，侧角圆钝；小盾片深褐色，顶端尖细，稍翘起。各足股节近端部具 1 条褐色环纹。前翅革片黑褐色，具黄褐色斑纹，爪片和膜片大部褐色，翅脉黄褐色。分布：云南。

红缘猎蝽 *Reduvius lateralis*

● 四川宝兴 – 刘盈祺 摄

体长 16.0~17.6 mm，黑褐色。头前端稍下倾，头顶具深的横沟与纵沟；喙末端红色。前胸背板前叶稍圆鼓，具完整的中纵沟，后叶表面具皱纹，中央凹入，侧缘红褐色，侧角圆钝；小盾片顶端呈短刺状翘起。前足胫节海绵窝约占全长的 2/5。前翅前缘基半、革片端角和靠近爪片端角处红褐色，翅面中部具 1 条黄褐色至红褐色的横带纹，膜片中部翅脉黄褐色。分布：四川。

黑片猎蝽 *Staliastes bicolor*

● 云南金平 – 李虎 摄

体长 13.0~14.2 mm，颇扁平，黑褐色。头较短；单眼相互远离；触角第 1 节短小，第 2 节最长。前胸背板前叶短于后叶，后部 2/3 具中纵沟，后叶全长具中纵沟，其内具小横脊，侧角圆钝，后缘弧形凸出；小盾片中央凹陷，侧缘中央具齿突，顶端椎状平伸。各足（除股节端部外）红色，前足股节加粗，基部具 1 个齿突，前足胫节海绵窝约占全长的 1/2。前翅超过腹末，膜片外室基部宽于内室。腹部红色，腹面中央明显扁平。分布：云南。

红平腹猎蝽 *Tapeinus fuscipennis*

● 台湾高雄 – 刘盈祺 摄

体长 17.5~21.0 mm，颇扁平，红色，侧面黑褐色。头前端稍呈锥状平伸；触角第 1 节短小，第 2—4 节浅褐色。前胸背板前叶短于后叶，后部 2/3 具中纵沟，后叶中纵沟不达后缘，其内具小横脊，后缘弧形凸出；小盾片顶端锥状平伸。前足股节加粗，基部无齿突，腹面具大量金黄色细密短毛，前足胫节海绵窝约占全长的 1/2。前翅（除基部外）黑褐色。腹部腹面中央明显扁平。分布：海南、云南、西藏、台湾；印度、缅甸。习性：本种若虫为褐色，身体也十分扁平。生活在树皮下、朽木缝隙等狭窄环境中。

红斑委猎蝽 *Velitra rubropicta*

● 海南白沙 – 吴云飞 摄

体长 18.0~24.5 mm，稍扁平，深褐色至黑褐色。头平伸，眼前区远长于眼后区；触角第 1 节短小；喙第 2 节、第 3 节褐色。前胸背板前叶较低平，表面具刻纹，后叶长于前叶，中纵沟几达后缘，侧纵沟稍弧弯，后缘弧形凸出；小盾片中央和两侧具凹陷，顶端锥状，长而平伸。前、中足股节端部，以及后足股节和各足胫节褐色。前翅革片中部的不规则斑纹和端角、爪片端部和膜片中部翅脉黄白色。分布：广西、海南、云南；印度、缅甸、越南、马来西亚、新加坡、印度尼西亚。

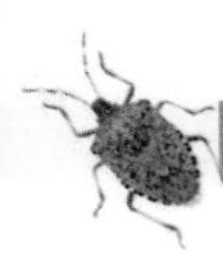

中褐盲猎蝽 *Polytoxus ruficeps*

● 海南白沙－吴云飞 摄

体长 6.0~8.5 mm，狭长形，黄褐色。头较圆，红色；触角第 1 节长于第 2 节的 3 倍；喙第 2 节、第 3 节褐色，第 2 节稍圆鼓。前胸背板中央具黑褐色纵带纹，两侧红色，前叶长于后叶，棱角分明，侧角刺向侧上方翘起，基半黄色，端半黑褐色；小盾片黑褐色，顶端具刺，刺的基半黄色，端半黑褐色；后胸背板黑褐色，基部和端部各具 1 个短刺突。足褐色至深褐色，前足胫节明显弯曲。前翅基部红色，外缘黄色，其余黑褐色。腹部腹面具黑褐色纵带纹。分布：湖北、广西、海南、贵州、云南、香港、台湾。

● 海南白沙－吴云飞 摄

毛剑猎蝽 *Lisarda pilosa*

体长 11.0~14.5 mm，褐色。头背面深褐色，前端具刺突，向前平伸；触角第 1 节长于头宽，第 2 节端部深褐色。前胸背板前叶深褐色，表面具刻纹，后叶后缘深褐色，侧角锐角状，向侧后方突出；小盾片深褐色，顶端具黑褐色斜立刺突。各足股节基部黄褐色，其余深褐色，胫节黄褐色，近基部的斑纹和端部深褐色。前翅和腹部侧接缘具深褐色不规则斑纹。分布：海南、云南。习性：在夜间外出活动，以白蚁为食。

刺剑猎蝽 *Lisarda spinosa*

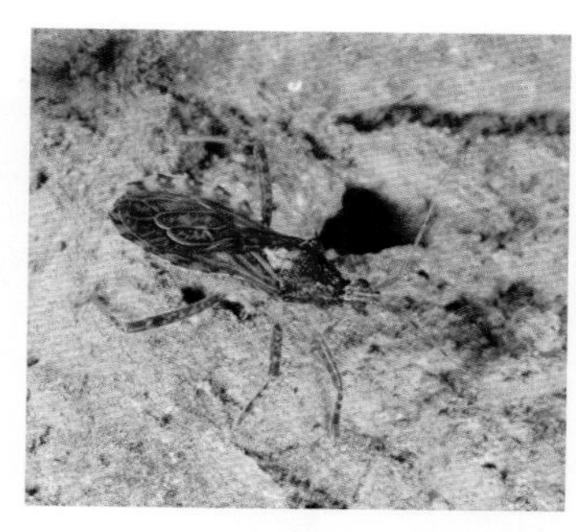
● 云南西双版纳 – 张巍巍 摄

体长 11.0~15.5 mm，褐色。头背面黄褐色，具 2 条黑褐色纵条纹，在后部汇合，前端具向上弯曲的刺突；触角第 2 节基部和端部深褐色。前胸背板颜色较深，后缘浅黄褐色，前角、侧角和后缘的 2 个斑点黑褐色，侧角短刺状突出；小盾片黄色，基角和端刺黑褐色。各足股节深褐色，具不规则浅色斑点，前、中足胫节具交替的黄褐色和深褐色环纹，后足胫节黄褐色，基部具 2 个深褐色环纹。前翅不达腹末，具不规则浅色斑纹。腹部侧接缘各节端半具深褐色大斑，后侧角短刺状突出。分布：广西、云南。

小锤胫猎蝽 *Valentia hoffmanni*

● 云南绿春 – 王建赟 摄

体长 14.5~17.5 mm，褐色。头黑褐色，前端稍下倾；触角黑褐色，第 2 节近端部橙黄色。前胸背板深褐色，中央具深纵沟，但两端不达前、后缘，侧角黑褐色，长刺状翘起；小盾片黑褐色，顶端具立起的长刺突。各足股节近端部腹面具 1 个小刺，胫节黄褐色，基部和近中部具深色环纹，前足胫节稍短于股节，端半逐渐扁平扩展。前翅具不规则浅色斑纹，革片中部内侧具 1 个黄色斑点。侧接缘各节深褐色，近基部黄色，后侧角短刺状突出，黑褐色。分布：广西、海南、云南。

注：本种的种名源于德国昆虫学家贺辅民（William Edwin Hoffmann）的姓氏。贺辅民曾在原岭南大学工作，对我国早期的半翅目分类研究作出了一定贡献。

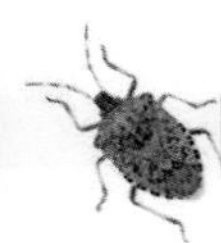

小菱斑猎蝽 *Canthesancus geniculatus*

● 广东南岭 – 余之舟 摄

体长 27.0~35.0 mm，褐色。头圆柱形，背面中央和两侧黑褐色，前端具 1 对片状突起；触角黑褐色，第 2 节端半橙黄色；喙黑褐色。前胸背板中央具 1 条黑褐色纵条纹，前叶表面具印纹，后叶侧缘和后缘黑褐色，侧角短刺状突出；小盾片黑褐色，顶端具立起的橙色长刺突。各足股节黑褐色，端部橙黄色，胫节橙黄色，中部黑褐色，前足胫节海绵窝极长。前翅革片近中部的小斑点、革片与膜片交界处的菱形大斑和膜片外室中部的倒三角形斑黑褐色。分布：浙江、福建、江西、湖北、湖南、广东、广西、海南、贵州。

杨氏长背猎蝽 *Neothodelmus yangmingshengi*

● 海南五指山 – 王建赟 摄

体长 24.0~29.0 mm，细长形，黄褐色。头圆柱形，前端具 1 对刺突，腹面两侧具短刺列；触角第 1 节短而粗，其余各节较细；喙第 1 节最长。前胸背板极细长，约为头长的 2 倍；前胸腹板前角刺状突出；小盾片小，长三角形，顶端黑褐色。前足转节腹面具刺，前足股节加粗，腹面具 1 列短刺。前翅较短，远不达腹末，中部具 1 个黑褐色小斑点。腹部各节背板近前缘具 1 对黑褐色小斑点，腹面中央黑褐色。分布：福建、广西、海南、贵州、云南。

双环普猎蝽 *Oncocephalus breviscutum*

体长 17.5~23.0 mm，深褐色至黑褐色。头圆柱形，前端具 1 对突起，后部明显收缩成颈；触角第 1 节基半和第 2 节大部黄褐色；喙大部黑褐色。前胸背板前叶长于后叶，前叶后部中央具深纵沟，后叶后缘中央具 1 对黄褐色斑纹；小盾片顶端细缩，黑褐色，稍翘起。前足股节加粗，腹面具 1 列短刺，前足胫节具 4 个黑褐色环纹，中、后足颜色较浅。前翅中部的大斑和膜片外室中部的不规则斑纹黑褐色。腹部腹面具中纵脊。分布：浙江、江西、河南、湖北、湖南、广东、广西、重庆、四川、贵州、云南、陕西；韩国、日本、柬埔寨、菲律宾、马来西亚、印度尼西亚。

● 四川宝兴 – 刘盈祺 摄

粗股普猎蝽 *Oncocephalus impudicus*

体长 14.0~16.0 mm，黄褐色至褐色，稍带红褐色泽。头背面斑纹和两侧黑褐色；喙大部黑褐色。前胸背板表面具 1 对浅色纵条纹，前角和侧角尖锐（雄虫）或稍钝（雌虫）；小盾片顶端细缩，稍翘起。前、后足股节大部和中足股节端半红褐色至深褐色，前足股节加粗，腹面具 1 列 7~9 个短刺，前足胫节具 3 个黑褐色环纹。前翅爪片中部、革片内侧、六边室和膜片外室的斑纹黑褐色。腹部侧接缘各节具 2 个黑褐色斑点。分布：浙江、安徽、福建、江西、广东、广西、海南、贵州、云南、台湾；日本、印度、斯里兰卡、菲律宾、印度尼西亚。

● 台湾台中 – 刘盈祺 摄

短斑普猎蝽 *Oncocephalus simillimus*

● 湖南娄底－王建赟 摄

体长 16.5~21.0 mm，浅褐色。头背面和两侧具黑褐色斑纹；触角黑褐色，第 1 节长于头长的 2/3；喙大部黑褐色。前胸背板表面具黑褐色纵条纹，前角和侧角均尖锐突出，侧缘中部具 1 个明显突起；小盾片黑褐色，顶端突起浅色，短而翘起。各足股节具不规则的黑褐色纵纹，前足股节加粗，腹面具 1 列短刺，前足胫节具 3 个黑褐色环纹。前翅六边室、爪片内侧和膜片外室斑纹黑褐色，膜片外室中部的不规则大斑约占翅室长的 1/3；也有短翅型个体。腹部侧接缘各节具 2 个黑褐色斑点。分布：北京、河北、山西、内蒙古、辽宁、吉林、黑龙江、上海、江苏、浙江、安徽、福建、山东、河南、湖北、湖南、广东、广西、海南、四川、贵州、云南、陕西、甘肃、新疆；俄罗斯、韩国、日本。

双刺胸猎蝽 *Pygolampis bidentata*

● 广西崇左－王建赟 摄

体长 12.5~19.0 mm，狭长形，黄褐色至深褐色。头前端中央（唇基）向前突出，后缘具小刺突，复眼后方下缘具末端分叉的棘突，棘突末端生有小毛；复眼圆形；触角第 1 节于头近等长。前胸背板前、后叶分界不明显，前叶表面具印纹，后叶中央具宽浅纵沟，侧角圆钝并稍翘起。前、中足胫节基部、近中部和端部具褐色环纹，有时很隐约。前翅膜片具不规则的浅色斑点。雄虫腹部末端两侧角状突出。分布：北京、天津、河北、山西、内蒙古、吉林、黑龙江、山东、河南、湖北、广西、四川、贵州、陕西、甘肃、新疆、台湾；日本、欧洲。

短翅梭猎蝽 *Sastrapada brevipennis*

体长 13.5~17.0 mm，狭长形，黄褐色。头前端具 1 对较长的刺突；触角第 1 节稍短于头长。前胸背板表面具 4 条浅色纵纹，前叶稍鼓起，后叶远短于前叶，侧角向上突起。前足股节加粗，近端部具 1 个小斑点，腹面具 2 列刺突，中、后足股节端部深褐色，前、中足胫节基部、近中部的环纹和端部深褐色。前翅短小，只达第 3 腹节背板前缘。腹部背面中纵带和各节前部的 1 对小斑点褐色。雄虫腹部末端两侧突出。分布：广西、海南、云南。

● 云南绿春 - 王建赟 摄

淡舟猎蝽 *Staccia diluta*

体长 8.0~10.0 mm，浅褐色。头平伸，两侧深褐色，复眼前方下缘具 3 个刺突；喙第 1 节、第 2 节腹面具小突起。前胸背板表面具 4 条浅色纵纹，侧缘深褐色，前叶明显长于后叶，侧角圆钝；前胸腹板前角刺状突出。足浅黄褐色，前足股节明显加粗，腹面具 2 列刺突，前足跗节 3 节。前翅稍超过腹末，六边室和膜片内室交界处具 1 个黑褐色圆斑。分布：北京、江苏、浙江、福建、江西、河南、湖北、广东、广西、海南、四川、贵州、云南、台湾；韩国、日本、印度、缅甸、越南、泰国、斯里兰卡、马来西亚、印度尼西亚。

● 海南白沙 - 吴云飞 摄

广锥猎蝽 *Triatoma rubrofasciata*

体长 18.5~26.2 mm，黑褐色。头与前胸背板表面具若干小颗粒。头锥状平伸，背面无横沟；单眼相互远离；喙平直，第 2 节最长。前胸背板侧缘红色，前角锥状突出，前、后叶分界不明显；小盾片顶端尖削。前翅革片基半的纵条纹和近端部的“V”形斑红色。腹部均匀而宽阔地扩宽，侧接缘各节交界处和侧缘橙黄色至红色。分布：福建、广东、广西、海南、香港、台湾；全球广布。习性：吸食脊椎动物血液。白天躲藏在石缝、草垛等环境中，夜间外出吸血。常叮咬眼睑、嘴唇等皮肤薄弱的部位，故又有“接吻虫”之称。锥猎蝽亚科 Triatominae 部分种类传布克氏锥虫病（查加斯病），我国虽尚无此病的报道，但由锥猎蝽叮咬所致的过敏时有发生。

注：本种是锥猎蝽亚科中唯一的世界广布种，被认为随人类活动而携播。

● 海南鹦哥岭 – 刘盈祺 摄

大锥绒猎蝽 *Opistoplatys majusculus*

体长 12.0~16.0 mm，褐色。体表被金黄色细毛。头平伸，前端细缩变尖；复眼紧贴头面；无单眼；触角环生直立长毛，第 1 节远长于前胸背板；喙细长弯曲。前胸背板短小，前叶和后叶前缘深褐色，后叶黄褐色；小盾片黑褐色。前翅黑褐色，稍超过腹末，革片基半和翅脉黄褐色，膜片甚大。腹部侧接缘黄褐色；雄虫腹部末端中央向内凹入。分布：广西、云南、香港。

● 云南绿春 – 刘盈祺 摄

华冠绒猎蝽 *Apocaucus sinicus*

体长约 6.0 mm，小巧奇特，褐色。头前端较尖，头顶耸起，生有大量扁平长卷毛，呈花冠状；触角第 1 节、第 2 节较粗，第 3—7 节黄白色；喙细长弯曲，第 1 节最长。前胸背板短小，后叶具宽阔的中纵沟和 2 条侧纵沟，后缘中央宽阔地凹入；小盾片小。足较细。前翅极为宽大，远超腹末，革片甚小，仅限于翅面的基部，膜片内室狭长。分布：四川、云南。

● 云南金平 – 李虎 摄

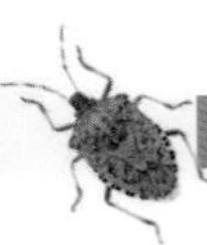

蝽次目 PENTATOMOMORPHA 扁蝽总科 ARADOIDEA

扁蝽科 Aradidae

体小至中型，通常背腹强烈扁平，体表具各式突起和皱褶，有时外形甚为奇异，颜色深暗。头前端在触角之间伸出；无单眼；触角4节；喙4节，粗短，但口针极细长，平时呈发条状盘卷于头内。跗节2节。翅多型现象十分普遍，短翅型和无翅型种类颇多。腹部腹面两侧常具沟、脊或突起，可与后足的相应构造摩擦发声。

已知约280属2 000种，我国记载约40属150种。多数种类生活在朽木树皮下，吸食真菌的菌丝。部分种类具前社会性行为。

琼无脉扁蝽 *Aneurus hainanensis*

体长约5.0 mm，深褐色。头、前胸背板和小盾片表面具指纹状皱纹。头前端伸达触角第1节端部；触角第1节明显加粗，近球形，第2节棒状，第3节端部稍加粗，第4节长筒形，稍长于第2节与第3节长之和；喙基部前方开放式。前胸背板前角突出，明显超过领前缘，侧缘明显内弯；小盾片顶端宽圆。前翅膜片透明。分布：海南、云南。

● 云南绿春 – 刘航瑞 摄

刺扁蝽 *Aradus spinicollis*

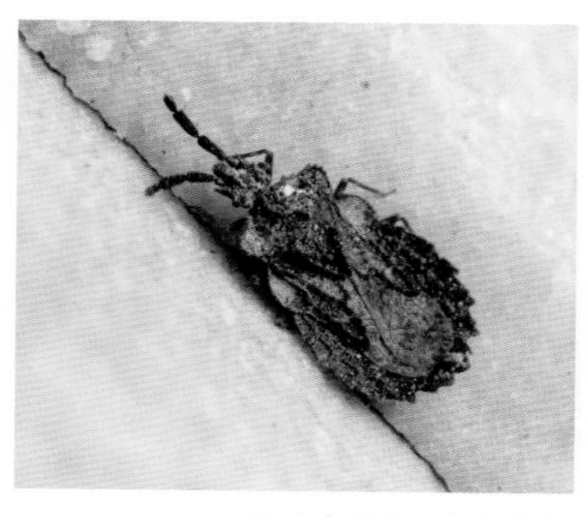

● 北京昌平 – 张巍巍 摄

体长 5.8~6.4 mm，黑褐色。头前端伸达触角第 2 节基部；触角第 2 节、第 3 节近等长，粗于前足股节，第 4 节最端部黄褐色；喙第 1 节、第 2 节黄褐色。前胸背板不宽于前翅基部，两侧稍扩展并翘起，前角具 1 个刺突，侧缘前半明显内弯；小盾片顶端尖锐。各足股节和胫节各具 2 个黄褐色环纹。前翅革片前缘基部呈半圆形扩展，黄褐色。腹部侧接缘各节后侧角突出。分布：北京、黑龙江、福建、河南、湖北、四川、甘肃；俄罗斯、韩国、日本。

黄缘异扁蝽 *Miraradus oervendetes*

● 西藏墨脱 – 计云 摄

体长约 5.3 mm，黑褐色。头前端伸达触角第 1 节中部；眼前刺瘤突状；触角基侧突伸达头前端 1/2 处；触角第 3 节、第 4 节近等长，第 3 节（除基部外）黄白色。前胸背板两侧明显扩展，边缘锯齿状，侧缘基部黄褐色；小盾片基半两侧平行，端半三角形，端部 1/3 黄白色，最顶端翘起。各足胫节近基部具 1 个黄褐色环纹。前翅革片前缘基部明显扩展，黄褐色，膜片具浅色花纹。腹部侧接缘各节呈角状突出。分布：四川、西藏；缅甸。

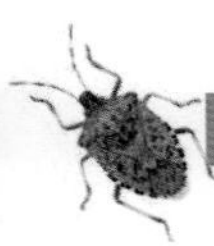

海南霜扁蝽 *Carventus hainanensis*

● 海南五指山 – 王建赟 摄

体长约 5.3 mm，浅褐色。体表具霜状粉被。头中叶黑褐色，小颊发达前伸；眼后刺长；触角基侧突刺状；触角深褐色，第 1 节粗长。前胸背板近方形，领短筒状，前角宽叶状扩展，侧缘明显凹入，其内具 1 个齿突；小盾片顶端宽圆。足深褐色。前翅伸达第 7 腹节背板中部，革片极短小，膜片宽大，灰白色。腹部侧接缘各节具颗粒，第 7 腹节后侧角明显突出。分布：海南、香港。

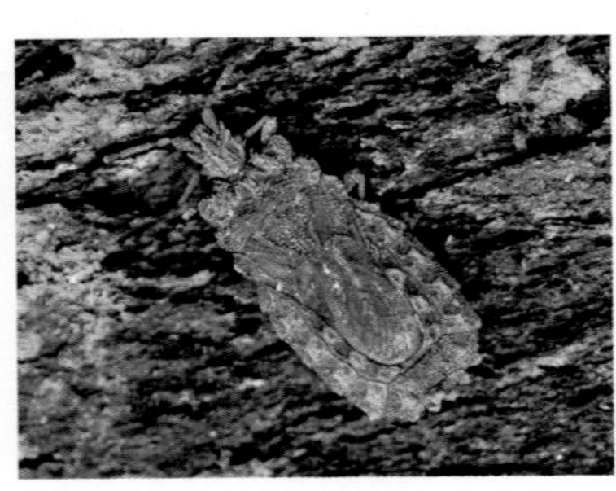

● 海南定安 – 王建赟 摄

尤瘤扁蝽 *Arictus usingeri*

体长约 9.0 mm，褐色至深褐色。体表具瘤状颗粒，局部具刺状小瘤突。眼后刺细长；触角第 1 节端部膨大，第 2 节短小，第 3 节长，第 4 节近梨形；喙基部前方闭合式。前胸背板近方形，领两侧具突起，向前伸达复眼后方，侧缘中部明显凹入；小盾片基部中央向前扩展，超过前胸背板后缘。前翅膜片黑褐色。腹部侧接缘各节后侧角稍突出。分布：广西、海南、云南；老挝。

白氏短翅鬃扁蝽 *Brachybarcinus baianus*

体长 9.6~11.7 mm，深褐色。头宽短，小颊长于中叶，并相互分开；触角基侧突齿状；触角第 1 节稍粗，第 3 节长，第 4 节短小，最端部黄褐色。前胸背板浅黄褐色，两侧扩展，具 1 个明显突起。各足股节端部具 1 个浅褐色环纹。前翅小翅型。腹部侧接缘各节后侧角突出，顶端颜色稍浅；第 7 腹节背板黄褐色。分布：云南。

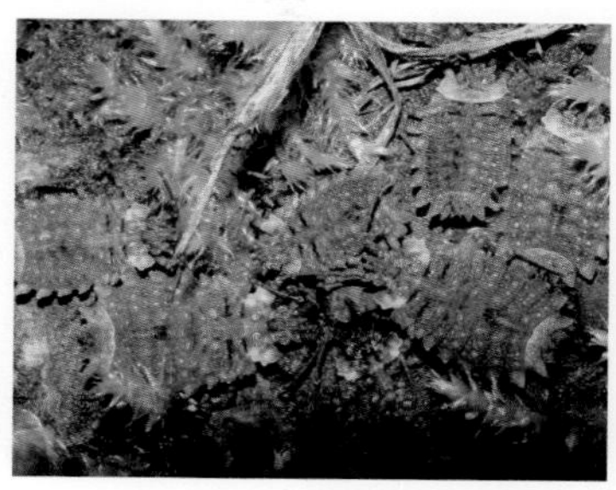

● 云南绿春 – 刘航瑞 摄

萧短喙扁蝽 *Brachyrhynchus hsiaoi*

体长约 12.0 mm，黑褐色。头前端伸达触角第 1 节中部；眼后刺较短而钝；触角第 4 节端半黄褐色。前胸背板表面具稀疏颗粒，领明显，前叶明显窄于后叶，具 4 个圆形隆起，隆起的后缘向后突出，盖及后叶前缘，后叶后缘中部明显凹入；小盾片中纵脊不明显。腹部侧接缘各节具纵皱纹；第 7 腹节后侧角稍缩短；第 8 腹节侧叶细长，明显露出。分布：福建、广东、广西、海南、贵州、云南、台湾；越南、老挝。

● 海南尖峰岭 – 王建赟 摄

注：本种的种名源于我国昆虫学家萧采瑜的姓氏。萧采瑜是我国昆虫分类学的奠基人之一，他早年留学美国，从事盲蝽科的分类研究，1946 年回国后一直从事椿象的分类研究，晚年主持编写了《中国蝽类昆虫鉴定手册》。

泰短喙扁蝽 *Brachyrhynchus thailandicus*

● 西藏墨脱 – 计云 摄

体长 6.9~8.8 mm，深褐色。头长宽近等，前端伸达触角第 1 节中部之前；眼后刺短而钝。前胸背板表面具颗粒，领明显，前叶窄于后叶，具 4 个圆形隆起，侧缘明显凹入，后缘中央和两侧弧形凹入；小盾片三角形，两侧脊起。前翅膜片黑褐色，基缘浅黄褐色。第 7 腹节后侧角明显突出；第 8 腹节侧叶短小。分布：西藏；泰国。

角短喙扁蝽 *Brachyrhynchus triangulus*

体长 10.0~11.6 mm，黑褐色。头前端中央具缺刻；眼后刺短小，不显著；触角较粗，表面具颗粒，第 3 节最长。前胸背板表面具颗粒，领明显，前叶窄于后叶，具 4 个圆形隆起，后缘中央明显凹入；小盾片中纵脊明显，两侧脊起。各足胫节背面端部簇生刺突。雄虫腹部侧接缘第 6 节后侧角和第 7 节前侧角形成角状突起。分布：海南、云南、西藏、台湾；印度、缅甸、老挝、泰国、菲律宾、马来西亚、印度尼西亚。

● 西藏墨脱 – 王建赟 摄

衣毛扁蝽 *Daulocoris vestitus*

体长 12.6~13.5 mm，黑褐色。体表被浅褐色平伏绒毛。头长短于宽；眼后刺超过复眼外缘；触角第 1 节稍超过头前端，第 3 节最长；喙伸过前胸腹板前缘。前胸背板领明显，前角稍扩展，侧缘翘起，后缘中央明显凹入。前翅伸达第 6 腹节背板后缘，革片端缘平直，顶角尖锐，膜片具绒毛簇。分布：海南、云南、西藏。

● 西藏墨脱 – 计云 摄

科氏缘鬃扁蝽 *Heterobarcinus kormilevi*

体长 12.8~13.0 mm，深褐色。体表被浅褐色平伏绒毛。头长大于宽，小颊长于中叶，并在中叶前方会合，前端伸达触角第 1 节基部 1/3 处；眼后刺稍超过复眼外缘；触角基侧突刺状；触角第 1 节粗长，其余各节细。前胸背板两侧强烈扩展，呈双齿状，侧缘近平直；小盾片基部具 1 对突起，向前盖过前胸背板后缘。足黑褐色，各足胫节中部红褐色。腹部侧接缘第 2—5 节后侧角呈叶状突出，第 6 节、第 7 节后侧角呈宽叶状突出。分布：海南。

● 海南五指山 – 王建赟 摄

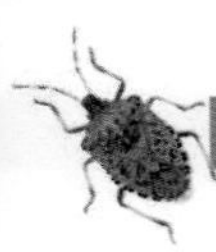

山喙扁蝽 *Mezira montana*

● 云南绿春 – 王建赟 摄

● 云南老君山 – 张巍巍 摄

体长 8.8~9.6 mm，黑褐色。体表被褐色平伏短毛。头长宽近等，小颊长于中叶，并在前方会合，前端伸达触角第 1 节端部；触角第 2 节、第 3 节近等长，第 4 节端部黄褐色。前胸背板领明显，前叶明显窄于后叶；小盾片具明显的中纵脊。前翅革片顶角圆钝，超过腹部侧接缘第 3 节中部。腹部侧接缘各节后缘黄褐色，后侧角稍突出。分布：海南、云南。

● 云南绿春 – 王建赟 摄

台湾脊扁蝽 *Neuroctenus taiwanicus*

体长 7.0~7.3 mm，深红褐色。头长宽近等，前端伸达触角第 1 节端部；眼后刺短而钝，不伸达复眼外缘；触角基侧突刺状；触角第 4 节长于其余各节。前胸背板前角向前突出，明显超过领前缘，侧缘中央内弯；小盾片三角形，侧缘脊起。前翅黑褐色，膜片半透明，基部具浅黄褐色斑纹。分布：福建、海南、云南、台湾；韩国、日本、越南。

云南脊扁蝽 *Neuroctenus yunnanensis*

体长约 7.3 mm，黑褐色。体表具细小颗粒。眼后刺短而钝，不伸达复眼外缘；触角第 4 节较长。前胸背板前角稍突出，侧缘在中部之前稍凹入，后缘近平直；小盾片三角形，两侧脊起。前翅伸达第 7 腹节背板前缘，膜片基部具 2 个浅色斑纹，其中外侧的色深，内侧的色浅。腹部背面亚侧缘纵脊显著；第 4—6 腹节腹板基部具明显横脊。分布：浙江、福建、广西、海南、贵州、云南、西藏、陕西。

● 西藏墨脱 – 计云 摄

环齿扁蝽 *Odontonotus annulipes*

体长约 6.4 mm，褐色。头、前胸背板和小盾片被浅黄褐色绒毛，形成一定图纹。头长宽近等，前端具缺刻；触角基侧突两侧近平行；触角黑褐色，第 3 节最长。前胸背板领明显，前角近方形，侧缘中部强烈凹入，其内具 1 个齿突；小盾片三角形，顶端圆钝。各足股节基部和端部、胫节中部具黑褐色环纹。前翅伸达第 7 腹节背板中部。腹部侧接缘各节后侧角逐渐突出。分布：广西、海南、云南；越南。

● 广西崇左 – 张巍巍 摄

克什米尔拟喙扁蝽 *Pseudomezira kashmirensis*

● 西藏墨脱－计云 摄

体长 7.0~7.6 mm，黑褐色。头前端伸达触角第 1 节中部；眼后刺不伸达复眼外缘；触角基侧突端部圆钝；触角第 3 节最长，第 4 节端半黄褐色。前胸背板前缘明显内弯，领明显，前角圆钝，侧缘近直；小盾片具明显中纵脊，两侧脊起。前翅膜片深灰褐色，基缘浅黄褐色。腹部侧接缘各节后侧角不突出；第 8 腹节侧叶宽叶状；第 4—6 腹节腹板基部具横脊。分布：四川、西藏；巴基斯坦、印度、尼泊尔、不丹。

长头尤扁蝽 *Usingerida pingbiena*

体长 6.9~7.4 mm，深褐色。头前端伸达触角第 1 节端部；眼后刺较短，仅伸达复眼外缘；触角第 2 节稍长于第 1 节；喙伸过前胸腹板前缘。前胸背板前角稍突出，向前不超过领前缘，侧缘明显凹入，侧角前具 1 个刀片状扩展；小盾片中纵脊明显。各足胫节中部具黄褐色环纹。前翅革片大部黄褐色，顶角黑褐色。腹部侧接缘各节基部和端缘黄褐色。分布：云南、西藏。

● 西藏墨脱－王建赟 摄

注：本种的属名源于美国昆虫学家罗伯特 · L · 尤金格尔（Robert L. Usinger）的姓氏。尤金格尔是《动物分类学的方法和原理》的作者之一，他还先后出版了关于扁蝽科（与日本昆虫学家松田龙一合著）和臭虫科的专著。

大尤扁蝽 *Usingerida tuberosa*

● 云南绿春 - 王建赟 摄

体长约 9.5 mm，深褐色。头长稍大于宽，前端具深缺刻；眼后刺长，稍向前弯曲，明显超过复眼外缘；触角第 1 节稍长于第 2 节；喙伸达前胸腹板前缘。前胸背板前角呈叶状扩展，向前远超领前缘，前叶具 4 个圆形隆起，后叶具 6 个圆形隆起，侧角前具 1 个圆叶状扩展；小盾片中纵脊明显。前翅膜片翅脉模糊。分布：广西、云南。

山地杨扁蝽 *Yangiella montana*

● 云南金平 - 李虎 摄

体长 6.8~7.5 mm，黑褐色。头腹面前端向上翘起；眼后刺稍超过复眼外缘；触角第 3 节最长，第 4 节端半黄褐色。前胸背板侧缘稍凹入，其内无齿突，后缘呈弧形内弯；小盾片三角形，侧缘脊起。各足胫节不短于股节。前翅膜片翅脉清晰，基部具 2 个不规则的黄褐色斑纹。腹部侧接缘边缘中央不凹陷成双层结构；腹面中央稍鼓起。分布：广西、云南。

注：本种的属名源于我国昆虫学家杨惟义的姓氏。杨惟义主要从事蝽总科的分类研究，他在昆虫生物地理学、农业昆虫学等领域也有突出成就。

蝽次目 PENTATOMOMORPHA 缘蝽总科 COREOIDEA

蛛缘蝽科 Alydidae

体中型，多为狭长形，绿色或褐色。头大，前端渐尖；单眼 1 对，不着生于突起上；触角 4 节，细长，第 1 节基部不细缩；后胸臭腺沟发达；足常细长，后足股节有时加粗；前翅革片端角极窄长，膜片具大量翅脉。

已知约 54 属 280 种，我国记载约 16 属 37 种。在植物上或附近的地面活动，活泼善飞。植食性，寄主主要为豆科或禾本科植物。很多种类（尤其是蛛缘蝽亚科 Alydinae 的若虫）外形甚似蚂蚁。

条蜂缘蝽 *Riptortus linearis*

体长 13.5~16.0 mm，褐色。头三角形；复眼向两侧突出，但无眼柄；触角黑褐色，第 1 节长于头宽，第 4 节不长于前 3 节之和。前胸背板表面平整，后侧角黑褐色，锐角状突出；小盾片基部中央和顶端具黄色斑点。头、胸两侧具光滑的黄色斑块，连续成完整的条带状，但在有的个体中隐约甚至消失。后足股节膨大，腹面具刺列，后足胫节弯曲，末端具 1 齿。分布：浙江、江西、广东、广西、海南、四川、云南、香港、台湾；印度、缅甸、泰国、斯里兰卡、菲律宾、马来西亚。习性：寄主主要为豆科植物。

● 海南白沙 – 王建赟 摄

点蜂缘蝽 *Riptortus pedestris*

● 河北涿州 – 王建赟 摄

体长 14.8~17.2 mm，褐色至深褐色。头三角形；触角第 1—3 节端部黑褐色，第 4 节基部黄色。前胸背板表面具若干明显的黑褐色颗粒，后侧角黑褐色，锐角状突出；小盾片基部中央和顶端具黄色斑点。头、胸两侧具大小不一的黄色斑点，不连续成条带状，在有的个体中隐约甚至消失。各足胫节（除基部和端部外）和第 1 跗节浅黄褐色；后足股节膨大，腹面具刺列，后足胫节弯曲，末端具 1 齿。分布：北京、天津、河北、辽宁、浙江、安徽、福建、江西、河南、湖北、广东、广西、海南、四川、贵州、云南、陕西、香港、台湾；韩国、日本、印度、缅甸、泰国、斯里兰卡、菲律宾、马来西亚、印度尼西亚。习性：寄主主要为豆科植物。

钩缘蝽 *Grypocephalus pallipectus*

● 云南西双版纳 – 张巍巍 摄

体长 11.0~13.7 mm，绿褐色。头背面具深色斑纹，腹面污白色，侧叶在前端相互接触并形成 1 对弯钩；触角褐色，第 1 节端部稍膨大。前胸背板具 1 条低中纵脊，侧缘窄边状，侧角黑褐色，圆钝；小盾片黄褐色；胸部两侧黑褐色，腹面污白色，中胸腹板橙色。前翅超过腹末，革片大部透明，端角黑褐色，极窄长。腹部橙色，末端黑褐色。分布：广西、海南、云南；印度、缅甸。

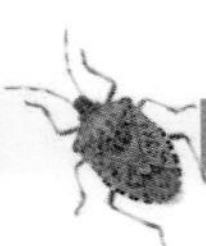

异稻缘蝽 *Leptocorisa acuta*

● 海南尖峰岭 – 张巍巍 摄

体长 16.0~17.0 mm，狭长形，绿色至黄绿色。头侧面在复眼后具浅褐色斑纹，侧叶在前端相互接触，向前平伸；触角第 1 节端部黑褐色，第 2 节、第 3 节基部褐色，第 4 节基部黄色。前胸背板表面密布刻点，侧缘黄色，后侧角深褐色，圆钝。各足股节端半颜色较深，后足胫节基部黑褐色。前翅革片绿褐色，膜片基部黑褐色。腹部背面橙黄色。分布：福建、广东、广西、海南、云南、香港、台湾；巴基斯坦、印度、不丹、缅甸、越南、泰国、菲律宾、马来西亚、印度尼西亚、大洋洲。

小稻缘蝽 *Leptocorisa lepida*

体长 11.5~14.0 mm，狭长形，绿色。头侧叶在前端相互接触，向前平伸；触角第 1 节端部黑褐色，第 2 节、第 3 节基部褐色，第 4 节基部黄色。前胸背板表面密布刻点，侧缘黄色，后侧角深褐色，圆钝。各足股节端半颜色较深，后足胫节基部黑褐色。前翅革片绿褐色，膜片基部黑褐色。腹部背面红色。分布：广西、海南、云南；印度、不丹、缅甸、泰国。

● 海南儋州 - 王建赟 摄

五刺锤缘蝽 *Marcius longirostris*

体长约 16.0 mm，狭长形，黄褐色。体表被金黄色直立柔毛。头大，背面具黑褐色斑纹，侧叶不长于中叶；触角第 1—3 节黑褐色，基部黄白色，第 4 节基部 1/3 黄白色，其余红褐色。前胸背板前叶具 1 对直立刺突，后侧角刺状突出；小盾片顶端具 1 个斜立长刺突。后足胫节端部和各足第 1 跗节黄白色。前翅革片和爪片深灰褐色，革片外缘黄色。腹部背面深褐色，具成对的浅色斑点。分布：海南、香港。

● 海南尖峰岭 - 张巍巍 摄

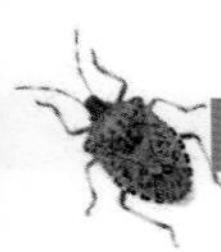

缘蝽科 Coreidae

体小至大型，包括一些十分壮硕的种类，体形和体色高度多样。触角、前胸背板和足常具各式扩展。头较小；单眼 1 对；触角 4 节；喙 4 节，细而直；小盾片较小，三角形。后胸臭腺沟发达。后足股节常加粗，并具齿突。前翅膜片基部常具 1 条横脉，并由此发出大量平行或分叉的纵脉。

已知约 430 属 2 500 种，我国记载约 60 属 200 种。在植物上活动。植食性，有时聚集在植物嫩梢处吸食，造成萎蔫。拟态和警戒色在本科中常见，不少种类还能产生浓烈的刺激性气味。有的种类具前社会性行为。

瘤缘蝽 *Acanthocoris scaber*

体长 10.5~13.5 mm，褐色至深灰褐色。前胸背板和各足股节表面具大量颗粒。头背面中央具 1 条隐约的浅色纵线，向后延伸至前胸背板后缘；触角第 1—3 节生有粗硬刚毛，第 3 节基部灰白色。前胸背板侧缘稍凹入，具若干齿突，侧角锐角状突出；小盾片顶端颜色较深。后足股节加粗，腹面具齿突，背面端部具 1 个刺突，后足胫节中部之前具 1 个黄褐色环纹。前翅膜片基部黑褐色。腹部侧接缘各节基部黄褐色。分布：江苏、浙江、安徽、福建、江西、山东、河南、湖北、湖南、广东、广西、海南、重庆、四川、贵州、云南、西藏、甘肃、香港、台湾。习性：寄主包括茄科、旋花科等多类植物。

● 广西崇左－张巍巍 摄

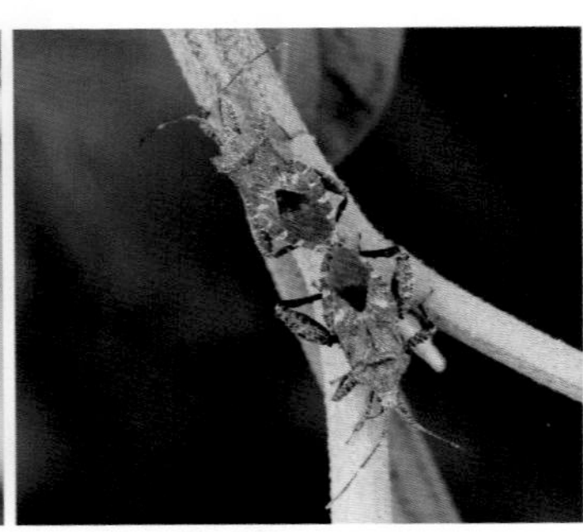

● 海南海口－王建赟 摄

菲缘蝽 *Physomerus grossipes*

● 广西崇左－王建赟 摄

体长 17.0~21.0 mm，橙褐色，体色具一定程度变化，有时深色部分可占据很大比例。头背面具 1 对黑褐色纵纹；触角黑褐色。前胸背板具 4 条黑褐色纵带；小盾片基部具 1 对黑褐色斑点。后足股节加粗，近端部和端部具不完整的黑褐色环纹，腹面近端部具齿突；雄虫后足胫节腹面近中部具 1~2 个大齿突。前翅革片外侧和爪片颜色较深，膜片深褐色。身体两侧和腹面具大小不一的黑褐色斑点。分布：福建、广西、海南、四川、贵州、云南、香港；印度、缅甸、斯里兰卡、马来西亚。

喙缘蝽 *Leptoglossus gonagra*

体长 17.0~22.0 mm，黑褐色。头长而平伸，背面基部两侧和腹面两侧橙色；复眼远离前胸背板前缘；触角第 2 节、第 3 节中部和第 4 节大部橙色。前胸背板前部具 1 条橙色弧纹，侧角刺状突出；小盾片顶端橙色。后足股节背腹两面均具小刺列，后足胫节背腹两面基半呈叶状扩展，扩展的中部具橙色斑点。前翅革片中部具 1 个橙色小斑点。身体两侧和腹面具若干橙色大斑点。分布：福建、云南、香港、台湾；日本、印度、马来西亚、大洋洲。

● 福建厦门－郑昱辰 摄

● 新疆霍城－王瑞 摄

原缘蝽 *Coreus marginatus*

体长 12.5~15.5 mm，褐色。头方形，前端具 1 对相向的刺突；触角第 1 节三棱形，红褐色，第 2 节、第 3 节圆柱形，橙褐色，第 4 节长纺锤形。前胸背板前侧缘稍向内弯，侧角圆钝，颜色稍深。各足股节红褐色，胫节和跗节橙褐色，后足胫节近端部处稍弯。前翅伸达腹末，膜片浅褐色，半透明。腹部侧接缘向两侧扩宽，红褐色，各节中部浅褐色。分布：新疆；俄罗斯、日本、中亚地区、西亚地区、欧洲、阿尔及利亚。

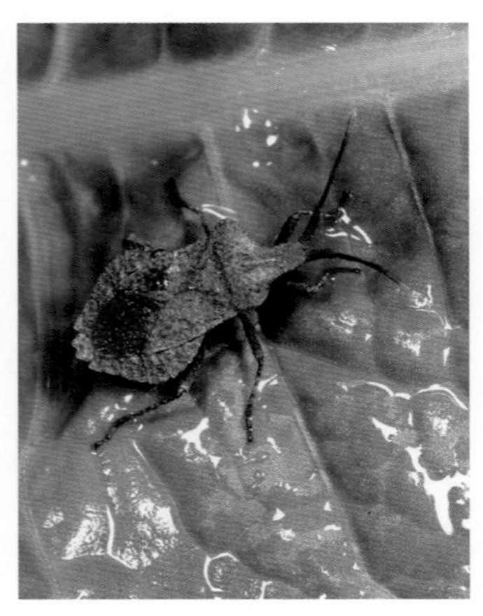

● 云南宁蒗－刘盈祺 摄

波原缘蝽 *Coreus potanini*

体长 12.0~13.5 mm，褐色。头方形，前端具 1 对相向的刺突；触角第 1—3 节三棱形，深褐色，第 4 节长纺锤形，橙褐色。前胸背板前侧缘稍向内弯，侧角近直角状；小盾片最顶端白色。足深褐色，胫节具浅色环纹。前翅伸达腹末，膜片浅褐色，半透明。腹部侧接缘向两侧扩宽，颜色稍深，各节中部黄褐色；腹部腹面具不规则黑褐色斑纹。分布：河北、山西、内蒙古、湖北、四川、云南、西藏、陕西、甘肃。

褐竹缘蝽 *Cloresmus modestus*

● 雄虫 – 海南儋州 – 王建赟 摄

● 雌虫 – 海南儋州 – 王建赟 摄

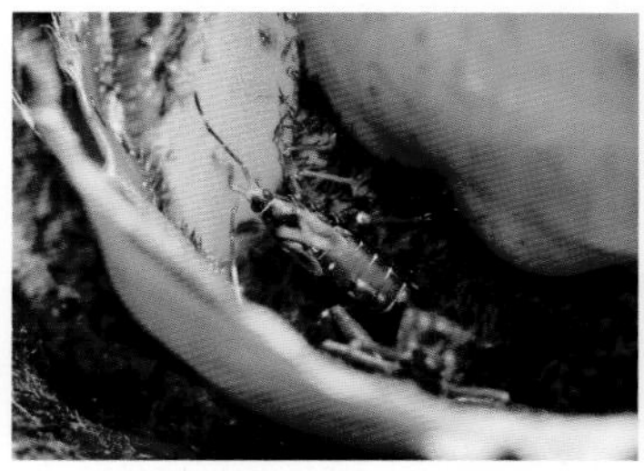

● 末龄若虫 – 海南儋州 – 王建赟 摄

● 一龄若虫和末龄蜕 – 海南儋州 – 王建赟 摄

● 卵 – 海南儋州 – 王建赟 摄

体长 15.5~17.5 mm，深褐色至黑褐色，不同个体间稍有变化。触角黑褐色，第 4 节近基部的环纹（雄虫）或基半（雌虫）浅色。前胸背板表面具粗密刻点，前部中央稍凹陷；小盾片顶端黄白色。前、中足大部红褐色，后足股节加粗，腹面具刺列，雄虫在近中部处具 1 个大刺突。腹部侧接缘各节中部黄白色至黄褐色；腹部腹面红褐色。分布：广东、海南、云南、香港；印度、缅甸。

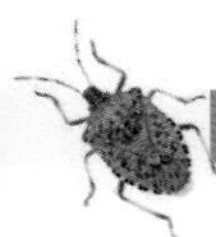

云南竹缘蝽 *Cloresmus yunnanensis*

● 云南盈江 – 张巍巍 摄

体长 15.0~17.0 mm，浅褐色，具铜绿色金属光泽。头颜色稍深；触角第1—3 节黑褐色，第 4 节大部黄白色。前胸背板和小盾片表面光亮。前、中足股节浅红褐色，胫节和跗节浅黄褐色；后足股节和胫节红褐色，跗节浅黄褐色，后足股节加粗，腹面具刺列。前翅超过腹末，革片表面光亮，膜片褐色，半透明。腹部侧接缘各节基半黄白色，端半黑褐色。分布：云南。

● 重庆缙云山 – 张巍巍 摄

山竹缘蝽 *Notobitus montanus*

体长 20.5~22.5 mm，黑褐色。触角第 1 节不长于头宽，第 4 节基半橙色，端半深褐色；喙伸达中胸腹板中部。前胸背板表面具细密刻点，稍呈横皱状。足深褐色至黑褐色，跗节黄褐色；后足股节加粗。腹面具刺列，胫节近基部处稍内弯。前翅超过腹末，膜片灰褐色。腹部侧接缘各节中部黄褐色。分布：浙江、重庆、四川、贵州、西藏。

大斑黑缘蝽 *Hygia funebris*

● 云南西双版纳 – 王建赟 摄

体长 13.0~14.0 mm，黑褐色。头长稍大于宽；触角第 4 节（除基部外）黄褐色；喙细长，伸达第 4 腹节腹板中部。前胸背板前角和侧角均圆钝；小盾片最顶端黄褐色。中、后足股节具黄褐色不规则斑纹。前翅革片近内角处具 1 个黑色圆斑，膜片褐色，翅脉黑色。腹部侧接缘各节基部黄褐色；腹部腹面中央具宽纵沟。分布：云南、西藏。

暗黑缘蝽 *Hygia opaca*

● 四川雅安 – 王建赟 摄

体长 8.5~10.0 mm，黑褐色。头近方形，长短于宽，背面稍鼓起；触角第 4 节（除基部外）橙黄色；喙伸达第 2 腹节腹板基部。前胸背板前角近直角状，侧角圆钝。各足跗节褐色。前翅不及腹末，膜片翅脉网状。腹部侧接缘各节基部浅褐色；腹部腹面无中纵沟。分布：山西、浙江、安徽、福建、江西、河南、湖北、湖南、广西、重庆、四川、贵州、甘肃、香港、台湾；韩国、日本、越南。习性：通常聚集在植物茎秆上取食。

● 云南绿春 – 王建赟 摄

狄达缘蝽 *Dalader distanti*

体长 25.0~27.0 mm，褐色。头方形，触角基向前突出；触角第 1—3 节黑褐色，第 3 节叶状扩展，第 4 节（除基部外）黄白色。前胸背板前侧缘具黄白色小突起，中央具 1 条黄色纵线，两侧明显向前扩展，侧角指向前侧方；小盾片最顶端黄白色。足深褐色，各足胫节具黄褐色不规则斑纹。前翅革片具 2 个深色斑点，膜片深褐色。腹部侧接缘明显向两侧扩宽。分布：贵州、云南、西藏；印度、孟加拉国、缅甸。

注：本种的种名源于英国商人兼昆虫学家威廉·卢卡斯·狄森（William Lucas Distant）的姓氏。狄森专长于蝉和椿象的分类研究，一生发表了大量的新昆虫分类单元。

刺副黛缘蝽 *Paradasynus spinosus*

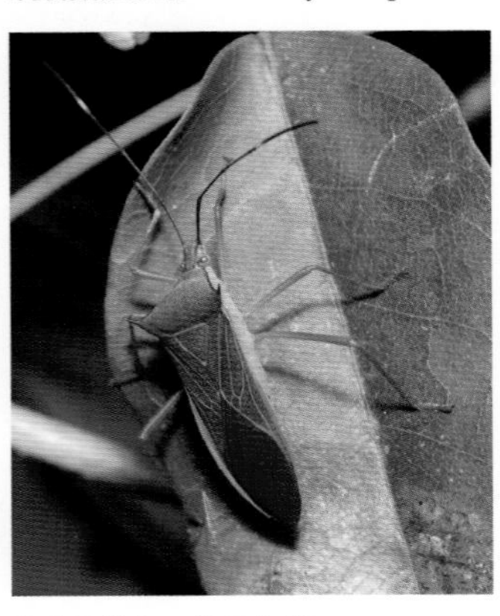

● 广西桂林 – 张巍巍 摄

体长 16.0~20.0 mm，浅黄绿色，背面浅红褐色。体表密布浅褐色细刻点。头较长，前端不明显下倾；触角红褐色，第 4 节基部黄色；喙伸过第 2 腹节腹板后缘。前胸背板前侧缘平直，黑褐色，侧角刺状，向侧上方翘起；中、后胸侧板中央各具 1 个黑点。各足股节黄绿色，胫节和腹节浅褐色。前翅革片和爪片翅脉黄褐色，膜片黑褐色。腹部腹板各节两侧具 1 个黑点，排成 1 列。分布：福建、广东、广西、海南、香港、台湾。

点拟棘缘蝽 *Cletomorpha simulans*

● 海南白沙 – 王建赟 摄

体长 7.0~7.5 mm，黄褐色。头方形，背面中央两侧具黑褐色刻点，侧面和腹面具黑褐色纵条纹；触角第 1—3 节褐色，第 4 节橙褐色。前胸背板后部浅褐色，侧角刺状，向两侧平伸；小盾片顶端白色；中、后胸侧板中央各具 1 个黑点。各足散布深色小斑点。前翅浅褐色，革片具 3 个白色斑点，排成 1 行，膜片褐色。腹部侧接缘具深褐色斑纹，各节后侧角突出。分布：广东、广西、海南、云南。

稻棘缘蝽 *Cletus punctiger*

● 海南澄迈 – 王建赟 摄

体长 9.5~11.0 mm，黄褐色，背面稍带红褐色泽。头方形，侧面具黑褐色线纹；触角红褐色，第 1 节明显长于第 3 节，第 4 节颜色较深。前胸背板前部色浅而后部色深，侧角刺状，黑褐色，稍向侧上方伸出。前翅革片内角附近具 1 个白色斑点，膜片褐色。腹部侧接缘浅黄褐色。分布：上海、江苏、浙江、安徽、福建、江西、河南、湖北、湖南、广东、广西、海南、四川、贵州、云南、西藏、陕西；印度。

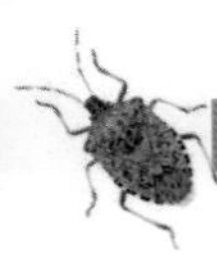

● 西藏墨脱 – 张巍巍 摄

黑须棘缘蝽 *Cletus punctulatus*

体长 8.5~10.0 mm，浅黄褐色，背面红褐色。头方形，侧面具黑褐色线纹；触角第 1 节外侧和第 2 节黑褐色，第 4 节（除基部外）橙褐色。前胸背板前部色浅而后部色深，侧角短刺状，向侧上方翘起，后侧缘平直。足黄褐色至浅褐色，股节具深色小斑点。前翅革片内角附近具 1 个白色斑点，膜片黑褐色。腹部背面（除侧接缘外）黑褐色。分布：浙江、福建、江西、湖北、湖南、广东、广西、重庆、四川、贵州、云南、西藏、甘肃；印度。

● 重庆缙云山 – 张巍巍 摄

长角岗缘蝽 *Gonocerus longicornis*

体长 13.5~14.5 mm，绿色。头较长，背面浅红褐色；触角第 1—3 节三棱形，红褐色，第 4 节橙色；喙伸过腹部基部。前胸背板后部两侧红褐色；小盾片顶端和中、后胸侧板中央各具 1 个黑褐色圆斑。足黄绿色，跗节浅红褐色。前翅革片内侧和爪片红褐色，膜片褐色。腹部背面橙黄色。身体腹面中央具浅色宽纵带。分布：江苏、浙江、福建、江西、河南、湖南、广西、重庆、四川、台湾。

二色普缘蝽 *Plinachtus bicoloripes*

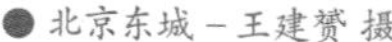

● 北京东城 - 王建赟 摄

● 重庆缙云山 - 张巍巍 摄

体长 11.0~16.5 mm，背面黑褐色，两侧和腹面黄色。头前端稍伸出；触角红褐色，有时第 4 节颜色稍浅；喙伸达中足基节之间。前胸背板前侧缘平直，侧角直角状，或呈短刺状突出；小盾片顶端黑色。各足股节基半绿白色，其余红褐色。前翅超过腹末，膜片褐色。腹部侧接缘各节基半黄色，端半黑褐色。身体两侧具黑褐色斑点。分布：北京、天津、河北、山西、辽宁、上海、江苏、浙江、福建、江西、河南、湖北、广西、重庆、四川、贵州、云南、陕西、甘肃、香港、台湾；韩国、日本。

双斑同缘蝽 *Homoeocerus bipunctatus*

体长 17.0~18.0 mm，黄绿色。头方形，中叶稍突出；触角第 1—3 节红褐色，外侧带黑褐色，第 4 节基半橙色，端半黑褐色。前胸背板前侧缘平直，侧角向上翘起，后侧缘紫褐色；中、后胸侧板中央各具 1 个黑点。各足胫节和跗节浅红褐色。前翅革片和爪片紫褐色，革片内角处具 1 个横长白斑，膜片褐色。分布：福建、湖北、湖南、广西、海南、四川、贵州、云南、香港。

● 四川雅安 - 王建赟 摄

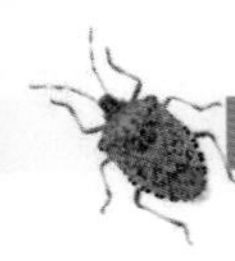

● 湖南娄底－王建赟 摄

广腹同缘蝽 *Homoeocerus dilatatus*

体长 13.5~14.5 mm，浅褐色。体表密布黑褐色细刻点。头方形，触角基稍突出；触角第 1—3 节三棱形，红褐色，第 4 节长纺锤形，颜色稍浅。前胸背板前角向前突出，侧角钝角状。前翅不及腹末，革片中部具 1 个隐约深色斑点，膜片黄褐色，半透明。腹部侧接缘明显向两侧扩宽，具深褐色晕影。分布：北京、天津、河北、辽宁、吉林、黑龙江、江苏、浙江、福建、江西、山东、河南、湖北、湖南、广东、四川、贵州、陕西、甘肃；俄罗斯、韩国、日本。

● 重庆明月山－张巍巍 摄

纹须同缘蝽 *Homoeocerus striicornis*

体长 18.0~21.0 mm，黄绿色至绿色。头方形；触角紫红色，第 1 节、第 2 节外侧带黑褐色，第 4 节基半黄白色；喙第 3 节远短于第 4 节。前胸背板前侧缘黑色，内侧具紫红色纵带，侧角尖锐，向两侧突出。中、后足胫节浅红褐色。前翅爪片和革片紫褐色，革片亚前缘和爪片内缘黑褐色，膜片浅褐色，半透明。分布：北京、河北、江苏、浙江、安徽、福建、江西、河南、湖北、湖南、广东、广西、海南、重庆、四川、贵州、云南、陕西、甘肃、香港、台湾；日本、印度、斯里兰卡。

一点同缘蝽 *Homoeocerus unipunctatus*

● 海南五指山 - 王建赟 摄

体长 13.5~15.0 mm，浅褐色。体表密布黑褐色细刻点。头两侧具黑褐色纵纹；触角第 1 节稍呈三棱形，红褐色，第 2 节、第 3 节红褐色至黑褐色，第 4 节色浅。前胸背板前部具 3 个隐约的深色斑点，前侧缘浅黄褐色，狭边状；小盾片基部具 3 个隐约的深色斑点。各足散布深色小斑点。前翅革片中部具 1 个黑褐色斑点，膜片黄褐色，半透明。腹部侧接缘因具大量刻点而颜色稍深。身体两侧具黑褐色斑点。分布：江苏、浙江、福建、江西、湖北、湖南、广东、广西、海南、四川、贵州、云南、西藏、香港、台湾；日本。

骇缘蝽 *Helcomeria spinosa*

● 云南西双版纳 - 王建赟 摄

体长 33.0~39.0 mm，褐色至深褐色。体表具大量颗粒状突起。头背面具 3 个黑褐色斑点。前胸背板表面具横皱纹，中纵脊和后缘前方横脊深褐色，两侧明显扩展，边缘呈锯齿状；小盾片顶端具 1 个黑褐色瘤突。各足股节背面端部具 1 个叶突，后足股节加粗，表面具疣突，腹面端部具刺突；各足胫节背面和后足胫节腹面呈叶状扩展。腹部在雄虫中较窄，末端平截，在雌虫中稍向两侧扩宽。分布：云南、西藏；印度、不丹、缅甸、老挝。

锐肩侎缘蝽 *Mictis gallina*

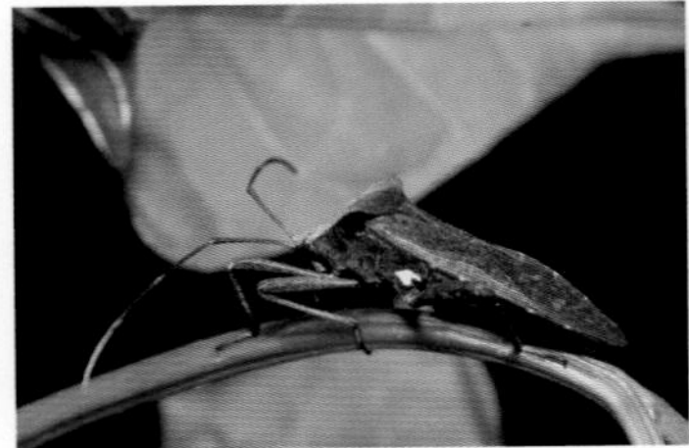

● 雌虫 – 广西大新 – 张巍巍 摄

● 雄虫 – 广西大新 – 张巍巍 摄

体长 24.0~27.0 mm，深褐色。体表被金色平伏短毛。触角第 4 节颜色稍浅。前胸背板前侧缘具小齿，侧角锐角状突出，稍向后弯；后胸侧板后部具 1 个由白色绒毛组成的大斑。前、中足胫节和各足跗节黄褐色；雄虫后足股节加粗，基部明显弯曲，后足胫节腹面近端部处具刺突。前翅膜片褐色。腹部侧接缘各节基部灰白色；雄虫第 3 腹节腹板具 1 对齿突，雌虫腹部腹面则无任何突起。分布：江西、广东、广西、海南、云南、香港；缅甸。

黄胫侎缘蝽 *Mictis serina*

● 广东珠海 – 林伟 摄

体长 27.0~30.0 mm，褐色至深褐色。触角第 1—3 节黑褐色，第 4 节橙色。前胸背板中央具 1 条细纵纹，侧角圆钝，稍向两侧突出并翘起；小盾片最顶端黄白色。各足股节黑褐色，腹面端部具齿突，雄虫后足股节基部明显弯曲；胫节黄褐色，有时黑褐色，雄虫后足胫节腹面近端部处具刺突；跗节黄褐色。雄虫第 3 腹节腹板具 1 对短刺突，第 3 腹节、第 4 腹节交界处强烈膨出，雌虫腹部腹面则无任何突起。分布：浙江、福建、江西、河南、湖北、广东、广西、海南、重庆、四川、贵州、云南、西藏、陕西、香港、台湾。

哈奇缘蝽 *Molipteryx hardwickii*

● 云南绿春 - 王建赟 摄

体长 30.0~33.0 mm，褐色。触角深褐色，第 4 节（除基部外）橙黄色。前胸背板表面具横皱纹，两侧强烈扩展，呈半月形向前延伸，明显超过头端，侧角内缘齿突明显大于外缘齿突；小盾片顶端具 1 个黑褐色瘤突。前、中足股节腹面端部和后足股节腹面具齿突，雄虫后足股节加粗，表面具疣突；雄虫后足胫节弯曲，腹面近端部处具 1 个角状突起。分布：浙江、广东、广西、海南、四川、贵州、云南、西藏、香港；印度、尼泊尔、缅甸。

月肩奇缘蝽 *Molipteryx lunata*

● 湖南娄底 - 王建赟 摄

体长 23.0~28.0 mm，褐色。触角深褐色，第 4 节（除基部外）橙黄色。前胸背板两侧强烈扩展，呈角状向前延伸，超过前胸背板前缘，但不明显超过头端，侧角内缘齿突大于外缘齿突；小盾片顶端具 1 个黑褐色瘤突。前、中足股节腹面端部和后足股节腹面具齿突，雄虫后足股节加粗，表面具疣突；雄虫后足胫节直，腹面近端部处具 1 个角状突起。分布：浙江、福建、江西、河南、湖北、湖南、广西、四川、贵州、云南、陕西、甘肃、台湾。

● 海南尖峰岭 – 张巍巍 摄

翩翅缘蝽 *Notopteryx soror*

体长 27.5~30.0 mm，褐色。触角深褐色，第 4 节（除基部外）橙黄色。前胸背板表面具细皱纹，两侧强烈向侧后方扩展，并呈翅状向上扬起，前侧缘具若干小齿突，后侧缘具 3~4 个大齿突。各足股节腹面端部具齿突，雄虫后足股节加粗，表面具疣突，腹面中部亦具 1 个齿突；后足胫节背面扩展，中部凹入，雄虫后足胫节弯曲，腹面基部和端部具 1 个角状突起，雌虫则直，腹面稍扩展。腹部腹面中央具 1 条深褐色纵纹。分布：福建、江西、湖南、广东、广西、海南、贵州。

● 重庆金佛山 – 张巍巍 摄

锈赭缘蝽 *Ochrochira ferruginea*

体长 20.0~25.0 mm，深褐色。体表被金色平伏细毛。头背面浅褐色；触角黑褐色，第 4 节（除基部外）橙色至红褐色。前胸背板浅褐色，前侧缘近直，具黑褐色小齿突，侧角钝角状，稍翘起。各足跗节黄褐色；雄虫后足股节加粗，稍弯曲，腹面中部具 1 个大齿突，后足胫节腹面中部具 1 个角状突起，雌虫后足则较简单。前翅革片和爪片浅褐色，膜片褐色。分布：福建、湖南、广西、重庆、四川、贵州、云南、西藏。

波赭缘蝽 *Ochrochira potanini*

● 北京小龙门 - 王建赟 摄

体长 20.0~23.0 mm，深褐色。触角第 1—3 节黑褐色，第 4 节基半橙色而端半褐色，稍长于第 1 节。前胸背板前侧缘呈弧形向内凹入，具细小齿突，侧角圆钝，稍向侧上方翘起。足黑褐色；各足股节腹面端部具齿突，雄虫后足股节腹面具疣突；后足胫节背面向端部逐渐扩展。前翅膜片褐色。腹部背面黑褐色，侧接缘各节基部灰白色。分布：北京、天津、河北、浙江、福建、江西、山东、河南、湖北、湖南、四川、贵州、西藏、陕西、甘肃、台湾。

长腹伪侎缘蝽 *Pseudomictis distinctus*

体长 28.0~30.0 mm，深褐色至黑褐色。头侧缘稍带黄色；触角第 4 节基半（除基部外）黄色而端半浅褐色。前胸背板前侧缘黄色，侧角圆钝；小盾片顶端黄色。雄虫后足股节极为粗大弯曲，背面呈脊状扩展，腹面具疣突和小齿突，胫节背面扩展在端部最宽，腹面扩展在中部和端部形成角状突起；雌虫后足股节加粗，腹面具疣突，胫节背腹两面均扩展。腹部侧接缘各节基部黄褐色；雄虫第 3 腹节腹板具 1 对刺突，第 3、第 4 腹板后缘向后强烈延伸。分布：广东、广西、云南、香港；老挝。

● 雄虫 - 广西崇左 - 张巍巍 摄

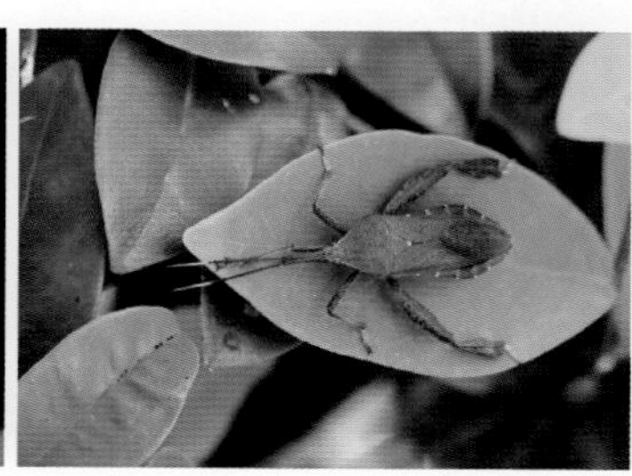
● 雌虫 - 广西崇左 - 王建赟摄

● 云南元江 – 郑昱辰 摄

拉缘蝽 *Rhamnomia dubia*

体长 28.0~33.0 mm，深褐色至黑褐色。触角第 4 节（除基部外）橙色。前胸背板表面具细皱纹和颗粒状突起，中央具 1 条浅纵沟，两侧明显扩展并翘起，侧缘具大量不规则齿突。前、中足股节腹面端部具齿突，后足股节加粗，表面具疣突，雄虫后足股节腹面近端部处具 1 个大齿突，雌虫后足股节腹面具几个齿突；后足胫节腹面基半呈角状（雄虫）或弧形（雌虫）扩展。腹部背面红色；侧接缘各节基部黄褐色。分布：福建、江西、湖北、湖南、广东、广西、海南、四川、贵州、云南、陕西、台湾。

注：图中所示产自云南的个体，因前胸背板侧缘的齿突大而不均匀，被作为一亚种：滇拉缘蝽 *Rhamnomia dubia serrata*。

● 云南西双版纳 – 王建赟 摄

犹希缘蝽 *Eohydara fulviclava*

体长 11.0~12.0 mm，浅绿褐色。体表密被黑褐色粗刻点。头前端稍下倾，侧面在复眼后具黑褐色纵纹；触角黑褐色，第 1 节端部膨大、黄色，第 4 节端半白色。前胸背板前侧缘黑褐色，侧角刺状突出；小盾片顶端黑褐色。足细长，绿色并具深色斑纹，各足股节端部稍加粗，橙色。前翅革片前缘和中部之后的圆斑黑褐色，革片顶角稍带红色，膜片深灰褐色。腹部侧接缘各节基部黑褐色。分布：云南；老挝。

二刺棒缘蝽 *Clavigralla gibbosa*

体长 8.5~9.5 mm，红褐色。体表密被黄白色平伏绒毛和直立细毛。触角浅褐色。前胸背板前部具 1 对锥状突起，侧角长刺状，黑褐色，向侧上方突出，后角较尖，向后突出；小盾片鼓起，顶端白色。各足股节棒状，基半色浅，后足股节长而粗，腹面端部具刺突；各足胫节色浅，具深褐色环纹。前翅革片基半色浅，膜片透明，基部具几个深褐色斑点。腹部宽圆形，侧接缘各节后侧角呈刺状突出，黑褐色。分布：广东、海南、云南。

● 海南儋州 – 吴云飞 摄

姬缘蝽科 Rhopalidae

体小至中型，椭圆形至细长形，体色多灰暗，也有色彩鲜艳的种类。头前端稍突出；单眼 1 对，相互远离，着生处稍隆起；触角第 1 节粗短，基部缢缩，第 4 节长纺锤形。后胸臭腺孔常退化。前翅革片常大部透明，翅脉凸显，膜片具大量翅脉，具翅多型现象。第 5 腹节背板前、后缘中央或仅后缘中央向内弯曲。

已知约 23 属 230 种，我国记载约 13 属 40 种。在植物上或附近的地面活动。植食性，也有同类相食的情况。有的种类会形成数量庞大的集群。

点伊缘蝽 *Rhopalus latus*

体长 8.0~10.2 mm，褐色。体表密被细刻点。触角第 4 节基部和端部红褐色，其余黑褐色。前胸背板表面具若干黑褐色斑点，中纵脊明显，前侧缘前半稍内弯，侧角稍突出并翘起；小盾片具若干黑褐色斑点，顶端色浅，稍翘起；后胸侧板后角向外扩张，由背面可见。足黄褐色，具大量深色斑点。前翅革片具若干黑褐色斑点，端角红褐色。腹部背面色深，具数个浅色斑点；侧接缘各节基部黄褐色，端部黑褐色。分布：北京、河北、山西、内蒙古、黑龙江、浙江、湖北、湖南、四川、云南、西藏、陕西、甘肃；俄罗斯、韩国。

● 云南西双版纳 – 王建赟 摄

褐伊缘蝽 *Rhopalus sapporensis*

● 陕西秦岭 – 张巍巍 摄

体长 8.5~9.3 mm，褐色。体表密被细刻点。触角第 2 节外侧具 1 条隐约黑褐色条纹，第 4 节基部和端部橙色，其余黑褐色。前胸背板中纵脊明显，前侧缘平直，侧角圆钝；小盾片顶端色浅，稍翘起；后胸侧板后角向外扩张，由背面可见。足黄褐色，具大量深色斑点。前翅革片具若干黑褐色斑点，端角红褐色。腹部背面黑褐色，具数个黄色斑点；侧接缘各节基部黄褐色，端部黑褐色。分布：北京、河北、山西、内蒙古、黑龙江、江苏、浙江、福建、江西、湖北、广东、广西、四川、云南、西藏、陕西、甘肃；俄罗斯、韩国、日本。

开环缘蝽 *Stictopleurus minutus*

● 西藏林芝 – 张巍巍 摄

体长 6.0~8.2 mm，黄绿色，有时深绿褐色。体表密被深色刻点。头背面在单眼周围具黑褐色斑纹，触角基稍突出；触角深褐色。前胸背板中纵脊明显，前部横沟在两侧弯曲但不闭合，形成半环，前侧缘稍内弯，侧角圆钝；小盾片两侧黄褐色，顶端稍呈勺状。足黄褐色，具大量深色斑点。前翅超过腹末，除革片基部、前缘、端角和翅脉外透明。腹部背面黑褐色，具数个浅色斑纹。侧接缘各节端半色深。分布：北京、河北、吉林、黑龙江、江苏、浙江、福建、江西、广东、四川、云南、西藏、陕西、新疆、台湾；日本。

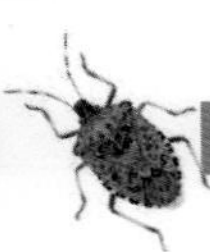

大红缘蝽 *Leptocoris abdominalis*

● 云南绿春－王建赟 摄

体长 16.0~21.0 mm，红色。头背面较平，两侧在复眼后方具 1 个瘤突；触角黑褐色，第 4 节最长；喙伸达后足基节之间。前胸背板表面具浅细刻点，前叶胝区强烈凹陷，领和胝区后的部分鼓起，侧缘向外弧曲；小盾片顶端稍翘起。足黑褐色。前翅远超腹末，膜片黑褐色。腹部腹面大部黑褐色，常具灰白色粉被。分布：海南、云南；印度、斯里兰卡。

狭蝽科 Stenocephalidae

体中型，长椭圆形至狭长形，身体两侧几近平行，黄褐色至黑褐色。头平伸，侧叶呈锥状向前突出，通常在中叶前方会合后分开；单眼 1 对；触角 4 节，着生处位于头的两侧偏下。前翅膜片基部具 1 个形状不规则的大翅室，其后具复杂翅脉。

已知约 1 属 30 种，我国记载约 1 属 5 种。通常可见在大戟科植物上活动。植食性。

长毛狭蝽 *Dicranocephalus femoralis*

体长 11.5~13.5 mm，深褐色。体表密被黑褐色粗刻点和直立、半直立细长毛，毛长大于触角第 2 节和各足胫节的直径。头侧叶前端不相互靠近；复眼远离前胸背板前缘；触角第 2 节亚端部具 1 个浅黄褐色环纹，第 3 节、第 4 节基部浅黄褐色。前胸背板各缘近直；小盾片顶端黄白色。各足股节较粗，最基部黄白色；各足胫节（除基部和端部外）黄褐色至浅褐色。腹部侧接缘各节基部浅黄褐色。分布：北京、天津、山西、河南、吉林、甘肃、青海、新疆；俄罗斯、蒙古。

● 北京门头沟 - 陈卓 摄

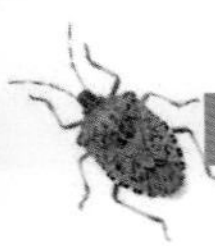

蝽次目 PENTATOMOMORPHA 长蝽总科 LYGAEOIDEA

侏长蝽科 Artheneidae

体小型，长卵圆形，浅黄褐色至深褐色。头前端较窄；单眼 1 对；触角 4 节；喙 4 节。前胸背板两侧常扩展成边。前翅革片翅脉常隆起。腹部第 2 节气门大多位于背面，第 3—7 节气门位于腹面。

已知约 7 属 20 种，我国记载约 3 属 5 种。常在植物的柔荑花序上活动，也有的以柽柳科植物为寄主。取食植物的种子。

● 新疆裕民 – 陈卓 摄

灰黄侏长蝽 *Artheneis kiritshenkoi*

体长 3.0~4.0 mm，深黄褐色。体表密被刻点。头在中叶前端和复眼后方黑褐色；触角浅黄褐色，第 1 节和第 4 节端半色深，第 2 节长约为第 1 节的 3 倍；喙伸达中胸腹板中央。前胸背板前缘与侧缘窄边状，浅灰褐色，前叶中央具 1 对脊起，后叶颜色稍深；小盾片深褐色，具浅黄褐色“Y”形或“V”形突起。足浅黄褐色。前翅稍超过腹末，革片前缘片状扩展。腹部侧接缘宽阔外露，各节后半颜色较浅。分布：新疆；蒙古、哈萨克斯坦、乌兹别克斯坦、塔吉克斯坦。

跷蝽科 Berytidae

又称“锤角蝽科”。体小至中型，身体和附肢多细长，黄褐色至红褐色。头短小，有时前端（唇基）突出；单眼 1 对；触角 4 节，第 1 节长且端部膨大，第 4 节纺锤形；喙 4 节。小盾片常具刺或突起；后胸臭腺沟常强烈延伸，呈刺状立起，具挥发域。各足股节端部膨大，跗节 3 节。前翅膜片具 5~6 根纵脉，具翅多型现象。

已知约 40 属 180 种，我国记载约 11 属 24 种。通常在植物上活动，偏好具腺毛的植物叶片，也有游走于地面或在蜘蛛网上活动的种类。多为植食性，少数种类为捕食性。

异跷蝽 *Yemmatropis dispar*

体长 7.4~8.3 mm，细长形，灰黄褐色。头两侧和腹面黑褐色，侧面具 2 条白色绒毛带；触角第 4 节黑褐色，端部白色。前胸背板表面密被刻点，中纵脊显著，后侧角圆钝，前叶两侧大部黑褐色，具白色绒毛带；小盾片顶端短刺状，向下弯钩；后胸臭腺沟延伸成耳状；胸部腹面黑褐色，具白色绒毛带。足黄褐色，具深色斑点，各足股节端部膨大部分红褐色。前翅具浅褐色斑纹。腹部基部黑褐色。分布：云南、西藏；尼泊尔、缅甸、越南、泰国、马来西亚。

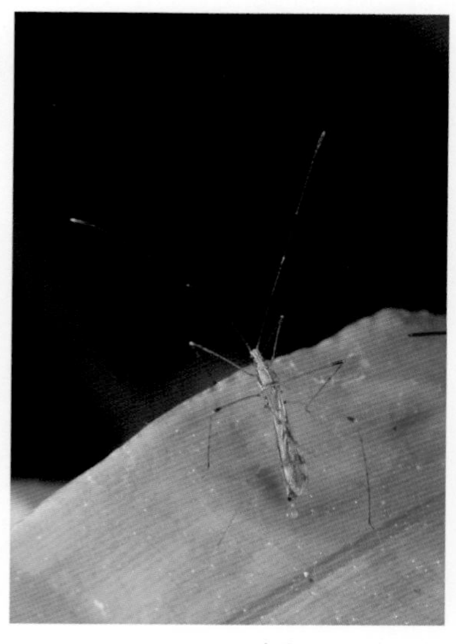

● 西藏墨脱 – 张巍巍 摄

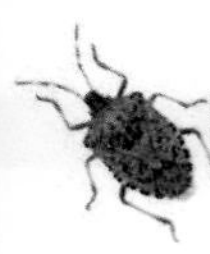

棒胁跷蝽 *Pneustocerus gravelyi*

● 广西崇左 – 王建赟 摄

体长 6.5~8.0 mm，细长形，黄褐色。头长与宽近等，头顶稍鼓起，两侧无黑褐色纵纹；触角褐色，第 1 节极长，稍弯曲，第 4 节黑褐色，端部白色；喙伸达后足基节。前胸背板表面密被刻点，中纵脊明显，后叶明显鼓起，后侧角圆钝；小盾片具直立长刺；后胸臭腺沟向上强烈延伸，末端圆钝，向后弯折。各足股节具浓密深色斑点，端部膨大，橙色，后足股节极细长。前翅不及腹末。分布：广西、海南、贵州、云南；印度、斯里兰卡。

锤胁跷蝽 *Yemma exilis*

● 北京百望山 – 王建赟 摄

体长 6.1~7.5 mm，细长形，黄褐色。头侧面在复眼后具黑褐色纵纹；触角褐色，第 1 节基部和第 4 节基部 3/4 黑褐色，第 4 节端部白色。前胸背板表面密被刻点，中纵脊明显，前叶侧面具黑褐色纵纹，后叶不明显鼓起；小盾片具直立长刺；后胸臭腺沟向上强烈延伸，末端向后弯折。各足股节基半具稀疏深色斑点，端部膨大，橙色。前翅不及腹末。腹部背面中央颜色稍深。分布：北京、天津、河北、山西、辽宁、浙江、江西、山东、河南、湖北、湖南、海南、四川、贵州、云南、西藏、陕西、甘肃；韩国、日本。

刺肋跷蝽 *Yemmalysus parallelus*

● 海南五指山－王建赟 摄

体长 6.9~8.2 mm，细长形，黄褐色。头稍前伸，长大于宽，两侧无黑褐色纵纹；触角长于体长的 1.5 倍，第 4 节黑褐色，端部白色；喙伸达后足基节。前胸背板表面密被刻点，两侧和腹面无黑褐色斑纹，后叶不明显鼓起；小盾片具直立长刺；后胸臭腺沟向上强烈延伸，末端呈刺状突出。足不具深色斑点。前翅不及腹末。分布：广东、广西、海南、贵州、云南；尼泊尔、越南、印度尼西亚。

齿肩跷蝽 *Metatropis denticollis*

● 西藏墨脱－计云 摄

体长 7.3~8.8 mm，狭长形，褐色，身体腹面颜色稍深。头侧面在复眼后具细皱纹，有时具黑褐色斑纹；触角第 1 节具若干隐约的深色斑点，第 4 节长纺锤形，黑褐色，端部黄褐色；喙伸达中足基节。前胸背板表面密被刻点，中纵脊明显，后侧角角状或刺状，向侧后方突出，不同个体间有差异；小盾片顶端短刺状，向下弯钩；后胸臭腺沟狭缝状。足黄褐色，各足股节具深色斑点，端部膨大，红褐色。前翅及于腹末。分布：山西、湖北、湖南、广东、广西、四川、云南、西藏、陕西、甘肃、宁夏。

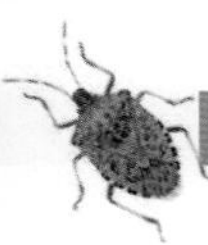

杆长蝽科 Blissidae

体小至中型，长椭圆形至狭长形，身体两侧几近平行，深褐色至黑褐色。体表常具粉被。前胸背板侧缘不呈窄边状，前、后叶间无明显横缢。足粗短，股节常加粗。前翅几无刻点，具翅多型现象。腹部腹板各节具完整的节间缝，伸达腹部两侧；腹部第2—6节气门位于背面，第7节气门位于腹面。

已知约51属435种，我国记载约10属45种。生活在单子叶植物上，尤以禾本科植物为主。植食性，吸食植物营养器官的汁液。

云南异背长蝽 *Cavelerius yunnanensis*

体长6.5~6.7 mm，狭长形，黑褐色。头表面密被刻点；触角第1节浅褐色，颜色向前逐渐加深，至第4节黑褐色。前胸背板近方形，前半大部光滑而具光泽，后半具粉被而无光泽，两部分间界线平直，前胸背板后缘两侧明显后伸；前足基节窝闭合式；小盾片具粉被。足浅褐色，前足股节腹面无刺突。前翅不及腹末，革片大部和爪片黄白色，具光泽，膜片基角、靠近革片端角的斑点和端部黄白色。分布：云南。

● 云南绿春 – 王建赟 摄

高粱狭长蝽 *Dimorphopterus japonicus*

● 重庆龙水湖 – 张巍巍 摄

体长 3.0~4.6 mm，狭长形，黑褐色。触角第 1 节褐色，颜色向前逐渐加深，至第 4 节黑褐色。前胸背板近方形，表面具细密刻点，后缘深褐色，短翅型个体前叶稍宽于后叶；前足基节窝开放式；小盾片具粉被。足浅褐色至红褐色，前足股节加粗，雄虫前足股节腹面端部具 1 个缺刻。前翅浅黄褐色，革片端角、端缘和翅脉端半及爪片基半、接合缝和端角黑褐色，膜片乳白色；短翅型个体前翅不交叠，膜片狭窄。分布：内蒙古、辽宁、吉林、黑龙江、浙江、福建、江西、山东、湖北、湖南、广东、广西、重庆、四川、贵州、云南、陕西；日本、欧洲。

竹后刺长蝽 *Pirkimerus japonicus*

● 云南金平 – 李虎 摄

体长 7.0~9.0 mm，狭长形，黑褐色。体表密被金黄色细长毛。头宽短；单眼大而显著；触角第 1—3 节黄褐色，第 4 节深褐色；喙伸达中胸腹板前部。前胸背板后缘中央呈角状内弯；前足基节窝闭合式；小盾片后部中央具 1 条纵脊。足褐色，后足股节腹面具刺突。前翅不及腹末，革片基部和顶角黄褐色，膜片宽大，中部具 1 条浅黄褐色横带纹，其中部缢细。分布：上海、江苏、浙江、福建、江西、河南、湖北、湖南、四川、云南、甘肃；日本、越南。

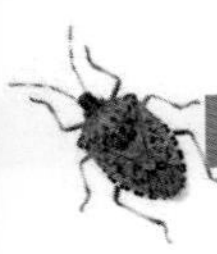

束蝽科 Colobathristidae

又称“撞木蝽科”。体小至中型，狭长形，黄褐色至黑褐色。头横宽；复眼大，向两侧突出；单眼 1 对；触角 4 节，各节均细长。前胸背板侧缘近平行；小盾片常具长刺突。足细长，前足股节腹面近端部处具 1 个大刺突。前翅前缘内弯，革片至少部分半透明，膜片具 4 根纵脉，无爪片接合缝，具翅多型现象。腹部基部明显细缩。

已知约 26 属 100 种，我国记载约 2 属 7 种。在高大的禾本科植物上活动，常见于叶片背面或靠近地面处。植食性，吸食植物的汁液。

锤突束蝽 *Phaenacantha marcida*

体长 7.6~8.0 mm，浅褐色。头背面在单眼前方中央具 1 条短纵沟；复眼具短柄，向两侧突出；触角长于体长，第 1 节长于头宽；喙末端黑褐色。前胸背板前叶褐色；小盾片具斜立长刺突，顶端黑褐色；胸部侧面颜色稍深。各足跗节末端黑褐色。前翅透明，革片端角深褐色；长翅型个体前翅不及腹末，短翅型个体仅达第 2 腹节背板前缘。分布：广东、广西、海南、台湾。

● 海南五指山 – 王建赟 摄

● 广西崇左 – 王建赟 摄

莎长蝽科 Cymidae

体小型，长椭圆形，浅黄褐色至深褐色。头向前平伸，小颊短；单眼 1 对；触角 4 节，第 2 节、第 3 节细长，第 4 节纺锤形；喙 4 节。前翅膜片无横脉。腹部第 2—6 节气门位于背面，第 7 节气门位于腹面。

已知约 10 属 66 种，我国记载约 2 属 10 种。生活在莎草科、灯心草科等单子叶植物上。植食性。

棒莎长蝽 *Cymus claviculus*

体长 2.5~3.5 mm，浅褐色。体表密被刻点。头较宽，前端锥状突出，侧叶远短于中叶；单眼前方具 1 条短纵沟；触角黄褐色，第 1 节约与头端平齐，第 4 节大部深褐色；喙伸达中足基节前缘。前胸背板侧缘和后缘近直，后叶稍鼓起；小盾片黄褐色。足黄褐色，后足股节端半具褐色晕斑。前翅远超腹末，革片靠近爪片处具 1 个无刻点的光滑区域，革片端缘深褐色，具 1 列刻点，膜片宽大透明。分布：新疆；俄罗斯、蒙古、中亚地区、西亚地区、欧洲、非洲。

● 新疆博乐 - 陈卓 摄

大眼长蝽科 Geocoridae

体小型，卵圆形、长椭圆形至狭长形，有的种类外观酷似蚂蚁，浅黄褐色至黑褐色。复眼肾形，有时向后贴附于前胸背板前侧角两侧，或具柄；单眼 1 对；触角 4 节；喙 4 节。前胸背板两侧有时具形状奇异的突起，或在中部细缩。腹部第 2—4 节气门位于背面，第 5—7 节气门位于腹面。

已知约 29 属 290 种，我国记载约 4 属 27 种。在地面或低矮的植物上活动。兼具捕食性（也可能是杂食性）和植食性的种类。

黑大眼长蝽 *Geocoris itonis*

体长 4.5~4.6 mm，黑褐色。体表具光泽。头横宽，前端稍突出，具 1 对白色斑点；复眼向侧后方突出，复眼间距大于腹部最大宽度；触角第 4 节端半黄白色。前胸背板梯形，表面散布刻点，前缘和后侧角白色；小盾片表面具刻点，顶角白色。足黄褐色至褐色。前翅表面散布浅刻点，前缘黄白色；雄虫前翅超过腹末，雌虫则为鞘翅型，不及腹末，膜片狭窄。分布：北京、河北、山西、内蒙古、辽宁、黑龙江、陕西、宁夏；日本。

● 北京平谷 – 王建赟 摄

南亚大眼长蝽 *Geocoris ochropterus*

海南乐东 - 王建赟 摄

体长 3.7~5.0 mm，黑褐色。体表具光泽。头横宽，橙色，基部具狭窄的黑褐色边缘；触角第 1 节、第 4 节浅黄褐色；喙黄褐色。前胸背板近长方形，表面具刻点，侧缘和后缘黄白色，界线截然；小盾片表面具刻点，中央脊起。足浅黄褐色。前翅超过腹末，半透明，革片和爪片浅黄褐色，爪片和革片内缘具成列的刻点，革片端半散布刻点。腹部侧接缘黄褐色，具黑褐色纵纹；腹面两侧具浅黄褐色狭边。分布：江苏、浙江、安徽、福建、湖北、广东、广西、海南、四川、贵州、云南、西藏、台湾；印度、缅甸、斯里兰卡、印度尼西亚。

宽大眼长蝽 *Geocoris varius*

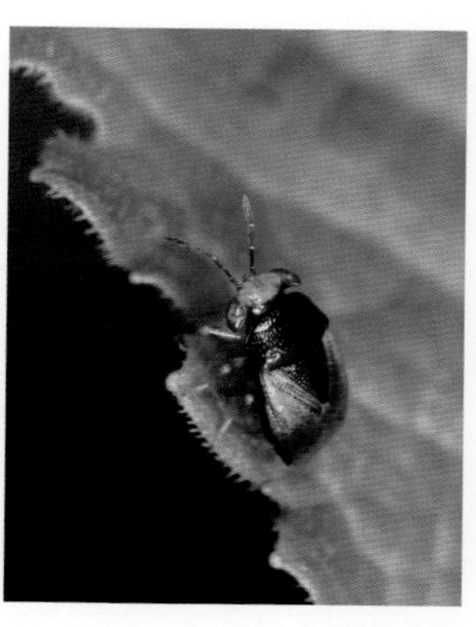

四川平武 - 张巍巍 摄

体长 4.5~5.5 mm，黑褐色。体表具光泽。头横宽，橙色，基部具狭窄的黑褐色边缘；触角第 1 节颜色稍浅。前胸背板近长方形，表面具刻点，后侧角黄褐色，或前、后侧角黄褐色，或整个侧缘黄褐色，但界线依稀；小盾片表面具刻点。足浅黄褐色，各足股节端部具 1 条深色环纹。前翅半透明，革片和爪片浅黄褐色，爪片、革片内缘和端半具刻点。腹部侧接缘仅最内缘色浅；腹面无浅色狭边。分布：天津、山西、江苏、浙江、福建、江西、湖北、湖南、广东、广西、重庆、四川、贵州、云南、西藏、陕西、甘肃、台湾；日本。

室翅长蝽科 Heterogastridae

体小型，长椭圆形至狭长形，黄褐色至黑褐色。单眼 1 对；触角 4 节；喙 4 节。前翅膜片基部具 2 个翅室，后方具 4~5 根纵脉。腹部气门均位于腹面；雌虫腹部腹板各节的节间缝常在中部向前弯曲，有时几达腹部基部。

已知约 24 属 100 种，我国记载约 6 属 21 种。在地面或植物上活动。植食性。

缢身长蝽 *Artemidorus pressus*

体长 6.0~8.5 mm，狭长形，黑褐色。体表被白色直立细毛，尤以各足最为显著。头前端下倾；触角褐色至深褐色，第 2 节最长。前胸背板表面密被刻点，侧缘内弯，横缢明显，后叶黄褐色，后侧角圆钝；小盾片表面具刻点，中央脊起，顶端黄白色。各足股节棒状，基半黄白色，前、中足股节端半橙褐色，后足股节端半黑褐色；前、中足胫节褐色，后足胫节黑褐色。前翅前缘内弯，革片和爪片黄褐色，膜片深灰褐色。腹部基部细缩；侧接缘第 2 节、第 4 节端半和第 5 节黄白色。分布：广东、广西、海南、云南、香港、台湾；印度、缅甸、老挝、泰国、斯里兰卡。

● 广西崇左－王建赟 摄

台裂腹长蝽 *Nerthus taivanicus*

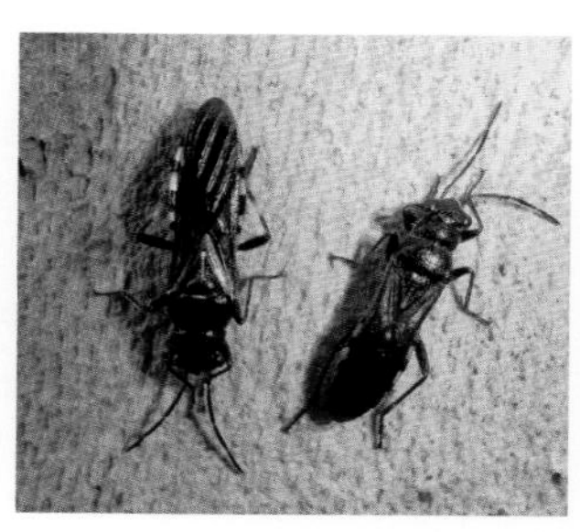
● 四川成都 – 张羿 摄

体长 9.0~11.4 mm，狭长形，黑褐色。头三角形，表面密被刻点；触角第 1 节最短，第 2 节最长，并向后依次缩短；喙伸过后足基节。前胸背板表面密被刻点，侧缘内弯，横缢明显，后侧角圆钝，后角半圆形向后突出，后缘具黄褐色狭边；小盾片密被刻点，端半具 1 条黄白色中纵脊。足红褐色至黑褐色，中、后足股节基部黄白色。前翅革片和爪片深褐色。腹部侧接缘各节基半黄白色；雄虫腹面中央具纵脊，雌虫各节向前挤缩，几达腹部基部。分布：江苏、浙江、福建、江西、湖北、广东、广西、海南、四川、贵州、云南、陕西、香港、台湾。

撒长蝽 *Sadoletus* sp.

● 云南西双版纳 – 张巍巍 摄

体长约 5.0 mm，黑褐色。头较宽，三角形；触角浅褐色至褐色，第 4 节最长。前胸背板表面具刻点，侧缘内弯，横缢明显，后叶黄褐色，具中纵脊和 4 个深色纵带，后侧角圆钝，后缘近直；小盾片基半稍鼓起，顶端黄褐色，具中纵脊。足黄褐色，中、后足股节端部和胫节基部具深色环纹。前翅革片和爪片浅黄褐色，具成列的刻点，革片内角斑点和端部 1/3 深褐色，膜片透明。分布：云南。

注：本种可能是双突撒长蝽 *Sadoletus biprotuberans*（分布于我国云南）或黑点撒长蝽 *Sadoletus melasmus*（分布于我国云南和泰国）。这两种在外形上高度近似，但生殖器特征有明显差异。我们未能解剖图中个体的标本，故不能判断。

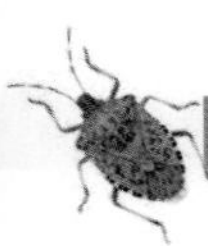

长蝽科 Lygaeidae

体小至中型，椭圆形、长椭圆形至狭长形，黄褐色至黑褐色，有的种类具鲜艳的红色、橙黄色或白色斑纹。头三角形，向前平伸；单眼1对；触角4节；喙4节。前胸背板前叶胝区呈凹痕状。前翅膜片具4~5根纵脉，具翅多型现象。腹部腹板各节具完整的节间缝，伸达腹部两侧；腹部气门均位于背面。

已知约100属970种，我国记载约23属80种。在地面或植物上活动。植食性，主要取食植物的种子，也有取食植物花器和营养器官的报道。红长蝽亚科 Lygaeinae 的很多种类体色鲜艳，为典型的警戒色。

灰褐蒴长蝽 *Pylorgus sordidus*

体长4.7~5.1 mm，褐色。头前端较尖，中叶远长于侧叶；触角黑褐色，第2节、第3节颜色稍浅，第4节不长于复眼间距的2倍；喙伸达腹部基部。前胸背板浅灰褐色，表面密被刻点，前部稍下倾，胝区深褐色，中纵线黄褐色，后叶具褐色纵带纹，后缘具黄褐色狭边；小盾片具黄褐色“Y”形脊起。足浅褐色至深褐色。前翅宽大，革片和爪片浅褐色，半透明，革片基部和端半具深褐色斑纹，沿爪片缝具1列刻点，膜片透明，具1对黑褐色横斑。分布：浙江、湖北、重庆、四川、贵州、云南、西藏、陕西、甘肃。

● 重庆金佛山 - 张巍巍 摄

红褐肿腮长蝽 *Arocatus rufipes*

● 北京平谷－张小蜂 摄

体长6.0~7.5 mm，黄褐色至红褐色。体表密被平伏短毛。头黑褐色；触角褐色，第4节色深；喙伸过中足基节。前胸背板表面密布粗刻点，侧缘中央稍内弯，侧角黑褐色；小盾片黑褐色，具“T”形脊起。足褐色。前翅革片和爪片褐色，革片中部的横带纹和顶角、爪片基部和端部黑褐色，膜片基半黑褐色，端半灰褐色。腹部侧接缘黄褐色，各节中部具黑褐色大斑。分布：北京、天津、河北、内蒙古、陕西、宁夏；俄罗斯、蒙古、日本。

黑带红腺长蝽 *Graptostethus servus*

● 海南海口－王建赟 摄

体长8.0~12.0 mm，橙红色。体表密被灰白色短细毛。头中叶和复眼内侧黑褐色；触角黑褐色，第2节、第4节近等长；喙黑褐色，伸达后足基节。前胸背板梯形，前叶胝区具黑褐色横带纹，后部中线两侧至后侧角具1对黑褐色横斑，胝区与横斑之间具1对黑色圆斑；小盾片黑褐色；后胸臭腺沟黄褐色。足黑褐色。前翅革片基半和爪片外侧具1个水滴形黑斑，革片端角具1个三角形黑斑，两斑有时相连，革片端缘黄白色，膜片黑色，基角和端缘灰白色，其上翅脉隐约。腹部（除侧缘外）黑褐色。分布：广东、广西、海南、云南、西藏、香港、台湾；日本、印度、缅甸、越南、斯里兰卡、菲律宾、马来西亚、印度尼西亚、欧洲、澳大利亚、非洲。

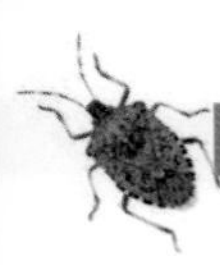

● 北京延庆 – 王建赟 摄

角红长蝽 *Lygaeus hanseni*

体长 8.0~9.0 mm，黑褐色。头背面中央红色；复眼与前胸背板前缘接触；喙伸过中足基节。前胸背板梯形，胝区后具 1 对黑色圆斑，后叶中央和两侧红色；小盾片中纵脊明显；后胸侧板后缘平直。前翅革片和爪片红色并具黑褐色斑纹，中部各具 1 个黑色圆斑，膜片黑色，端缘具灰白色狭边，基部的横带纹、中部的圆斑和圆斑旁的角状斑黄白色。腹部腹面大部红色，末端黑褐色。分布：北京、天津、河北、山西、内蒙古、辽宁、吉林、黑龙江、甘肃、宁夏；韩国、蒙古、俄罗斯、哈萨克斯坦。

● 海南儋州 – 王建赟 摄

箭痕腺长蝽 *Spilostethus hospes*

体长 8.0~12.0 mm，橙红色。头中叶和复眼内侧黑褐色；触角黑褐色；喙黑褐色，伸达后足基节。前胸背板梯形，胝区后具 1 对宽阔的黑褐色纵带纹，向前与前缘的黑褐色横带纹相连；小盾片基部 2/3 黑褐色；后胸臭腺沟仅留一痕迹。足黑褐色，雄虫股节腹面具刺突。前翅爪片缝两侧深灰褐色，革片中部具 1 个黑色圆斑，爪片中部具 1 个黑色椭圆斑，膜片黑色。腹部侧接缘各节基部黑褐色；腹面红黑相间。分布：福建、江西、广东、广西、海南、云南、西藏、香港、台湾；印度、缅甸、越南、菲律宾、马来西亚、印度尼西亚、巴布亚新几内亚、澳大利亚、新西兰。

斑脊长蝽 *Tropidothorax cruciger*

● 云南昆明 - 张巍巍 摄

体长约 11.5 mm，红色。头黑褐色；触角黑褐色；喙黑褐色，伸达后足基节。前胸背板侧缘和中线处脊起，表面具 1 对黑色纵斑，侧缘和后缘弯曲；小盾片黑褐色，端部稍鼓起，中纵脊明显。足黑褐色。前翅超过腹末，革片中部具 1 个不规则的黑褐色斑点，斑点向外直达前翅前缘，爪片黑褐色，膜片黑色，基角和端缘灰白色。分布：北京、辽宁、吉林、黑龙江、福建、湖南、四川、云南、西藏、陕西、甘肃、宁夏、台湾；俄罗斯、韩国、日本。

黄色小长蝽 *Nysius inconspicuus*

体长 3.3~4.1 mm，黄褐色。头浅褐色；触角深褐色，第 2 节、第 4 节近等长。前胸背板梯形，表面密被刻点，中纵脊明显，胝区具 1 条黑褐色横带纹；小盾片端半具中纵脊，顶端黄白色。各足股节具若干深色斑点。前翅超过腹末，革片和爪片浅黄褐色，半透明，革片端缘具 3 个深褐色斑点，爪片接合缝深褐色，膜片透明。分布：浙江、福建、江西、广东、海南。

● 海南白沙 - 吴云飞 摄

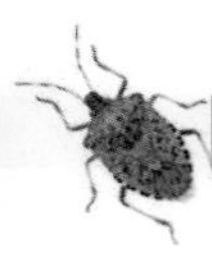

丝光小长蝽 *Nysius thymi*

体长 3.6~4.7 mm，黄褐色。头浅褐色，单眼处每侧具 1 条黑褐色纵带纹；触角黑褐色，第 2 节通常长于第 4 节。前胸背板梯形，表面密被刻点，侧缘稍内弯，胝区黑褐色，但不形成界线分明的横带纹；小盾片黑褐色，端半具中纵脊。各足股节具若干深色斑纹。前翅不及腹末，前缘稍向外拱，革片和爪片浅黄褐色，翅脉上具深色斑点，革片端缘具 3 个深褐色斑点，膜片透明。分布：河北、内蒙古、辽宁、吉林、四川、西藏、甘肃、青海；俄罗斯、蒙古、西亚地区、欧洲、北美洲。

● 四川康定－王建赟 摄

束长蝽科 Malcidae

体小型，粗短紧凑，体表密被刻点，黄褐色至黑褐色。头前端强烈下倾；复眼着生于头前侧角，或具柄；单眼 1 对；触角 4 节。前翅膜片具 5 根纵脉。腹部第 2—5 腹节腹板愈合；第5—7 腹节两侧具叶状扩展；腹部气门均位于背面。

已知约 3 属 42 种，我国记载约 2 属 32 种。通常见于植物叶片上。植食性。束长蝽亚科 Malcinae 的若虫体表具刺毛状突起。

叶尾束长蝽 *Malcus auriculatus*

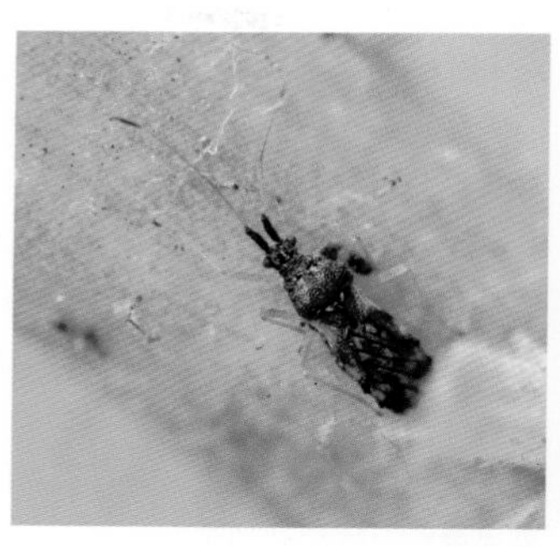
● 西藏波密 – 王建赟 摄

体长 4.2~4.3 mm，深褐色。头黑褐色，背面中央具 1 条黄色纵纹；单眼彼此靠拢，着生在 1 个小突起上；触角第 1 节、第 4 节黑褐色，第 2 节、第 3 节黄褐色。前胸背板前叶黑褐色，侧缘稍向外弧弯，后叶具 1 条深色中纵纹；小盾片黑褐色，基角黄色。足浅黄褐色。前翅革片基部和端部黄白色，中部褐色，界线分明，端角结节黑褐色，膜片黄褐色，具大量黑褐色晕斑。腹部两侧的叶状突起小，稍呈锯齿状。分布：湖南、广西、四川、贵州、云南、西藏；缅甸。

黄足束长蝽 *Malcus flavidipes*

● 海南五指山 – 王建赟 摄

体长 3.0~3.6 mm，褐色至深褐色。头背面稍带红褐色，被直立细毛；触角第 1 节红褐色，第 2 节、第 3 节黄褐色，第 4 节黑褐色。前胸背板表面被直立细毛，前部明显倾斜，胝区黑褐色，后叶侧缘具 6 个左右的颗粒状突起；小盾片黑褐色，基角黄色。足浅黄褐色。前翅革片黄白色，中部褐色，端角结节黑褐色，爪片褐色，膜片基缘和端缘灰黄色，其余黑褐色并具浅色晕斑。腹部两侧的叶状突起小，其中第 5 腹节、第 6 腹节侧突末端稍呈钩状。分布：广东、广西、海南、贵州、云南；印度、越南、老挝、泰国、斯里兰卡、菲律宾、马来西亚、印度尼西亚。

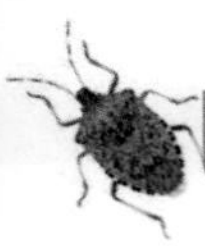

尼长蝽科 Ninidae

体小型，狭长形，黄褐色至浅褐色。头横宽，前端强烈下倾；复眼多少向两侧突出；单眼 1 对；触角 4 节，第 1 节短小；喙 4 节。小盾片端部分叉。前翅膜片翅脉退化。腹部第 2—6 节气门位于背面，第 7 节气门位于腹面。

已知约 5 属 14 种，我国记载约 3 属 4 种。在植物上活动，但有关的生物学知识记载较少。植食性。

黄足蔺长蝽 *Ninomimus flavipes*

体长 3.0~4.0 mm，黄褐色。体表具浅灰褐色粉被，被黄白色细毛。头黑褐色；复眼远离前胸背板前缘，向侧上方突出；触角第 2—4 节褐色至深褐色；喙伸达中足基节。前胸背板表面密被粗刻点，胝区光滑，后侧角圆钝，黑褐色；小盾片被细刻点，顶端稍翘起。各足股节较粗；跗节端部黑褐色。前翅远超腹末，爪片具 3 列刻点，革片端半刻点较密，顶角黑褐色，膜片端半中央具浅褐色晕影。腹部腹面黑褐色。分布：浙江、江西、河南、湖北、广西、四川；俄罗斯、日本。

● 湖北咸宁 – 陈卓 摄

尖长蝽科 Oxycarenidae

体小型，长椭圆形至狭长形，常较扁平，有的种类形似蚂蚁，黄褐色至黑褐色。头平伸，前端较尖；单眼 1 对；触角 4 节；喙 4 节。前胸背板侧缘圆润，不呈狭边状。前翅宽平，有的种类呈鞘翅型。腹部第 2 节气门位于背面，第 3—7 节气门位于腹面。

已知约 26 属 150 种，我国记载约 7 属 16 种。在植物上或附近的地面活动。植食性。

二色尖长蝽 *Oxycarenus bicolor*

体长 3.0~3.4 mm，黑褐色。体表被灰白色、顶端膨大的直立短毛。头平伸，前端角尖；触角第 2 节最长；喙伸达第 3 腹节腹板前缘。前胸背板表面密被刻点，侧缘在中部明显内弯。前足股节加粗，腹面具 4 个刺突；中、后足胫节中段灰白色。前翅前缘稍外弯，革片灰白色，中部具 1 个横贯的黑褐色斑块，顶角黑褐色，膜片黑褐色，内角和端缘灰白色。分布：福建、广东、海南、云南、台湾；印度、缅甸、斯里兰卡、菲律宾、印度尼西亚、大洋洲、夏威夷。

● 海南三亚 – 王建赟 摄

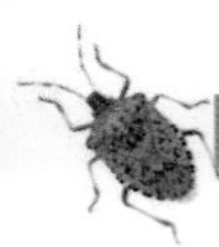

尖长蝽 *Oxycarenus laetus*

● 海南儋州 – 王建赟 摄

体长 3.4~4.0 mm，黑褐色。体表被灰白色直立和平伏短毛。头平伸，前端较尖；触角第 2 节最长；喙伸达第 3 腹节（雄虫）或第 5 腹节（雌虫）。前胸背板表面密被刻点，侧缘稍内弯；小盾片基部稍凹陷。前足股节加粗，腹面具 4 个刺突；中、后足胫节具白色环纹。前翅前缘平直，革片黄白色并具浅褐色晕斑，端角具 1 个黑色斑点，膜片深灰褐色。分布：海南、云南、台湾；阿富汗、印度、缅甸、斯里兰卡、马来西亚、伊拉克。

梭长蝽科 Pachygronthidae

体小至中型，通常为狭长形，也有粗短紧凑的种类，黄褐色至深褐色。体表密被刻点。头前端下倾；单眼 1 对；触角 4 节；喙 4 节。前足股节加粗。腹面具刺突；腹部腹板各节具完整的节间缝，伸达腹部两侧；腹部气门均位于腹面。

已知约 14 属 78 种，我国记载约 4 属 11 种。生活在单子叶植物上。植食性。

二点梭长蝽 *Pachygrontha bipunctata*

体长 6.4~6.8 mm，黄褐色。头近方形，前端稍窄；触角极细长，浅红褐色，第 1 节端部加粗，第 4 节最短。前胸背板前叶颜色较后叶稍深，胝区稍鼓起，中纵纹和侧缘浅黄色；小盾片浅褐色，基部稍鼓起，顶端黄白色。前足股节明显加粗，表面具大量深色斑点，腹面具 4 个大刺突和若干小刺突。前翅超过腹末，革片端缘中央的斑点和爪片端部的斑点黑褐色，膜片半透明。分布：浙江、福建、广东、广西、海南、云南、西藏、台湾；非洲。

● 西藏墨脱 – 王建赟 摄

皮蝽科 Piesmatidae

又称“拟网蝽科”。体小型，卵圆形至椭圆形，黄褐色至灰褐色。体表具大量网格状刻点，外观极似网蝽。头横宽，侧叶发达，长于中叶，小颊发达；单眼 1 对；触角 4 节，第 1 节、第 2 节短小，第 3 节细长，第 4 节纺锤形；喙 4 节。前胸背板表面具纵脊；小盾片小；后胸臭腺沟退化。各足跗节 2 节。前翅各部分界线明显，膜片具 4 根纵脉。

已知约 9 属 47 种，我国记载约 2 属 14 种。在藜科、苋科、石竹科等草本植物上活动。植食性，有的种类是甜菜害虫。

灰拟皮蝽 *Parapiesma josifovi*

体长 2.5~3.0 mm，灰黄褐色。头背面粗糙，中叶鼓起，侧叶前伸至触角第 1 节端部，末端相互靠近；刺状突起二叉状，上叉短小；触角第 1 节粗大，第 4 节褐色；喙伸达前足基节。前胸背板具 5 条纵脊，前侧角和后侧角宽圆，侧缘中部明显内弯；小盾片黑褐色，后半中央具 1 条黄褐色纵脊。足黄褐色。前翅宽大，前缘具 6~8 个褐色斑纹；短翅型个体膜片强烈退化，内缘端部呈角状突出并相互交叠。分布：北京、天津、山东；俄罗斯、蒙古、朝鲜、韩国、日本。

● 北京海淀 - 陈卓 摄

地长蝽科 Rhyparochromidae

体小至中型，体形多样，黄褐色至黑褐色，常具白色和黄色斑纹。头背面常具直立的毛点毛；触角 4 节；喙 4 节。前足股节常加粗，腹面具刺突。前翅膜片具 4~5 根纵脉。腹部第 4 腹节、第 5 腹节常有愈合的趋势，第 4—5 腹节腹板的节间缝两侧多向前弯曲，不达腹部两侧。

已知约 406 属 1 950 种，我国记载约 63 属 166 种。常见于地面、落叶层或低矮植物上。植食性，多取食植物的种实，也有吸血的种类。

微长蝽 *Botocudo* sp.

体长约 2.5 mm，褐色。头深褐色；触角第 1 节、第 4 节和第 3 节端半黄褐色，第 2 节和第 3 节基半深褐色。前胸背板梯形，领黄褐色，侧缘不明显内弯，后叶中央具 1 条黄褐色斑纹，后缘中央明显凹入；小盾片深褐色，顶端黄白色。足浅黄褐色。前翅革片和爪片半透明，革片前缘中部和端角各具 1 个深褐色斑点，膜片透明。分布：四川。

● 四川成都 – 张羿 摄

● 海南尖峰岭－王建赟 摄

长毛斜眼长蝽 *Harmostica hirsuta*

体长 5.8~7.5 mm，橙褐色。头宽短平伸，背面褐色，前端较尖；复眼大；单眼位于头两侧；触角深褐色，第 2 节基半和第 4 节颜色稍浅；喙伸达后足基节后缘。前胸背板梯形，表面被蓬松的金黄色直立细毛，前部光滑，稍鼓起，后部密被刻点，黑褐色，后缘黄褐色；小盾片大部褐色。足浅褐色。前翅革片黄褐色，后部中央沿翅脉具 1 个黑褐色纵斑，向后直达端缘，与沿端缘外半的黑褐色斑相连，爪片外侧 2/5 黄褐色，其余黑褐色，爪片接合缝约与小盾片等长，膜片浅黄褐色。分布：浙江、福建、广西、海南、贵州、云南。

● 四川雅安－王建赟 摄

棘胫长蝽 *Kanigara* sp.

体长约 5.0 mm，黑褐色。头背面中央具大量小凹坑；触角深褐色，第 1 节内侧具数根直立硬刚毛，第 2—4 节被平伏短毛，并杂以少量半直立长毛。前胸背板较宽，侧缘呈狭边状，后叶表面密被刻点，后侧角黄褐色，后缘中央凹入；小盾片表面密被刻点，中央具“Y”形脊起，后半黄褐色。足深褐色至黑褐色，各足股节较侧扁，腹面具刺毛列，各足胫节具直立刺毛列。前翅革片和爪片浅褐色，爪片接合缝约为小盾片长的 1/4，膜片浅黄褐色，半透明。分布：四川。

斑驳凹颊长蝽 *Usilanus pictus*

● 海南白沙 – 吴云飞 摄

体长 8.5~9.4 mm，深紫褐色。头较宽短，前端突出；单眼贴近复眼；触角第 1—3 节深褐色，第 4 节黄褐色；喙伸达中足基节后缘。前胸背板梯形，侧缘呈狭窄的叶状扩展，黄褐色，后叶具隐约的黄褐色至褐色斑纹，刻点较前叶的大而密；小盾片长三角形，具隐约的褐色斑纹。各足股节黑褐色，前足股节加粗，腹面具小刺列；各足胫节浅褐色，前足胫节弯曲。前翅前缘黄褐色，革片翅脉和碎斑黄褐色至褐色，膜片黑褐色，在革片端角后具 1 个黄褐色斑点，翅脉断续的黄褐色。分布：海南；老挝。

东亚毛肩长蝽 *Neolethaeus dallasi*

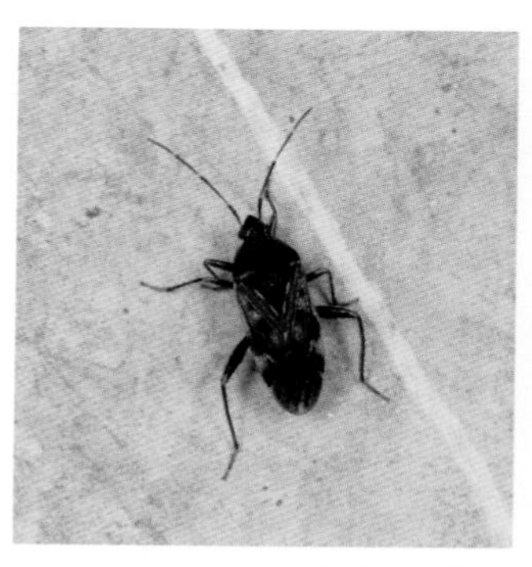

● 云南维西 – 陈卓 摄

体长 5.8~8.1 mm，黑褐色。头背面（除基部外）密被刻点；触角深褐色，第 1 节颜色较浅，第 2 节基半和第 3 节基部黄褐色；喙伸达后足基节。前胸背板领和侧缘前 2/3 黄褐色至浅褐色，侧缘前端具一明显的直立长毛，后缘两侧黄褐色；小盾片具“V”形脊起。足深褐色，前足股节腹面端部具 3~4 个齿突。前翅前缘基半浅黄褐色，革片具斑驳的黄褐色斑纹，近顶角处具 1 个不规则的黄白色斑块，爪片内缘具 2 个黄白色细斑。分布：北京、天津、河北、山西、内蒙古、江苏、浙江、安徽、福建、江西、山东、河南、湖北、湖南、广东、广西、重庆、四川、贵州、云南、陕西、甘肃、台湾；韩国、日本。

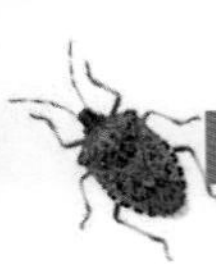

● 广东珠海 – 林伟 摄

淡角缢胸长蝽 *Gyndes pallicornis*

体长 5.4~7.3 mm，黑褐色。头较宽短，侧叶侧缘呈狭边状；触角褐色，第 1 节外侧具 1 条深色纵纹，第 4 节基部具 1 个黄白色宽环纹；喙伸达后足基节前缘。前胸背板领、前叶和后叶之间界线截然，前叶稍圆鼓，窄于后叶，后叶具 1 排 4 个黄褐色斑点，中间 2 个斑点较大而圆；小盾片最顶端黄白色。中、后足股节基半黄白色；各足胫节浅褐色。前翅革片灰白色，稍具光泽，近基部、中部和端角具深色斑纹，爪片颜色稍深，膜片浅褐色，散布褐色斑纹。分布：福建、江西、湖北、广东、广西、海南、贵州、云南、台湾；日本、印度、尼泊尔、缅甸、菲律宾、马来西亚、印度尼西亚。

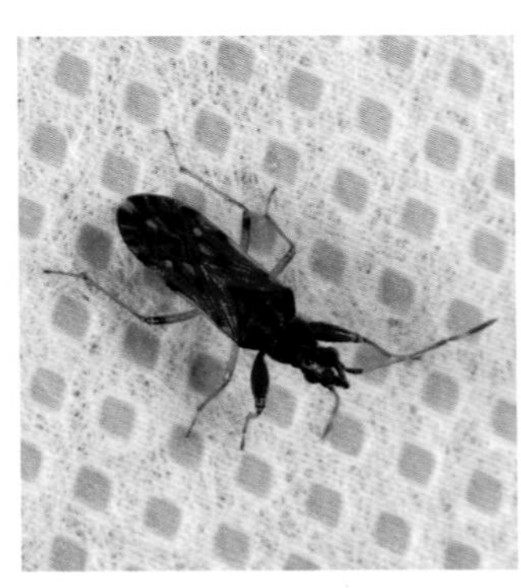

● 香港离岛 – 吴云飞 摄

毛胸直腮长蝽 *Pamerana scotti*

体长 4.4~6.4 mm，褐色。头黑褐色，向前平伸，两侧在复眼后平行；触角第 2 节、第 3 节黄褐色，第 4 节基部具 1 个浅色环纹。前胸背板横缢明显，前叶黑褐色，窄于后叶，表面被直立细长毛，后叶深褐色，具 4~6 条隐约的黄褐色纵纹；小盾片黑褐色，向后渐成深褐色。足浅黄褐色，前足股节加粗，深褐色，后足股节端部环纹深褐色。前翅革片和爪片黄褐色，革片具 5 个黑褐色斑点，膜片极斑驳，其上翅脉色浅。分布：浙江、福建、江西、湖北、广东、广西、海南、贵州、云南、香港；韩国、日本、印度、缅甸、斯里兰卡。

斑翅细长蝽 *Paromius excelsus*

● 海南黎母山 - 王建赟 摄

体长 5.8~7.5 mm，黄褐色。头黑褐色，密被黄色平伏绒毛，背面较圆拱；触角第 1—3 节褐色，第 4 节大部黑褐色。前胸背板被黄色平伏短毛，横缢明显，前叶黑褐色，鼓起，后叶具若干褐色晕斑；小盾片黑褐色，被黄色平伏短毛，顶端黄白色。足褐色，前足股节颜色稍深。前翅革片和爪片浅黄褐色，稍具光泽，革片在前缘中部、端角和内角附近具深色斑点，但表现形式在不同个体间存在变化，有时端缘全为黑褐色，并向端角渐加宽，膜片半透明。分布：浙江、福建、江西、湖南、广东、广西、海南、四川、贵州、云南、香港；菲律宾。

巨股细颈长蝽 *Vertomannus validus*

● 四川宝兴 - 刘盈祺 摄

体长 7.5~8.3 mm，狭长形，深褐色至黑褐色。头背面圆拱，后部强烈收缩并伸长，呈细颈状；触角褐色，第 1 节端半膨大，第 4 节端部 2/3 黑褐色。前胸背板前叶强烈圆鼓，约为后叶长的 2 倍，后叶表面密被刻点；小盾片表面多少具粉被。足褐色，各足股节基部黄褐色；前足股节大部深褐色，强烈加粗，在雄虫中腹面具 2 列大刺突，且前足胫节基半明显弯曲。前翅不及腹末，革片和爪片褐色，革片基半、内角处斑点和端角的半月形斑灰白色，膜片具若干橙褐色斑纹。分布：湖北、四川。

● 云南绿春 – 王建赟 摄

刺角球胸长蝽 *Caridops spiniferus*

体长 6.5~7.0 mm，黑褐色。体表被大量直立细长毛。头宽大，背面具细皱纹；触角第 1 节（除背面外）黄白色；喙伸达前足基节后缘。前胸背板横缢明显，前叶呈球状鼓起，明显较后叶更高，表面光滑，后叶表面密被刻点，前半具粉被，后侧角弯刺状向后突出。前足股节强烈加粗，腹面具大小不等的刺突，前足胫节稍弯曲，腹面端半在雄虫中具 2 个大齿突；中、后足股节基部黄白色。前翅基半具灰白色纵斑，革片内角附近圆斑和端角前大斑灰白色，膜片端部具 1 个白色圆斑。分布：广西、云南。

● 云南绿春 – 刘盈祺 摄

长足长蝽 *Dieuches* sp.

体长约 10.0 mm，黑褐色。头向前平伸，前端较尖；触角细长，第 2 节、第 3 节基部浅褐色，第 4 节褐色，基部具黄白色宽环纹。前胸背板长梯形，侧缘叶状扩展，侧缘（除后侧角附近）、后叶中纵脊及其两侧的纵斑黄褐色；小盾片基部具粉被，中部具 1 对橙褐色斑点，顶端黄白色。足较细长，前足股节基部 1/4 和中、后足股节基半黄褐色，各足胫节浅褐色。前翅前缘黄褐色，在中部被深色部分阻断，革片基半和爪片具粉被，革片基半具数个浅色斑点，端角前具 1 个黄白色角状斑。分布：云南。

长胸迅足长蝽 *Metochus thoracicus*

● 云南绿春 – 王建赟 摄

体长 10.0~10.5 mm，黑褐色。头向前平伸，前端较尖；触角细长，第 4 节基部无浅色环纹。前胸背板横缢浅但明显，前叶圆筒形，稍鼓起，明显长于后叶，后叶表面具黄褐色斑纹，侧缘狭边状，在横缢处明显凹入；小盾片顶端黄白色。足较细长，前足股节基部和中、后足股节基半黄白色，各足胫节浅褐色至褐色。前翅基半具灰白色纵纹，中部深色部分前缘斜切，革片端角前的灰白色角状斑内角狭窄，并沿端缘前伸，膜片端部具 1 个界线模糊的浅色大圆斑。分布：云南。

黑迅足长蝽 *Metochus uniguttatus*

● 云南西双版纳 – 王建赟 摄

体长 10.8~12.0 mm，黑褐色。头向前平伸，前端较尖；触角第 1 节明显伸过头端，第 4 节基部具 1 个黄白色环纹，长约为最基部深色部分的 2 倍。前胸背板侧缘狭边状，在横缢处明显凹入，后叶中央具 1 条黄褐色短纵纹，后叶侧缘前半和后缘中部褐色；小盾片顶端黄白色。足较细长，各足股节基部黄白色，各足胫节浅褐色。前翅基半具黄白色至黄褐色纵纹，中部深色部分前缘斜切，革片端角前的灰白色斑三角形，膜片在革片端角后具 1 个黄褐色斑点，端部具 1 个界线模糊的浅色大圆斑。分布：福建、广西、海南、四川、云南；印度、柬埔寨、斯里兰卡。

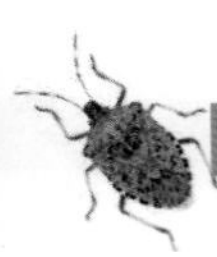

白斑地长蝽 *Panaorus albomaculatus*

● 北京百望山－王建赟 摄

体长 5.8~7.9 mm，黑褐色。头密被金黄色平伏短毛，前端较尖；触角第 2 节基半深褐色，第 4 节基部具 1 条黄白色环纹；喙伸达中足基节。前胸背板（除前叶外）黄白色，有时侧缘前半和后侧角具黑褐色，侧缘叶状扩展，后叶具明显的中纵线，其余部分密被刻点，后缘褐色；小盾片具明显的黄白色“V”形纹。各足股节基部褐色；各足胫节深褐色，向端部加深。前翅革片和爪片黄白色，密被刻点，革片中部之后具 1 条不规则的黑褐色横带纹，端缘黄褐色，内侧具黑褐色斑纹，膜片散布大量黄褐色碎斑。分布：北京、天津、河北、山西、内蒙古、吉林、黑龙江、江苏、山东、河南、湖北、四川、贵州、陕西、甘肃；俄罗斯、韩国、日本。

蝽次目 PENTATOMOMORPHA 蝽总科 PENTATOMOIDEA

同蝽科 Acanthosomatidae

又称“腹刺蝽科”“短跗蝽科”。体小至中型，椭圆形、长椭圆形或盾形，绿色、褐色至黑褐色。头三角形；单眼 1 对；触角 5 节；前胸背板六角形，侧角有时呈角状、刺状或翼状突出；小盾片三角形；中胸腹板中央形成片状脊起，有时向前伸达头端，有时消失。跗节 2 节；第 3 腹节腹板中央形成长刺状突起，前伸而与中胸隆脊重叠；腹部第 2 节气门不可见。

已知约 56 属 285 种，我国记载约 8 属 100 种。生活在灌木或乔木上。植食性，多取食植物的种实。雌虫常表现出护卵、护幼的行为。雌虫腹部末端常具成对的圆形或椭圆形凹陷，称“潘氏器”，为本科特有的结构。

宽翼同蝽 *Acanthosoma alaticorne*

● 西藏墨脱－张巍巍 摄

体长约 15.5 mm，黄绿色。头背面大部浅红褐色，十分粗糙；触角第 1 节和第 2 节基部浅褐色，其余黑褐色；喙伸达后足基节。前胸背板（除前缘和后部中央外）深红褐色，侧角向两侧强烈延伸并呈翼状扩展，角体前缘宽扁弧凸，背腹两面均为黑褐色，后缘稍凹入；小盾片深红褐色；中胸腹板隆脊向前伸达头腹面中央；后胸臭腺沟细长，超过后胸侧板宽的 1/2。足浅绿色，各足股节基半、胫节端部和跗节浅褐色。前翅革片中部具 1 条深红褐色斜带纹，爪片内侧深红褐色，膜片褐色。腹部腹面两侧深红褐色。分布：湖北、广西、四川、云南、西藏、甘肃；印度、尼泊尔。

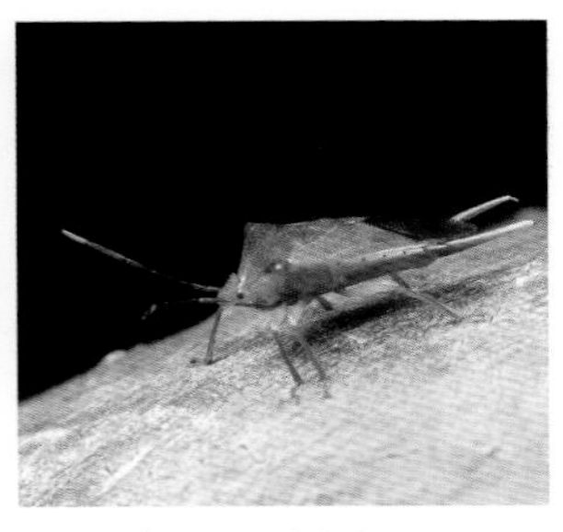

● 湖北武汉－马敢林 摄

宽铗同蝽 *Acanthosoma labiduroides*

体长 17.0~19.0 mm，背面绿色，两侧和腹面浅黄绿色。触角深褐色至黑褐色，颜色从基部向端部渐深；喙伸达中足基节前缘。前胸背板表面密被黑褐色刻点，前侧缘平直，侧角圆钝，鲜红色，几乎不向两侧明显突出；小盾片表面密被刻点，顶端浅褐色，光滑；中胸腹板隆脊向前伸达前胸腹板前缘；后胸臭腺沟约为后胸侧板宽的 2/3。各足股节浅黄绿色，胫节翠绿色，跗节浅褐色。前翅革片和爪片密被刻点，膜片深褐色。腹部侧接缘各节后侧角黑褐色；雄虫生殖节红色，形成发达的生殖铗，两铗近平行，端部各具 1 簇黄褐色毛。分布：天津、吉林、黑龙江、浙江、河南、湖北、广西、四川、贵州、云南、陕西、甘肃；俄罗斯、韩国、日本。

● 陕西西安－彭博 摄

黑背同蝽 *Acanthosoma nigrodorsum*

体长 12.0~15.0 mm，绿色。头背面被黑褐色粗刻点；触角第 1 节绿褐色，第 2 节浅褐色，第 3 节、第 4 节红色，第 5 节深红褐色；喙伸达中足基节。前胸背板（除胝区外）密被刻点，后部深红褐色，侧角强烈向前弯曲，末端尖锐，红色，后侧缘黄褐色；小盾片深绿色，顶端黄白色；中胸腹板隆脊低平；后胸臭腺沟超过后胸侧板宽的 1/2。各足胫节端部和跗节浅褐色。前翅革片（除外侧和端角外）和爪片深红褐色，膜片褐色。腹部背面黑褐色，末端红色。分布：北京、天津、河北、山西、湖北、海南、四川、陕西、宁夏。

川同蝽 *Acanthosoma sichuanense*

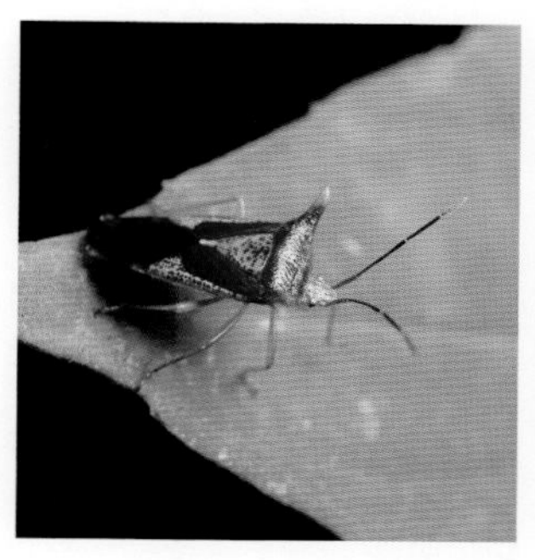
● 重庆王二包 – 张巍巍 摄

体长约 13.5 mm，黄绿色。头背面具明显的横皱纹；触角第 1 节翠绿色，其余各节黑褐色，第 2 节明显长于第 3 节；喙伸达中足基节前缘。前胸背板背面密被刻点，胝区褐色，后部深红褐色，前侧缘稍内弯，侧角呈长刺状向两侧突出并翘起，角体前缘基部深褐色，末端和后缘黄色至橙色；小盾片表面被黑褐色粗刻点，基部中央深红褐色，顶端黄白色。足翠绿色，各足跗节浅褐色。前翅革片（除外侧和端角外）和爪片深红褐色，膜片深褐色。雄虫生殖节橙红色，生殖铗短，不明显伸过膜片顶端。分布：浙江、福建、湖北、湖南、重庆、四川、贵州、云南。

宽肩直同蝽 *Elasmostethus humeralis*

● 北京小龙门 – 王建赟 摄

体长 9.5~11.5 mm，翠绿色。头黄绿色；触角第 1 节、第 2 节绿褐色，第 3 节、第 4 节和第 5 节基部褐色，第 5 节端部 2/3 深褐色；喙伸达中足基节后缘。前胸背板表面密被刻点，前侧缘平直，侧角稍向两侧突出，角体后部黑褐色，后侧缘和后缘黄褐色；小盾片大部黄褐色，中央具 1 条光滑中纵线；中胸腹板隆脊向前不达前胸腹板前缘；后胸臭腺沟细长。足黄绿色，各足胫节端部和跗节浅褐色。前翅革片内侧和端缘浅褐色至红褐色，端角颜色稍深，爪片红褐色，膜片浅褐色。腹部背面浅红色，腹面浅黄绿色。分布：北京、辽宁、吉林、黑龙江、湖北、四川、陕西、甘肃；俄罗斯、韩国、日本。

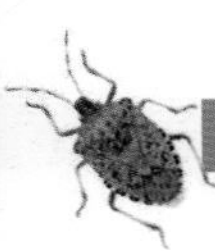

● 广东南岭 – 余之舟 摄

棕角匙同蝽 *Elasmucha angulare*

体长 10.8~16.0 mm，褐色，稍带红褐色泽。体表被金黄色直立细毛和大量深褐色刻点。头前端圆钝；触角第 1—3 节黄褐色，第 4 节浅褐色，第 5 节深褐色；喙伸达第 6 腹节腹板。前胸背板后部具 1 条黑褐色横条纹，前侧缘稍内弯，侧角粗壮，橙红色，向两侧明显突出，末端圆钝，后角明显向后突出；小盾片顶端明显伸过革片内角；后胸臭腺沟匙状。足黄褐色。前翅革片外侧因密被黑褐色刻点而颜色稍深，膜片浅褐色。腹部侧接缘黄褐色，各节端部褐色，后侧角小齿状突出，黑褐色。分布：福建、广东、广西。

● 安徽滁州 – 吴云飞 摄

灰匙同蝽 *Elasmucha grisea*

体长 7.5~9.0 mm，灰褐色，不同个体深浅不一。头背面密被刻点，中叶长于侧叶；触角黄褐色至褐色，第 5 节端半黑褐色；喙伸达中足基节后缘。前胸背板表面密被刻点，后部颜色通常稍深，前角圆钝，不呈明显的横齿状，前侧缘平直，侧角稍向两侧突出，末端钝角状，红褐色；小盾片中央具 1 条深褐色至黑褐色的弧形横纹，通常界线模糊；中胸腹板隆脊向前不达前胸腹板前缘；后胸臭腺沟匙状。足黄褐色。前翅革片具大量细刻点，端缘具褐色晕影，膜片半透明，具褐色晕斑。腹部侧接缘各节端部黑褐色，后侧角小齿状突出。分布：河北、内蒙古、辽宁、吉林、安徽、甘肃、新疆、四川；欧洲。

截匙同蝽 *Elasmucha truncatula*

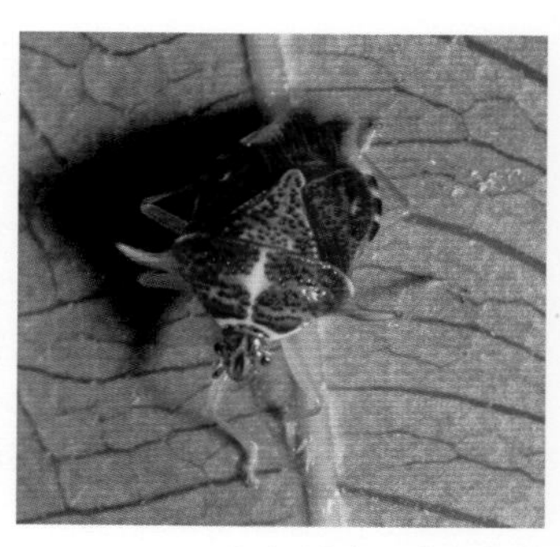
● 广西大新 - 张巍巍 摄

体长 6.6~7.5 mm，宽圆形，橙褐色。头浅褐色，背面稀被刻点，中央具 1 个黄白色“V”形斑；触角黄褐色，第 5 节端半深褐色；喙伸达中足基节之间。前胸背板表面密被刻点，前缘和前侧缘具光滑的黄白色条纹，中部具明显的黄褐色十字形斑纹，前侧缘内弯，侧角长刺状，明显向两侧突出并稍向后弯，橙色；小盾片表面密被刻点，顶端宽圆。足浅黄白色。前翅前缘弧形外拱，革片外侧颜色较内侧更深，膜片半透明。腹部侧接缘各节基部黄白色；腹面黄白色，两侧具褐色斑纹。分布：广东、广西、云南、西藏、香港；印度。

迷板同蝽 *Lindbergicoris difficilis*

● 云南老君山 - 张巍巍 摄

体长 8.0~10.5 mm，黄绿色。触角第 1 节粗短，第 3—5 节渐成褐色；喙伸达后足基节前缘。前胸背板表面密被刻点，中部具 1 条黑褐色横带纹，两端伸达侧角基半，其后黄白色，两者之间带有红褐色泽，侧角明显向两侧突出，背腹扁平呈板状，角长大于其基部之宽；小盾片顶端与革片内角平齐，黄白色；中胸腹板隆脊近半圆形，向前仅达前胸腹板中部。足浅绿色，各足跗节褐色。前翅革片（除外侧外）深红褐色，端角前具 1 条黄白色纵纹。分布：四川、云南。

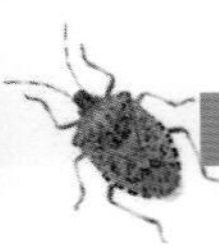

● 云南红河 – 张巍巍 摄

阔同蝽 *Microdeuterus megacephalus*

体长 12.2~13.1 mm，褐色。头十分宽大，侧叶宽阔，与中叶近等长，以致头前端宽圆；触角第 1 节、第 2 节短小，第 3 节最长；喙伸达第 4 腹节腹板。前胸背板表面密被细刻点，后部稍鼓起，各缘呈狭边状，侧角圆钝，后缘明显凹入；小盾片黄褐色，基部具 1 个黑褐色大圆斑，顶端黑褐色。足浅褐色。前翅革片黄褐色，前缘中部、内角和端角具深色斑纹，膜片浅褐色。腹部侧接缘各节基部 1/3 黄褐色，其余黑褐色；第 7 腹节后侧角强烈延伸，呈角状突出。分布：广东、海南、云南；印度、孟加拉国、缅甸。

● 陕西西安 – 彭博 摄

伊锥同蝽 *Sastragala esakii*

体长 9.3~13.0 mm，背面红褐色，腹面浅黄绿色。头黄绿色，背面无刻点；触角第 1 节、第 2 节翠绿色，第 3—5 节深褐色；喙伸达中足基节前缘。前胸背板前部黄绿色，中部具 1 条浅黄褐色横带纹，其后色深，侧角粗短，末端圆钝，黑褐色；小盾片黑褐色，中部具 1 个光滑的黄白色心形斑，斑块形状在不同个体间有差异，有时一分为二。各足股节浅黄色，胫节浅绿色，跗节浅褐色。前翅革片外侧绿色，具 1 条浅黄褐色纵纹和大量黑褐色刻点，膜片浅褐色。分布：北京、天津、浙江、福建、江西、湖北、湖南、广西、重庆、四川、贵州、云南、陕西、甘肃、台湾；韩国、日本。

注：本种的种名源于日本昆虫学家江崎悌三（Teiso Esaki）的姓氏。江崎自幼热爱昆虫，一生发表论著 1 000 余篇，对水生椿象的研究尤为精深。他曾赴我国台湾采集昆虫标本，并于 1926 年发表了首部台湾椿象名录。

土蝽科 Cydnidae

体小至中型，卵圆形至椭圆形，体表常光滑坚硬，褐色至黑色，有的种类具浅色花纹。头前缘、前胸背板侧缘和前翅前缘具数目和排列不一的细长刚毛；头宽短，前缘有时具钉状刚毛，侧叶宽阔；触角 5 节，少数 4 节。前胸背板四边形；小盾片三角形。足常发生各种特化，以适应在土中开掘的习性。各足基节具基节栉；各足胫节具刺毛列，前足胫节宽扁；跗节 3 节。后胸臭腺沟长，挥发域面积大，表面结构多样。

已知约 144 属 1200 种，我国记载约 26 属 69 种。生活于地面、土层中或植物上。植食性，吸食植物根、茎或其他部位的汁液。常具前社会性行为。

领土蝽 *Chilocoris* sp.

体长约 6.0 mm，卵圆形，黑色。头较小，前端半圆形，前缘具 12 根钉状刚毛；触角褐色至深褐色，第 2 节短小，第 3 节棒状。前胸背板宽大，表面（除前部中央外）稀被细刻点，前缘和侧缘狭边状，前缘凹入，侧缘具数根细长刚毛；小盾片宽大于长，表面散布刻点。足粗短，各足胫节具粗刺毛列，前足胫节端半宽扁。前翅革片内侧靠近爪片缝处具 2 列刻点，其余部分散布刻点，爪片具 1 列刻点，膜片褐色。分布：西藏。

● 西藏墨脱 - 王建赟 摄

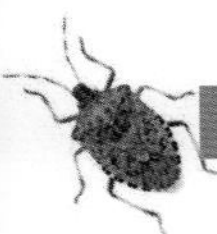

大鳖土蝽 *Adrisa magna*

● 云南西双版纳 – 张巍巍 摄

体长 11.6~20.3 mm，黑褐色。头宽扁，表面密被刻点，侧叶稍长于中叶，具 2 根细长刚毛；触角 4 节，褐色至深褐色，第 2 节最长。前胸背板胝区光滑，前缘和两侧具密而细的刻点，其余部分具大而稀的刻点，侧缘狭边状；小盾片长大于宽，表面散布刻点；后胸臭腺沟耳状、贝壳状或叶状。足粗短，雄虫后足胫节腹面基部有时具 1 个瘤突。前翅前缘无细长刚毛，革片和爪片表面粗糙，膜片深褐色，具浅色晕斑。分布：北京、天津、河北、江西、河南、湖北、湖南、广东、海南、四川、云南、陕西、香港、台湾；韩国、日本、缅甸、越南、老挝、泰国。

褐龟土蝽 *Lactistes falcolipes*

● 海南白沙 – 吴云飞 摄

体长 5.6~5.8 mm，褐色至黑褐色。头侧叶长于中叶，并在前方将中叶包围，边缘稍卷起；触角褐色，第 3—5 节纺锤形；喙不伸过中足基节后缘。前胸背板稍鼓起，前缘中部、两侧、胝区之间和后部密被刻点，侧缘狭边状，具 7~13 根细长刚毛，后侧角稍膨大，光滑；小盾片长大于宽，顶端宽圆，除基角和顶端外密被刻点。前足胫节端部向前延伸，呈镰刀状；各足跗节浅褐色。前翅前缘具 2~4 根细长刚毛，膜片浅黄褐色，半透明。分布：山东、湖北、海南；日本。

青革土蝽 *Macroscytus japonensis*

● 四川雅安 - 王建赟 摄

体长 7.1~10.0 mm，黑色。头宽扁，表面光滑，侧叶与中叶平齐，具 3 根细长刚毛，其中边缘仅具 1 根刚毛，位于复眼前方；触角深褐色；喙伸达中足基节。前胸背板表面稀被刻点，中部无横沟，侧缘狭边状，具 5~7 根细长刚毛，后缘两侧明显膨大，将后侧角盖于其下；小盾片长大于宽，表面密被刻点。雄虫后足股节腹面端部和胫节腹面基部各具 1 个不明显的小齿突。前翅前缘具 2 根细长刚毛，膜片黄褐色。分布：北京、山西、上海、浙江、福建、山东、河南、湖北、湖南、广东、四川、贵州、甘肃、台湾；俄罗斯、韩国、日本、缅甸、越南。习性：生活在落叶层中，有时也可见在地面活动。吸食植物根部的汁液或掉落于地的种实。触碰后可闻见极其浓烈的臭味。

纳加朱土蝽 *Parastrachia nagaensis*

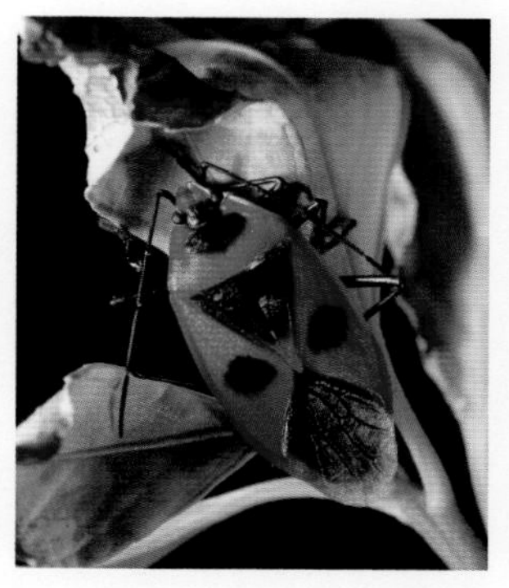
● 云南梅里雪山 - 张巍巍 摄

体长 16.0~18.0 mm，鲜红色。头背面基半黑褐色，侧叶长于中叶，在前端有会合的趋势，侧缘明显卷起；触角黑褐色，第 1 节明显短于其余各节。前胸背板前缘和前部中央的大斑黑褐色，前缘明显凹入，前侧角较尖，侧缘稍呈窄边状，后侧角圆钝；小盾片（除顶端外）黑褐色，基部鼓起，中部具纵脊，顶端尖细。足黑褐色。前翅革片中央具 1 个黑褐色圆斑，爪片大部黑褐色，膜片黄褐色。腹部腹面两侧具黑褐色斑纹。分布：四川、云南；印度、越南。

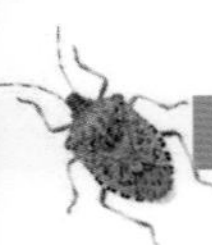

兜蝽科 Dinidoridae

体中至大型，椭圆形，体表常较粗糙，黄褐色至黑褐色，有的种类具鲜艳的橙色或红色。触角着生处位于头腹面；触角 5 节，少数 4 节，其中个别节段扁平；喙短，不伸过前足基节后缘。小盾片长不超过腹部长的 1/2，顶端宽圆。跗节 2 节或 3 节。前翅膜片翅脉网状；偶有翅多型现象。腹部第 2 节气门可见或不可见。

已知约 17 属 100 种，我国记载约 5 属 20 种。在植物上活动。植食性。

褐兜蝽 *Coridius brunneus*

体长 17.0~21.0 mm，褐色。体表密被浅细横皱纹。头三角形，侧叶长于中叶，并在中叶前方会合，侧缘稍卷起；触角第 1—4 节黑褐色，第 5 节橙黄色，第 2 节、第 3 节近等长。前胸背板前缘凹入，前侧缘狭边状，侧角圆钝。足黑褐色，各足跗节 2 节。腹部侧接缘各节中部具 1 个黄褐色小斑点；腹面侧缘多无黄褐色斑点。分布：云南、西藏；印度、缅甸、马来西亚、印度尼西亚。

● 云南绿春 – 王建赟 摄

兜蝽 *Coridius chinensis*

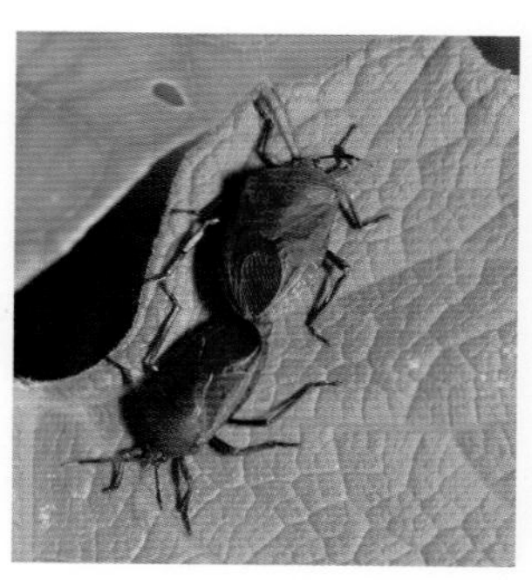

● 云南盈江 - 张巍巍 摄

体长 16.5~19.0 mm，黑褐色，稍带紫铜色光泽。头三角形，侧叶长于中叶，并在中叶前方会合，侧缘稍卷起；触角第 1—4 节黑褐色，第 5 节橙色，第 2 节明显长于第 3 节。前胸背板表面具明显的横皱纹，前缘凹入，前侧缘狭边状，侧角圆钝；小盾片表面具明显的横皱纹。各足跗节 2 节。前翅膜片褐色。腹部侧接缘各节中部具 1 个黄褐色小斑点；腹面侧缘也具黄褐色小斑点。分布：江苏、浙江、安徽、福建、江西、湖北、湖南、广东、广西、四川、贵州、云南、西藏、台湾；日本、印度、缅甸、越南、老挝、马来西亚、印度尼西亚。习性：寄主为葫芦科植物。雌虫在叶片背面或茎秆上产卵，卵方块形，成列排放。

注：本种俗称“九香虫”。《本草纲目》记载本种可入药。在我国南方一些地区，有将本种炒熟后食用的习惯。

黑腹兜蝽 *Coridius nepalensis*

● 云南绿春 - 王建赟 摄

体长 16.0~20.0 mm，黑褐色，稍带紫铜色光泽。头三角形，侧叶长于中叶，并在中叶前方会合，侧缘稍卷起；触角第 1—4 节黑褐色，第 5 节橙色，第 2 节、第 3 节近等长。前胸背板表面具明显的横皱纹，前缘凹入，前侧缘狭边状，侧角圆钝；小盾片表面具明显的横皱纹。各足跗节 2 节。前翅膜片褐色。腹部侧接缘和腹面侧缘多无黄褐色斑点，即使有也十分隐约。分布：福建、广东、广西、海南、四川、贵州、云南、西藏；印度、不丹、尼泊尔、缅甸、越南、斯里兰卡、马来西亚、印度尼西亚。

大皱蝽 *Cyclopelta obscura*

体长 13.5~16.0 mm，深红褐色至黑褐色。体表皱褶，毫无光泽。头侧叶长于中叶，并在中叶前方会合，在头前端中央形成 1 个缺刻；触角 4 节，第 2 节、第 3 节扁平。前胸背板前侧缘呈弧形外拱，侧角圆钝；小盾片基部和顶端中央各具 1 个黄褐色斑点。各足股节腹面具刺突。前翅膜片深褐色。腹部侧接缘各节中部具 1 个隐约的褐色小斑点；腹面黄褐色，具深色晕斑，侧缘具黄褐色斑点。分布：浙江、安徽、福建、江西、河南、湖南、广东、广西、四川、贵州、云南、甘肃、台湾；印度、缅甸、越南、老挝、柬埔寨、菲律宾、马来西亚、印度尼西亚。习性：寄主为豆科植物。成虫、若虫常在枝条上聚集，数量较多。

● 安徽合肥 – 王建赟 摄

小皱蝽 *Cyclopelta parva*

● 四川青城山 – 王建赟 摄

体长 10.5~13.0 mm，深红褐色至黑褐色。体表皱褶，毫无光泽。头侧叶长于中叶，并在中叶前方会合，在头前端中央形成 1 个缺刻；触角 4 节，第 2 节、第 3 节扁平。前胸背板前侧缘呈弧形外拱，侧角圆钝；小盾片基部和顶端中央各具 1 个黄褐色斑点。各足股节腹面具刺突。前翅膜片深褐色。腹部侧接缘各节中部具 1 个隐约的褐色小斑点；腹面黄褐色，具深色晕斑，侧缘具黄褐色斑点。分布：河北、辽宁、江苏、浙江、安徽、福建、江西、山东、河南、湖北、湖南、广东、广西、海南、四川、贵州、云南、甘肃、台湾；日本、不丹、缅甸。

注：本种在体色和结构上均与大皱蝽（见上种）极其相似，唯独体型较小，因此很难找出两者的差别。我国昆虫学家杨惟义曾于 1940 年对这两种椿象进行解剖研究，以期从生殖器形态上找出两者的不同，但发现它们仅在雌虫受精囊及其导管的大小上略有差异。

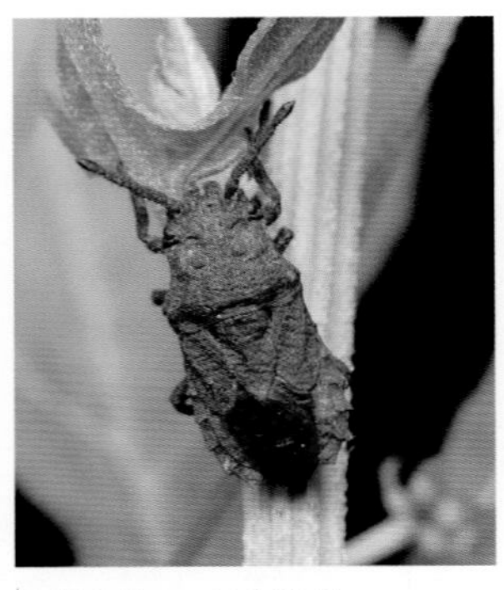

● 海南海口 – 王建赟 摄

怪蝽 *Eumenotes obscura*

体长 8.0~8.5 mm，深褐色至黑褐色。体表密被褐色短毛和细刻点。头强烈横宽，两侧在复眼前方形成尖角状突起，侧叶远长于中叶，向前伸出，在头前端形成 1 对片状突起；触角 4 节，各节粗扁，第 2 节最长。前胸背板表面不平整，胝区和后部稍鼓起，前角直角状，前侧缘内弯，侧角圆钝；小盾片顶端渐尖，呈三角形。前翅革片约与小盾片等长，端角圆钝，膜片色深。腹部侧接缘各节后缘加厚，后侧角呈疣状突出。分布：广东、海南、四川、贵州、云南、台湾；缅甸、马来西亚、印度尼西亚。

● 云南绿春 – 王建赟 摄

短角瓜蝽 *Megymenum brevicorne*

体长 13.0~16.0 mm，黑褐色。体表十分粗糙。头两侧在复眼前方圆鼓，侧叶远长于中叶，并在中叶前方紧密愈合，以致头前端呈方形；触角 4 节，第 2 节、第 3 节扁平，第 4 节端部 2/3 橙黄色至深褐色。前胸背板表面不平整，前角较尖，侧缘基半强烈曲折，形成深凹；小盾片基部中央具 1 个黄褐色斑点。前翅革片顶角圆钝，膜片黄褐色。腹部侧接缘各节具一大一小 2 个齿突。分布：北京、河北、山西、浙江、安徽、福建、江西、湖北、湖南、广东、广西、海南、四川、贵州、云南、西藏、香港、澳门；印度、不丹、缅甸、越南、老挝、泰国、柬埔寨、斯里兰卡、马来西亚、印度尼西亚。习性：寄主为葫芦科植物。

蝽科 Pentatomidae

体小至大型，体形和体色多变化。单眼 1 对；触角 5 节，少数 4 节。前胸背板多为六角形；小盾片常为三角形，在有的种类中扩宽伸长成宽舌形，盖住前翅和腹部的大部。跗节 3 节，少数 2 节。前翅不形成爪片接合缝，膜片具若干纵脉。腹部第 2 节气门多不可见。

已知约 950 属 4 900 种，我国记载约 158 属 440 种。通常见于植物上及其附近环境中，有的种类在越冬时成群聚集于草垛下、石缝中，甚至侵入室内。多为植食性，益蝽亚科 Asopinae 的种类为捕食性或杂食性。

宽丹蝽 *Amyotea lata*

体长 12.0~17.0 mm，卵圆形，橙色。头背面基部黑褐色，侧叶与中叶近等长；触角第 2—5 节黑褐色；喙伸达后足基节。前胸背板前缘明显凹入，前角小，呈尖刺状突出，胝区具 1 对黑褐色横斑，前侧缘前半锯齿状，侧角圆钝，后角尖刺状；小盾片基角具 1 对黑褐色凹陷，基部中央具 1 对黑褐色横斑。各足股节红褐色，胫节大部和跗节黑褐色。前翅远超腹末，革片灰黄色，膜片浅褐色。腹部腹面黄色，具蓝黑色横条纹。分布：云南、西藏。

● 西藏墨脱 – 张辰亮 摄

蠋蝽 *Arma custos*

● 北京延庆 – 吴林珂 摄

体长 11.5~14.0 mm，褐色。体表密被黑褐色细刻点。头长宽近等，侧叶与中叶近等长；触角黄褐色，第 3 节（除两端外）黑褐色；喙伸达后足基节。前胸背板前侧缘细锯齿状，侧角圆钝或呈角状突出，后角尖刺状；小盾片长大于宽，顶端圆钝；后胸臭腺沟上具 1 个黑褐色斑点。足浅黄褐色，前足胫节腹面中部具 1 个小刺突。前翅超过腹末，膜片浅灰褐色。腹部侧接缘浅黄褐色，各节交界处宽阔而斑驳地深褐色；腹面浅黄褐色。分布：北京、天津、河北、山西、内蒙古、辽宁、吉林、黑龙江、上海、浙江、江西、河南、湖北、湖南、四川、贵州、陕西、甘肃、宁夏、新疆；俄罗斯、蒙古、朝鲜、韩国、日本、哈萨克斯坦、吉尔吉斯斯坦、欧洲、北美洲。

峨嵋疣蝽 *Cazira emeia*

● 四川宝兴 - 刘盈祺 摄

体长 10.5~14.5 mm，黄褐色、红褐色至紫黑色。头侧叶稍长于中叶，但不在中叶前方会合；喙伸达中足基节之间。前胸背板表面具大量光滑的瘤突，前侧缘中部明显内弯，侧角圆钝，稍向两侧突出；小盾片基半具 1 对大瘤突，基角具 1 对小瘤突，端半具 2 列刻点，顶端匙状卷起。各足股节腹面近端部处具 1 个刺突，前足胫节叶状扩展，中、后足胫节中部各具 1 个黄白色环纹。前翅远超腹末，膜片黑褐色，两侧各具 1 个界线分明的透明斑块。腹部腹面基部中央的刺突短而钝；雄虫腹面具 1 对“绒毛区”。分布：浙江、安徽、福建、湖北、湖南、广东、广西、四川、贵州、云南、西藏、陕西、甘肃、台湾。

● 四川宝兴 - 刘盈祺 摄

● 浙江天目山－余之舟 摄

削疣蝽 *Cazira frivaldszkyi*

体长 10.0~12.0 mm，深褐色。头基半黑褐色，中线和端半黄白色；触角黑褐色，第 1 节、第 2 节和第 3 节基部 3/4 黄褐色；喙红褐色，伸达后足基节之间。前胸背板表面强烈皱褶，中纵脊黄白色，前角呈短刺状突出，前侧缘中部明显内弯，侧角稍向两侧突出；小盾片基半具 1 对大瘤突，其后缘平削，削面黄褐色，端半具 2 列刻点，顶端匙状卷起。前足胫节叶状扩展，金属蓝色。前翅远超腹末。腹部腹面具铜绿色金属光泽；雄虫腹面无“绒毛区”。分布：江苏、浙江、安徽、福建、江西、广西、四川、贵州、云南；印度、尼泊尔、不丹。

● 浙江天目山－余之舟 摄

峰疣蝽 *Cazira horvathi*

体长 13.0~17.0 mm，黄褐色。头侧叶与中叶近等长；触角第 3 节端半和第 4 节黑褐色，第 5 节深褐色；喙伸达后足基节。前胸背板表面皱褶并被粗刻点，后部中央具 1 个突起，前角呈短刺状突出，前侧缘前半锯齿状，后半明显内弯，侧角刺状突出；小盾片基半具 1 个极为高耸的瘤突，端半平整，顶端不呈匙状卷起。前足股节腹面近端部处具 1 个大刺突，前足胫节叶状扩展，中、后足胫节中部具 1 个黄白色环纹。前翅远超腹末，膜片黑褐色，两侧各具 1 个透明斑块。腹部侧接缘各节后侧角呈角状突出；雄虫腹面具 1 对“绒毛区”。分布：浙江、福建、江西、河南、湖北、湖南、广西、海南、四川、贵州；越南。

注：本种的种名源于匈牙利昆虫学家盖萨·霍瓦特（Géza Horváth）的姓氏。霍瓦特是 19 世纪末 20 世纪初杰出的半翅目分类学者，一生发表近 470 篇论著。

叉角曙厉蝽 *Eocanthecona furcellata*

● 云南文山 - 吴云飞 摄

体长 11.5~17.5 mm，黑褐色并具不规则的黄白色至黄褐色碎斑。头侧叶与中叶近等长；触角第 1 节、第 2 节和第 3 节基半浅褐色，第 4 节、第 5 节基部黄白色；喙粗壮，伸过后足基节后缘。前胸背板前侧缘前半锯齿状，侧角稍向侧上方突出，末端叉状，前枝长而尖锐，后枝短钝；小盾片基角具 1 对黄白色圆斑，顶端黄白色；中胸腹板黑褐色。前足胫节外侧叶状扩展。前翅远超腹末，膜片两侧各具 1 个透明斑块。腹部腹面基部中央的刺突伸达后足基节之间。分布：福建、广东、广西、海南、四川、贵州、云南、西藏、香港、台湾；日本、印度、孟加拉国、泰国、斯里兰卡、菲律宾、印度尼西亚、大洋洲。习性：主要以鳞翅目昆虫的幼虫为食，是被广泛应用的天敌昆虫。

益蝽 *Picromerus lewisi*

● 重庆圣灯山 - 张巍巍 摄

体长 10.5~15.5 mm，灰褐色。头中部至小盾片顶端具 1 条浅色中纵线。头侧叶稍长于中叶；触角黄褐色，第 3 节端部和第 4 节、第 5 节端半黑褐色；喙黄褐色，伸达后足基节之间。前胸背板胝区后方具黄褐色斑点，前侧缘锯齿状，侧角明显向两侧突出，黑褐色，末端尖锐；小盾片基角内侧具 1 对黄褐色斑点，顶端颜色通常稍浅。足黑褐色，前足股节腹面近端部处具 1 个大刺突，各足胫节中部黄白色。腹部腹面中央具 1 列黑褐色三角形斑，两侧深色斑块连接成不规则的纵带纹。分布：河北、山西、内蒙古、辽宁、吉林、黑龙江、江苏、浙江、安徽、福建、江西、山东、河南、湖北、湖南、广东、广西、海南、重庆、四川、贵州、云南、陕西、甘肃、宁夏、新疆；俄罗斯、韩国、日本。

绿点益蝽 *Picromerus viridipunctatus*

体长 11.5~16.5 mm，灰褐色。头具铜绿色金属光泽，侧叶稍长于中叶；触角第 1 节背面黄白色、腹面黑褐色，第 2 节和第 3 节基半黄褐色，第 3 节端半黑褐色，第 4 节、第 5 节基半黄色、端半黑褐色；喙伸达后足基节。前胸背板具 1 条浅色中纵线，直达小盾片顶端；前胸背板前部颜色稍深，具铜绿色金属光泽，前侧缘前半锯齿状，并具 1 条黄白色宽边，侧角明显向两侧突出，末端分叉；小盾片基角内侧具 1 对黄白色斑点。足黑褐色，前足股节腹面近端部处具 1 个大刺突，各足胫节中部黄白色。腹部侧接缘黄黑相间，具铜绿色金属光泽。分布：山西、浙江、安徽、江西、湖北、湖南、广东、广西、重庆、四川、贵州。

● 重庆青龙湖 – 张巍巍 摄

并蝽 *Pinthaeus sanguinipes*

● 四川平武 - 张巍巍 摄

体长 14.0~20.0 mm，褐色。头黑褐色，中央和两侧具黄白色至红褐色斑纹，侧叶长于中叶，并在中叶前方会合；触角第 1 节黄褐色，其余各节黑褐色，第 5 节基部黄色至橙红色；喙伸达后足基节。前胸背板前半具大小不一的黄白色至红褐色斑纹，前侧缘光滑，前半锯齿状，侧角稍突出至呈长角状突出，变化不一；小盾片基角内侧具黄白色至橙黄色斑点，顶端有时黄白色至橙黄色。足红褐色至深褐色，前足股节腹面近端部处具 1 个刺突，前足胫节外侧叶状扩展。前翅远超腹末。腹部侧接缘黄黑色或红黑色相间；腹面基部中央的刺突短而钝。分布：北京、河北、内蒙古、辽宁、吉林、黑龙江、福建、江西、山东、湖南、四川、贵州、云南、西藏；俄罗斯、韩国、日本、欧洲。

● 河北唐山 - 张永新 摄

● 北京平谷 – 王建赟 摄

蓝蝽 *Zicrona caerulea*

体长 6.2~8.5 mm，蓝紫色，具金属光泽。头长宽近等，侧叶与中叶近等长；触角第 1 节短小，第 2 节最长，其余各节近等长；喙伸达中足基节，第 2 节最长，其余各节近等长。前胸背板前角呈小角状，稍突出，前侧缘光滑平直，侧角圆钝，几不突出；小盾片顶端宽圆。足蓝黑色。前翅超过腹末，膜片褐色。分布：北京、天津、河北、山西、内蒙古、黑龙江、江苏、浙江、江西、山东、河南、湖北、广东、广西、海南、四川、贵州、云南、陕西、甘肃、新疆、台湾；俄罗斯、蒙古、韩国、日本、阿富汗、巴基斯坦、印度、缅甸、越南、马来西亚、印度尼西亚、西亚地区、欧洲、北美洲、非洲。

● 内蒙古赛罕乌拉 – 张巍巍 摄

赤条蝽 *Graphosoma lineatum*

体长 8.5~11.5 mm，橙红色，背面具黑褐色纵带纹，斑纹变化多端。头背面具 1 对黑褐色纵带纹，有时几乎全为黑褐色，侧叶长于中叶，并在中叶前方会合；触角黑褐色；喙伸达后足基节。前胸背板具 6 条黑褐色纵带纹，侧角圆钝；小盾片十分宽大，顶端伸达腹末，具 4 条黑褐色纵带纹。足黑褐色。前翅大部被小盾片遮盖。腹部侧接缘宽阔外露，第 3 节黑褐色，其余各节具界线不清的橙红色斑点；腹面具大小不一的黑褐色斑点。分布：全国（除西藏外）广布；俄罗斯、蒙古、朝鲜、韩国、日本。

弯刺黑蝽 *Scotinophara horvathi*

● 江苏常州－王建赟 摄

体长 9.0~10.0 mm，深褐色。体表密被黄褐色平伏短毛。头黑褐色，宽大于长，侧叶稍长于中叶；触角基短刺状，伸达触角第 1 节中部；触角黑褐色，第 1 节、第 2 节短小；喙伸达后足基节。前胸背板前半黑褐色，前角处具 1 对向前侧方弯曲的大刺突，伸达复眼中部，侧角呈短刺状向两侧突出；小盾片宽舌形，顶端不及腹末。足黑褐色。前翅革片大部外露。腹部侧接缘各节后侧角呈小突起状；腹面黑褐色。分布：江苏、福建、江西、湖南、广东、广西、海南、四川、贵州、西藏、陕西；韩国、日本。

稻黑蝽 *Scotinophara lurida*

● 海南五指山－王建赟 摄

体长 9.1~10.1 mm，黑褐色。头宽大于长，中叶稍长于侧叶；触角基大而明显，但不呈刺状；触角第 2—5 节褐色；喙稍伸过后足基节。前胸背板前角处的刺突短小，向两侧平指，侧角呈短刺状向两侧突出；小盾片宽舌形，在雄虫中伸达腹末，在雌虫中则不及。各足胫节（除基部外）和跗节浅褐色。前翅革片大部外露。分布：河北、江苏、浙江、安徽、福建、江西、山东、河南、湖北、湖南、广东、广西、海南、四川、贵州、台湾；韩国、日本、印度、斯里兰卡。

● 湖南娄底 - 王建赟 摄

滴蝽 *Dybowskyia reticulata*

体长 4.5~5.8 mm，短小紧凑，黑褐色。体表密被粗刻点。头侧叶长于中叶，并在中叶前方会合；触角第 1 节粗短，第 2 节、第 3 节、第 4 节近等长，第 5 节最长；喙伸达后足基节后缘。前胸背板胝区具 1 对黄褐色突起，胝区后方具 1 对黄褐色圆斑，前侧缘明显内弯，侧角圆钝；小盾片极为宽大并鼓起，基角具 1 对黑褐色凹陷，其内侧具 1 对黄褐色斑点，斑点之间形成一半圆形隆起。前翅大部被小盾片遮盖。腹部侧接缘各节中部黄褐色、两端黑褐色；腹面两侧具宽阔的黄褐色纵斑。分布：内蒙古、辽宁、吉林、黑龙江、江苏、浙江、安徽、福建、江西、河南、湖北、湖南、广东、广西、海南、四川、贵州、陕西；俄罗斯、韩国、日本、哈萨克斯坦、欧洲。

云蝽 *Agonoscelis nubilis*

体长 9.5~13.5 mm，背面黑褐色并具大量不规则的黄白色斑纹，腹面黄白色。体表密被灰白色直立长毛。头背面中央和两侧黄白色，侧叶与中叶近等长；触角第 1 节短小，第 2 节、第 3 节近等长；喙伸达第 3 腹节腹板后缘。前胸背板具 1 条光滑的橙黄色中纵带，前侧缘橙黄色，光滑无刻点，侧角圆钝，不突出；小盾片具 1 条光滑的橙黄色中纵带，两侧各具 1 条黄白色斜带纹，顶端黄白色。各足股节大部黄白色。前翅革片具大量不规则的黄白色横纹，膜片褐色，翅脉黑褐色。腹部侧接缘橙黄色，各节前、后缘狭窄地黑褐色；腹面具成列的黑褐色斑点。分布：浙江、福建、湖南、广东、广西、海南、四川、贵州、云南、西藏、香港、台湾；日本、巴基斯坦、印度、斯里兰卡、菲律宾、印度尼西亚。

● 海南儋州 - 王建赟 摄

长叶蝽 *Bolaca unicolor*

● 云南丽江－刘盈祺 摄

体长 16.0~17.2 mm，褐色。头侧叶尖长，在中叶前方会合后分开，侧缘近端部处具 1 个角状突起；触角黄褐色至浅红褐色，第 4 节（除基部外）和第 5 节端半黑褐色；喙伸达第 3 腹节腹板前缘。前胸背板前侧缘稍呈锯齿状，侧角钝角状，稍向两侧突出；小盾片长三角形，顶端收狭；后胸臭腺沟短而直。前翅革片端半具 1 条波曲的光滑细线。腹部侧接缘明显外拱。分布：江西、湖北、广西、四川、贵州、云南；印度。

翠蝽 *Anaca fasciata*

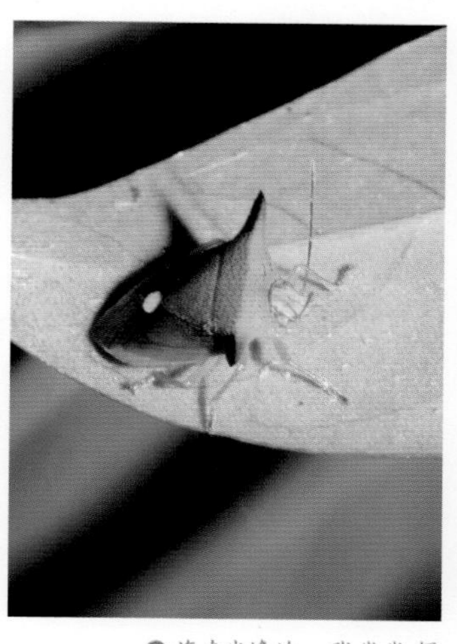
● 海南尖峰岭－张巍巍 摄

体长 10.0~11.5 mm，绿色。头黄白色，侧叶与中叶近等长；触角绿褐色，第 3 节明显长于第 2 节；喙伸达第 3 腹节腹板中部。前胸背板前半黄白色至橙黄色，前缘后方具 1 条刻点带，侧角呈长角状突出，其前半与前胸背板前半同色，后半黑褐色；小盾片顶端具 1 个黄白色大圆斑；中胸腹板中央具脊起；后胸臭腺沟直而尖长。足浅绿色，各足跗节浅褐色。前翅膜片褐色。腹部腹面浅绿色。分布：福建、江西、广东、海南、云南、香港、台湾；印度、斯里兰卡。

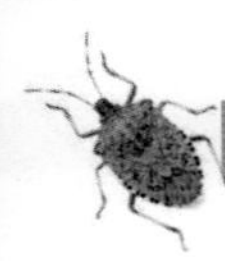

● 海南儋州 – 王建赟 摄

珀蝽 *Plautia crossota*

体长 9.0~11.0 mm，绿色。头较宽大，中叶稍长于侧叶；触角浅黄绿色，第 3 节、第 4 节端半和第 5 节亚端部深褐色；喙伸达第 3 腹节腹板后缘。前胸背板表面被黑褐色细刻点，前侧缘近直，边缘具黑褐色细线纹，侧角圆钝，不突出，其后半稍带红褐色泽；小盾片表面被黑褐色细刻点，基角具 1 对黑褐色小凹陷，顶端宽圆，依稀地黄白色。足浅黄绿色。前翅超过腹末，革片内侧和爪片浅红褐色，被黑褐色细刻点，膜片浅褐色。腹部侧接缘各节后侧角最末端较尖，黑褐色。分布：福建、湖北、湖南、广东、广西、海南、四川、贵州、云南、西藏；阿富汗、斯里兰卡、菲律宾、印度尼西亚、非洲。

● 海南儋州 – 王建赟 摄

鲁牙蝽 *Axiagastus rosmarus*

体长 13.0~16.5 mm，褐色。头背面具 6 条黑褐色纵纹，中叶稍长于侧叶；触角第 1 节粗短，橙褐色，其余各节黑褐色；小颊在雄虫中呈犬牙状突出，在雌虫中则呈三角形；喙伸达第 4 腹节腹板。前胸背板表面被大量红褐色至黑褐色粗刻点，后部刻点明显较前部密集，前侧缘狭边状，黑褐色，侧角圆钝；小盾片宽舌形，基部和顶端宽阔地黄白色，基部具 2 个不规则的黑褐色大圆斑，近端部处具 1 个黑褐色大横斑，其后缘中央凹入；中胸腹板中央脊起。足浅黄褐色，具大量深色斑点。前翅革片和爪片深红褐色，膜片浅褐色。分布：浙江、福建、江西、广东、广西、海南、香港、台湾；日本、印度、缅甸、泰国、菲律宾、印度尼西亚、巴布亚新几内亚、澳大利亚。

茶翅蝽 *Halyomorpha halys*

● 河北涿州－王建赟 摄

体长 14.0~17.5 mm，体色多变，背面浅褐色、绿褐色至紫褐色，有时具铜绿色或紫金色光泽，腹面黄褐色至橙褐色。头侧叶与中叶近等长，以致前端稍显平截；触角黑褐色，第 4 节两端和第 5 节基部黄白色；喙伸达第 3 腹节腹板中部。前胸背板胝区后方具 4 个黄褐色斑点，前侧缘狭边状，光滑平直，侧角圆钝；小盾片基角具 1 对黄褐色斑点，有时基部中央也具 1 个黄褐色斑点；后胸臭腺沟尖长。足黄褐色，具大量深色斑点。前翅超过腹末，膜片浅褐色，翅脉色深。腹部侧接缘各节基部和端部黑褐色，中部黄褐色。分布：北京、河北、山西、内蒙古、辽宁、吉林、黑龙江、江苏、浙江、安徽、福建、江西、山东、河南、湖北、湖南、广东、广西、海南、重庆、四川、贵州、云南、西藏、陕西、甘肃、香港、台湾；朝鲜、韩国、日本、欧洲、北美洲、澳大利亚。习性：寄主种类繁多，是重要的果树害虫。

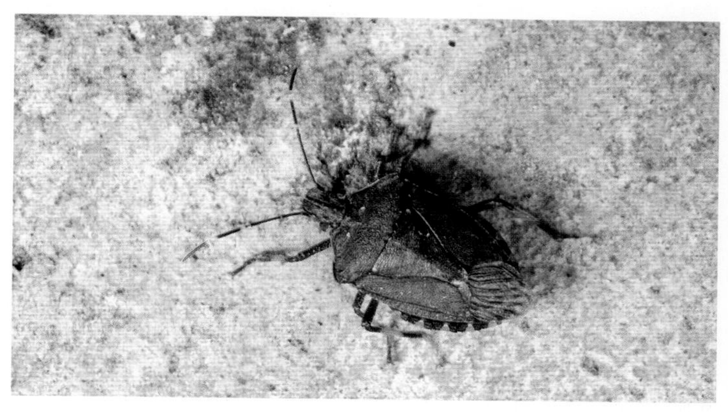

● 重庆四面山－张巍巍 摄

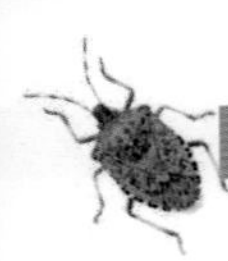

● 新疆石河子 – 王瑞 摄

朝鲜果蝽 *Carpocoris coreanus*

体长 12.0~16.0 mm，背面橙黄色，腹面黄白色。头背面在单眼之间具 2 条由黑褐色刻点组成的纵纹，侧叶稍长于中叶，侧缘（除端部外）黑褐色；触角第 2—5 节黑褐色，第 2 节长于第 3 节；喙伸达后足基节前缘。前胸背板前部具 4 条由黑褐色刻点组成的纵纹，有时十分隐约或消失，前侧缘狭边状，前半平直、后半扁薄翘起，侧角呈角状突出，其末端和后缘黑褐色；小盾片基部中央具 6 个由黑褐色刻点组成的斑纹。前翅革片浅红色，膜片外缘具 1 条浅褐色纵带纹。腹部侧接缘各节基部和端部黑褐色。分布：内蒙古、陕西、甘肃、青海、宁夏、新疆；俄罗斯、蒙古、哈萨克斯坦、吉尔吉斯斯坦、塔吉克斯坦、阿富汗、巴基斯坦、西亚地区。

● 北京房山 – 张小蜂 摄

斑须蝽 *Dolycoris baccarum*

体长 8.0~14.0 mm，背面黄褐色，腹面浅黄褐色。体表密被灰白色直立长毛。头侧叶稍长于中叶；触角黑褐色，第 1 节、第 2—4 节两端和第 5 节基部黄白色；喙多伸达中足基节后缘。前胸背板后半稍带玫红色泽，前侧缘光滑平直，边缘扁薄，侧角圆钝，不突出；小盾片顶端圆钝，黄白色。足浅黄褐色，各足胫节端部和跗节带有黑褐色泽。前翅革片具玫红色泽，膜片浅灰褐色。腹部侧接缘各节黄黑相间。分布：北京、河北、山西、内蒙古、辽宁、吉林、黑龙江、江苏、浙江、福建、江西、山东、河南、湖北、湖南、广东、广西、海南、四川、贵州、云南、西藏、陕西、甘肃、青海、宁夏、新疆；古北界、北美洲。

西藏李氏蝽 *Liicoris tibetanus*

● 西藏波密 – 王建赟 摄

体长 13.0~14.0 mm，灰褐色。头前端宽圆，侧叶宽阔，长于中叶，并在中叶前方会合；触角第 1—3 节和第 4 节基半褐色，第 4 节端半和第 5 节橙色至红褐色；喙伸达后足基节后缘。前胸背板前角呈角状突出，伸达复眼中部，侧缘和侧角形成宽阔的半圆形扩展；小盾片长宽近等，基角具 1 对黑褐色凹陷；后胸臭腺沟短小。足黄褐色，具大量深色斑点。前翅革片浅灰褐色，近端部处具 1 个黑褐色斑点，膜片浅褐色，具若干深色斑点。腹部侧接缘宽阔外露，黄褐色，各节基部和端部色深。分布：西藏。

注：本种的属名源于我国昆虫学家李法圣的姓氏。

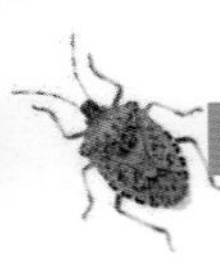

● 山西代县 – 彭博 摄

珠蝽 *Rubiconia intermedia*

体长 6.0~8.5 mm，浅褐色。头较宽大，黑褐色，中央黄褐色，侧叶宽阔，长于中叶，但不在中叶前方会合，以致头前端形成 1 个缺刻；触角黄褐色，第 4 节（除基部外）和第 5 节黑褐色；小颊直角状；喙伸过后足基节后缘。前胸背板前部两侧黑褐色，其两侧向后延伸至侧角前缘，中间的黄褐色部分刻点稀疏，前侧缘黄白色，光滑平直，侧角圆钝；小盾片基角内侧具 1 对黄褐色斑点，顶端宽圆，端缘黄白色。各足股节近端部处黑褐色。前翅稍超过腹末。腹部侧接缘黑褐色，各节外缘具 1 个黄褐色纵斑。分布：河北、山西、内蒙古、辽宁、吉林、黑龙江、江苏、浙江、安徽、福建、江西、山东、河南、湖北、湖南、广东、广西、四川、贵州、陕西、甘肃、青海、宁夏；俄罗斯、蒙古、韩国、日本、欧洲。

● 云南金平 – 李虎 摄

红显蝽 *Catacanthus incarnatus*

体长 18.0~31.0 mm，橙黄色至橙红色。头背面蓝黑色，侧缘稍卷起，中叶长于侧叶；触角黑褐色；喙伸达后足基节之间。前胸背板前缘、前角和前侧缘前半蓝黑色，前角呈小角状突出，前侧缘狭边状，侧角呈角状突出；小盾片长三角形，基部均匀鼓起，基角具 1 对蓝黑色斑块，有时变得极狭小，顶端尖锐；后胸臭腺沟尖长。足黑褐色，前足胫节外侧稍呈叶状扩展，后足跗节黄白色。前翅革片中央具 1 个蓝黑色横斑，膜片深褐色。腹部侧接缘蓝黑色，各节中部黄白色；第 2 腹节气门可见；腹面基部中央具刺突，向前伸达中足基节之间。分布：江西、河南、广东、海南、云南；韩国、日本、巴基斯坦、印度、斯里兰卡、菲律宾、马来西亚、印度尼西亚。

棕蝽 *Caystrus obscurus*

● 海南白沙 - 吴云飞 摄

体长 11.0~14.0 mm，褐色。头侧叶长于中叶，在中叶前方会合后又分开，在头前端形成 1 个缺刻；触角浅褐色，第 5 节基半黄白色；喙伸达中足基节之间。前胸背板具 1 条浅色中纵线，前角呈小角状突出，前侧缘狭边状，前半稍外拱、后半近直，侧角圆钝；小盾片具 1 条淡色中纵线，基角内侧具 1 对黄褐色斑点。足黄褐色。前翅伸达腹末，革片和爪片具光滑的黄褐色纵线和折线，膜片浅褐色，翅脉黑褐色。腹部腹面大部黑褐色。分布：江西、广东、广西、海南、贵州、云南。习性：寄主主要为禾本科植物。

卵圆蝽 *Hippotiscus dorsalis*

● 四川雅安 - 王建赟 摄

体长 13.0~16.0 mm，黄褐色。体表常具灰色粉被。头大部黑褐色，侧叶宽阔，长于中叶，在中叶前方会合后又分开，侧缘稍翘起；触角黑褐色，第 5 节基半橙黄色；喙伸达中足基节前缘。前胸背板前侧缘宽边状，弧形外拱，边缘黑褐色，侧角圆钝，不突出，后缘稍内弯；小盾片顶端圆钝，端缘黄白色。足浅褐色。前翅革片前缘黑褐色，端缘稍内弯，顶角尖锐，膜片浅褐色，翅脉黑褐色。腹部侧接缘几不外露。分布：浙江、安徽、福建、江西、河南、湖北、湖南、广东、广西、四川、贵州、甘肃；印度。

● 陕西汉中 - 姚一韦 摄

黄蝽 *Eurysaspis flavescens*

体长 14.0~17.0 mm，绿色至黄褐色。头大部黄白色，侧叶与中叶近等长；触角第 1 节黄褐色，其余各节浅红褐色；喙伸达中足基节之间。前胸背板前部具 4 个黄白色圆斑，前侧缘光滑平直，边缘黄白色，侧角圆钝，不突出；小盾片宽舌形，基部两侧各具 2 个黄白色圆斑；中、后胸腹板形成龙骨状脊起；后胸臭腺沟长而弯曲，末端尖细。各足胫节背面具纵沟。前翅超过腹末，革片前缘黄白色，内侧半透明，膜片透明。腹部侧接缘外缘黄白色；腹面基部中央具突起，其末端平截，与后胸腹板后缘紧接。分布：河北、江苏、浙江、安徽、福建、江西、河南、湖北、湖南、广东、贵州、陕西；菲律宾、印度尼西亚。

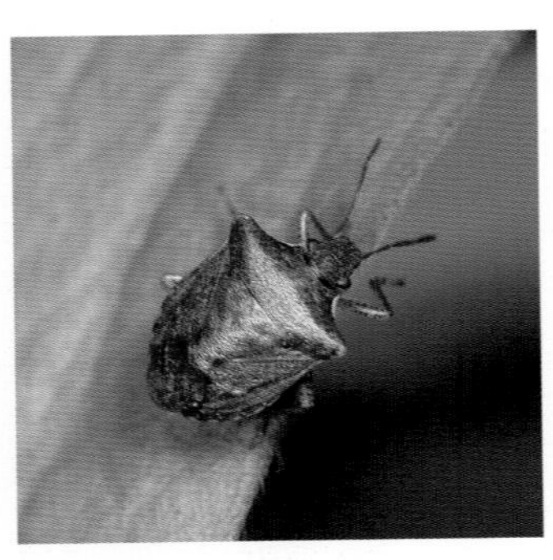
● 四川平武 - 张巍巍 摄

红角辉蝽 *Carbula crassiventris*

体长 8.0~10.0 mm，褐色。头侧叶与中叶近等长；触角浅褐色，第 5 节端半颜色稍深；喙伸达第 2 腹节腹板中部。前胸背板胝区黄褐色，前侧缘前半具黄白色光滑斑块，侧角呈角状突出，末端圆钝，红褐色；小盾片基部中央具 1 个黄褐色斑点，基角具 1 对黑褐色凹陷，顶端圆钝。足浅黄褐色，具大量黑褐色斑点。前翅革片前缘稍呈弧形外拱。腹部侧接缘深褐色，各节外缘基半具狭窄的浅黄褐色纵斑。分布：山西、黑龙江、江苏、浙江、安徽、福建、江西、湖北、湖南、广东、广西、海南、四川、贵州、云南、西藏、陕西、甘肃、台湾；日本、印度、不丹、缅甸、泰国。

辉蝽 *Carbula humerigera*

● 陕西秦岭 – 张巍巍 摄

体长 9.5~11.5 mm，褐色。头侧叶稍长于中叶，在头前端形成 1 个缺刻；触角第 4 节基半和第 5 节基部 1/3 橙色，第 4 节端半和第 5 节端部 2/3 黑褐色；喙伸达第 2 腹节腹板中部。前胸背板胝区黑褐色，前侧缘前半具黄白色光滑斑块，侧角呈角状突出，末端圆钝；小盾片基角内侧具 1 对黄褐色斑点，基部中央也具 1 个黄褐色斑点，顶端稍呈黄白色。足浅黄褐色，具大量黑褐色斑点。前翅革片前缘基部黄白色。腹部侧接缘深褐色，各节外缘基半具狭窄的浅黄褐色纵斑。分布：河北、山西、浙江、安徽、福建、江西、河南、湖北、湖南、广东、广西、四川、贵州、云南、陕西、甘肃、青海；日本。

二星蝽 *Eysarcoris guttigerus*

● 云南老君山 – 张巍巍 摄

体长 5.4~6.4 mm，短小紧凑，褐色。头宽大于长，黑褐色，中叶稍长于侧叶；触角第 4 节、第 5 节深褐色；喙伸达后足基节。前胸背板前部两侧黑褐色，前侧缘稍内弯，侧角圆钝，不明显突出；小盾片宽舌形，基角具 1 对黄白色大圆斑，顶端有时具 1 个隐约的锚状斑纹。足浅黄褐色，各足股节近端部处具 1 个黑褐色斑点。前翅革片端角约与小盾片顶端平齐，膜片浅灰褐色。腹部腹面中央黑褐色，边缘参差不齐，两侧黄褐色并具黑褐色纵纹。分布：河北、山西、内蒙古、辽宁、吉林、黑龙江、江苏、浙江、安徽、福建、江西、山东、河南、湖北、湖南、广东、广西、海南、四川、贵州、云南、西藏、陕西、甘肃、宁夏、香港、台湾；朝鲜、韩国、日本、尼泊尔、斯里兰卡。

● 海南儋州－王建赟 摄

广二星蝽 *Eysarcoris ventralis*

体长 6.0~7.0 mm，褐色。头黑褐色，中叶稍长于侧叶；触角第 5 节最长，深褐色；喙伸达后足基节。前胸背板前半颜色较后半稍浅，胝区具 1 对黑褐色横斑，前侧缘近直，侧角圆钝，不突出；小盾片舌形，基角内侧具 1 对黄白色斑点，顶端具 3 个隐约的黑褐色斑点。足浅黄褐色，具若干深色斑点。前翅超过腹末，革片端角超过小盾片顶端。腹部腹面中央黑褐色，边缘清晰整齐，两侧黄褐色并具黑褐色纵纹。分布：北京、天津、河北、山西、辽宁、吉林、浙江、安徽、福建、江西、山东、河南、湖北、广东、广西、海南、四川、贵州、云南、陕西、新疆、香港、台湾；朝鲜、韩国、日本、阿富汗、印度、缅甸、越南、菲律宾、马来西亚、西亚地区、欧洲、非洲。

● 云南绿春－刘航瑞 摄

丸蝽 *Spermatodes variolosus*

体长 2.8~3.6 mm，半球形，黑褐色。头宽大于长，强烈垂直，复眼前方具 1 个光滑的黄褐色横斑，侧叶与中叶近等长；触角褐色；喙伸达第 3 腹节腹板后缘。前胸背板胝区之间具 1 对黄褐色斑纹，后部具大量黄褐色晕斑，前侧缘光滑平直，黄白色，侧角圆钝，不突出；小盾片极为宽大，顶端伸达腹末，基部具 3 个黄褐色大圆斑，其后具大量黄褐色晕斑；后胸臭腺沟耳状。足浅黄褐色。前翅仅基部露出，黄褐色。分布：浙江、福建、江西、湖北、湖南、广东、广西、海南、四川、贵州、云南；日本、巴基斯坦、印度、缅甸、斯里兰卡、菲律宾。

中华岱蝽 *Dalpada cinctipes*

体长 17.0~21.0 mm，黑褐色。头侧叶与中叶近等长，侧缘亚端部具 1 个钝角状突起；触角第 4 节、第 5 节基部黄色；喙伸达第 3 腹节腹板后缘。前胸背板前半具黄白色中纵线，前侧缘内弯，前半不规则的锯齿状，侧角结节状；小盾片基角具 1 对黄白色大斑，不呈完整的圆形，基部中央具 1 个黄白色斑点，顶端依稀有浅黄褐色。各足胫节中部浅黄褐色，前足胫节外侧的叶状扩展狭窄，各足跗节第 1 节、第 2 节黄白色。前翅革片和爪片具大量浅色碎斑，稍带紫红色泽，膜片浅灰褐色，具黑褐色斑纹。腹部侧接缘各节中部浅黄褐色。分布：河北、山西、江苏、安徽、福建、江西、河南、湖北、湖南、广东、广西、海南、四川、贵州、云南、陕西、甘肃、台湾；朝鲜、韩国、日本。

● 安徽滁州 – 吴云飞 摄

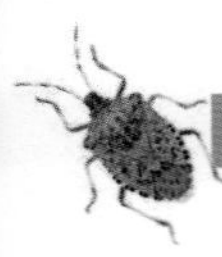

● 云南绿春 – 王建赟 摄

岱蝽 *Dalpada oculata*

体长 15.0~19.0 mm，黑褐色。头背面具 1 条断续的黄褐色中纵纹，侧叶与中叶近等长，侧缘亚端部具 1 个钝角状突起；触角第 1 节具黄白色纵纹，第 4 节、第 5 节基部黄白色；喙伸达第 3 腹节腹板后部。前胸背板具黄褐色中纵带，由前向后渐宽，两侧有时各具 2 条隐约的纵带纹，前侧缘内弯，前半具不规则的锯齿状，侧角结节状；小盾片基角具 1 对黄白色大圆斑，顶端浅黄褐色。各足胫节中部浅黄褐色，前足胫节外侧的叶状扩展宽阔，各足跗节第 1 节、第 2 节黄白色。前翅革片和爪片具大量浅色碎斑。腹部侧接缘各节中部浅黄褐色。分布：江苏、浙江、福建、江西、湖南、广东、广西、海南、四川、贵州、云南、陕西、香港；日本、印度、缅甸、越南、马来西亚、印度尼西亚。

● 重庆圣灯山 – 张巍巍 摄

绿岱蝽 *Dalpada smaragdina*

体长 15.0~20.0 mm，金绿色。头侧叶与中叶近等长；触角黑褐色，第 1 节、第 2 节基部和第 4 节基部 1/3 红褐色，第 5 节基部 1/3 橙色；喙伸达第 3 腹节腹板前缘。前胸背板前侧缘内弯，侧角结节状，黑褐色，末端明显翘起；小盾片最顶端黄褐色。足红褐色，各足股节具大量深色斑点。前翅革片和爪片黄绿色，几不具金属光泽，膜片浅褐色，具黑褐色斑纹。腹部腹面浅黄褐色，两侧具金绿色纵带纹。分布：山西、黑龙江、江苏、安徽、福建、江西、湖北、湖南、广东、广西、重庆、四川、贵州、云南、西藏、陕西、甘肃、台湾。

麻皮蝽 *Erthesina fullo*

● 福建厦门 – 王建赟 摄

体长 20.0~25.0 mm，黑褐色。头与前胸背板近等长，前端收狭，背面具 3 条黄褐色纵纹；触角第 1 节不伸达头端，第 5 节基部黄白色；喙伸达第 6 腹节腹板前缘。前胸背板具黄褐色中纵线，表面具大量黄褐色碎斑，前缘黄褐色，前侧缘稍内弯，边缘黄褐色，前半锯齿状，侧角稍呈角状突出；小盾片散布大量黄褐色碎斑。各足胫节中部黄白色，前、后足胫节外侧稍呈叶状扩展。前翅革片和爪片散布大量黄褐色碎斑，膜片深褐色。腹部侧接缘各节中部黄褐色；腹面中央具纵沟。分布：北京、河北、山西、内蒙古、辽宁、江苏、浙江、安徽、福建、江西、山东、河南、湖北、湖南、广东、广西、海南、四川、贵州、云南、陕西、甘肃、新疆、香港、台湾；日本、阿富汗、巴基斯坦、印度、斯里兰卡、印度尼西亚。

长叶萨蝽 *Sarju taungyiana*

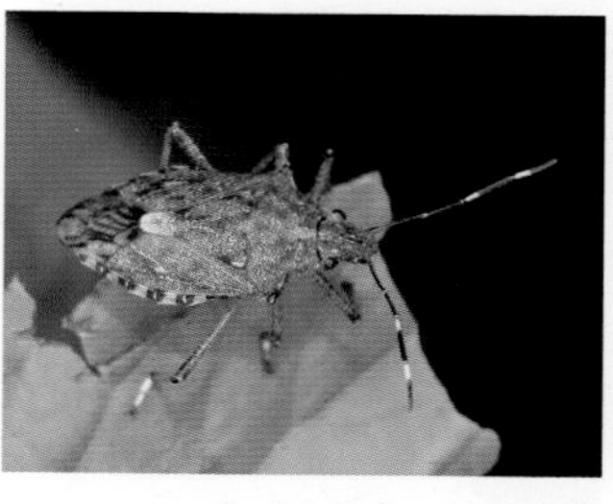
● 云南绿春 – 刘盈祺 摄

体长 13.0~18.0 mm，褐色。头侧叶长于中叶，并在中叶前方有会合的趋势，侧缘亚端部具圆钝突起，在复眼前方也具 1 个钝角状突起；触角黑褐色，第 4 节、第 5 节基部白色，第 2 节稍弯曲；喙伸达后足基节后缘。前胸背板后部具隐约的黑褐色纵斑，前侧缘明显内弯，边缘不平整，侧角结节状，黑褐色，末端稍翘起，黄褐色；小盾片基角具 1 对黄褐色弧形斑，顶端依稀地黄白色，其上密被深色刻点。各足跗节第 1 节、第 2 节黄白色。前翅革片端部稍带紫红色泽，膜片浅褐色，具黑褐色斑纹。腹部侧接缘各节黄黑相间；腹面中央具纵沟。分布：广西、四川、贵州、云南；日本、印度、尼泊尔。

● 云南盈江 – 张巍巍 摄

紫滇蝽 *Tachengia yunnana*

体长 14.0~16.5 mm，紫褐色，带金绿色泽。头侧叶与中叶近等长，侧缘在复眼前方具 1 个角状突起；触角黑褐色，第 1 节腹面和第 4 节、第 5 节基部黄褐色；喙稍伸过后足基节后缘。前胸背板胝区黄褐色，前侧缘内弯，边缘黄褐色，侧角角状，几不突出；小盾片基角具 1 对黄白色弧形线纹，顶端黄白色。足黄褐色，各足股节具大量深色斑点，各足跗节第 3 节黑褐色。前翅远超腹末，革片和爪片紫金色，具大量不规则的浅色斑纹，膜片浅褐色并具深灰褐色晕影。腹部侧接缘各节中部具黄褐色半圆形斑，后侧角末端尖锐。分布：云南、西藏。

玉蝽 *Hoplistodera fergussoni*

● 重庆金佛山 – 张巍巍 摄

体长 8.0~9.0 mm，宽短紧凑，黄绿色。头强烈垂直，中叶长于侧叶；触角浅褐色，第 5 节向端部颜色渐深；喙伸达第 4 腹节腹板前缘。前胸背板胝区浅褐色，其后方具红褐色晕斑，前侧缘光滑，稍内弯，侧角呈长角状向两侧突出，角体末端尖锐，后缘中央具 1 个突起；小盾片宽舌形，表面具红褐色大斑块。足浅绿色，各足胫节端部和跗节浅褐色。前翅超过腹末，革片半透明，具红褐色斑纹。腹部腹末浅黄白色。分布: 浙江、安徽、福建、江西、湖北、湖南、广东、广西、海南、重庆、四川、贵州、云南、西藏、陕西。

红玉蝽 *Hoplistodera pulchra*

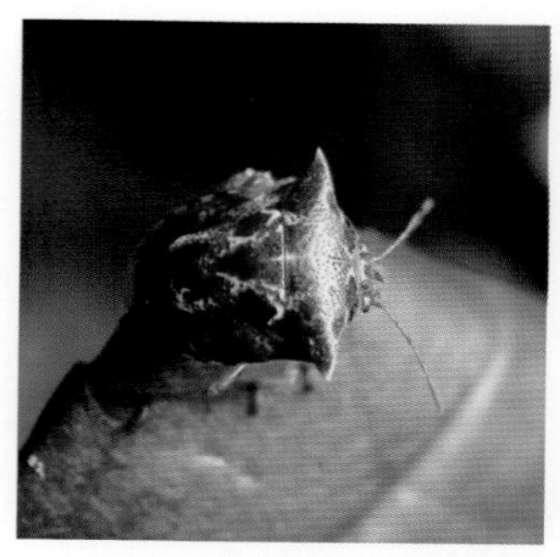
● 重庆王二包 – 张巍巍 摄

体长 6.5~10.0 mm，宽短紧凑，红褐色。头强烈垂直，中叶长于侧叶；触角浅褐色，第 5 节向端部颜色渐深；喙伸达第 4 腹节腹板前缘。前胸背板胝区浅褐色，其周缘具断续的黑褐色，后部具浅色中纵线，两侧各具 1 条不规则的黄白色纵带纹，前侧缘光滑，稍内弯，侧角呈长角状向两侧突出，角体末端尖锐，前缘弧形外拱，后缘基部具 1 个浅凹；小盾片宽舌形，表面具不规则的黄白色条纹。足浅黄褐色，各足股节近端部处具 1 个隐约的深色环纹，各足胫节端部和跗节浅褐色。前翅革片浅褐色，半透明。腹部侧接缘各节黄黑相间；腹面浅黄褐色。分布：浙江、安徽、福建、江西、湖北、湖南、广东、广西、海南、重庆、四川、贵州、云南、西藏、陕西、甘肃、香港、台湾。

绿玉蝽 *Hoplistodera virescens*

● 云南盈江 – 张巍巍 摄

体长 6.5~8.5 mm，宽短紧凑，浅黄绿色。头强烈垂直，中叶长于侧叶；触角浅褐色，第 4 节、第 5 节颜色稍深；喙伸达第 4 腹节腹板前缘。前胸背板后部中央具 1 条颜色稍深的横带纹，前侧缘光滑，稍内弯，侧角呈长角状向两侧突出，角体末端尖锐，后缘基部具 1 个浅凹；小盾片宽舌形，表面具颜色稍深的斑块。各足股节近端部处具 1 个隐约的深色环纹，各足胫节端部和跗节浅褐色。前翅超过腹末，革片半透明。分布：贵州、云南、西藏；印度、缅甸。

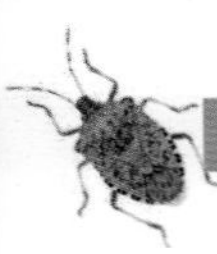

棘蝽 *Paracritheus trimaculatus*

● 广西南宁 – 任向明 摄

体长约 9.0 mm，宽短紧凑，深褐色。头下倾，背面浅黄褐色，具 6 条黑褐色纵纹，侧叶与中叶近等长；触角黄褐色至褐色；喙伸达后足基节前缘。前胸背板表面密被刻点，前半浅黄褐色，胝区周缘黑褐色，前侧缘光滑，稍内弯，侧角呈长角状向侧上方突出，末端尖锐，红褐色；小盾片宽舌形，基角具 1 对黄白色大圆斑，顶端具 1 个黄白色大横斑。足黄褐色，各足股节具大量深色斑点，胫节具黑褐色纵条纹。前翅及于腹末。分布：广西；印度、缅甸、菲律宾、印度尼西亚。

白纹达蝽 *Dabessus albovittatus*

● 海南五指山 – 王建赟 摄

体长 13.0~14.5 mm，前宽后窄，黄褐色。头横宽，侧叶宽阔，长于中叶，并在中叶前方会合；触角第 1 节短小，第 2 节、第 3 节近等长；喙稍伸过中足基节前缘。前胸背板具宽阔的黄白色中纵带，前角小角状，向两侧平指，前侧缘内弯，侧角呈角状突出；小盾片长三角形，在近顶端处收狭，表面具 7 个深色斑点；中胸腹板中央脊起；后胸腹板形成十字形脊起；后胸臭腺沟短小。足黄白色，具大量深色斑点。前翅革片前缘中部稍外拱，革片和爪片具黄白色纵纹，膜片浅黄褐色。腹部第 7 腹节后侧角呈角状突出。分布：广东、广西、海南。

黑斑曼蝽 *Menida formosa*

● 广西桂林 – 张巍巍 摄

体长 7.0~9.0 mm，深褐色，不同个体间斑纹稍有变化。头背面具 5 条黄白色纵纹，侧叶与中叶近等长；触角第 1—3 节褐色，第 4 节、第 5 节颜色稍深；喙伸达后足基节之间。前胸背板前半黄白色，胝区黑褐色，前缘后方和前侧缘内侧具黑褐色线纹，前侧缘近直，侧角圆钝；小盾片基缘具黄白色横带纹，基角具 1 对黄白色大圆斑，中部具黄白色“Y”形斑，顶端黄白色，这些斑纹可不同程度地连接。足黄褐色，后足股节端部和胫节基部色深。前翅革片中央具 1 个黄白色圆斑，其前后各有 1 个黑褐色晕斑。腹部侧接缘各节黄黑相间；腹面基部中央的刺突伸过中足基节。分布：江苏、浙江、江西、广东、广西、海南、贵州、云南、西藏、香港、台湾；印度、斯里兰卡、印度尼西亚。

金绿曼蝽 *Menida metallica*

● 重庆金佛山 – 张巍巍 摄

体长 9.0~12.0 mm，背面金绿色，具强烈的金属光泽，腹面浅黄褐色。头侧叶与中叶近等长；触角第 1 节基半黄褐色，其余各节黑褐色；喙伸达后足基节前缘。前胸背板前侧缘近直，边缘黄褐色，侧角圆钝，不突出；小盾片顶端宽圆，黄白色。足黄褐色，具大量深色斑点。前翅超过腹末，革片端缘弧形外拱，膜片透明。腹部侧接缘各节外缘黄白色，后侧角黑褐色；腹面基部中央的刺突伸达前足基节。分布：重庆、四川、贵州、云南。

紫蓝曼蝽 *Menida violacea*

● 重庆四面山－张巍巍 摄

体长 8.0~10.5 mm，背面紫金色，具强烈的金属光泽，腹面浅黄褐色。头侧叶与中叶近等长；触角第 1 节黄褐色，其余各节黑褐色；喙伸达中足基节后缘。前胸背板后部（除侧角外）黄白色，前侧缘近直，边缘黄褐色，侧角圆钝，不突出；小盾片顶端宽圆，黄白色。足黄褐色，各足股节具大量深色斑点。前翅超过腹末，革片端缘弧形外拱，膜片浅褐色。腹部侧接缘黑褐色，各节中部具黄褐色半圆形斑；腹面基部中央的刺突伸达中足基节前缘。分布：河北、山西、内蒙古、辽宁、吉林、江苏、浙江、安徽、福建、江西、山东、河南、湖北、湖南、广东、广西、重庆、四川、贵州、云南、陕西、甘肃、台湾；俄罗斯、朝鲜、韩国、日本、印度。

突蝽 *Udonga spinidens*

● 云南西双版纳－张巍巍 摄

体长 11.0~13.0 mm，深灰褐色。头侧叶与中叶近等长，侧缘端部斜平截；触角褐色，第 4 节端半和第 5 节黑褐色；喙伸达后足基节前缘。前胸背板前角呈小角状突出，前侧缘内弯，前 2/3 具细颗粒，其后光滑，侧角尖刺状，黑褐色，指向前方；小盾片长三角形，橙褐色，基部具 1 个黑褐色倒三角形斑，顶端黄白色；后胸臭腺沟短小。足浅褐色。前翅革片前缘基部黄白色，外侧带红褐色泽，近端部处具 1 个黄白色斑点，膜片透明，具数个深色纵斑。腹部侧接缘黄褐色，各节两端黑褐色。分布：山西、浙江、福建、江西、河南、湖北、湖南、广东、广西、海南、贵州、云南、西藏、陕西、澳门；老挝。

黄肩青蝽 *Glaucias crassus*

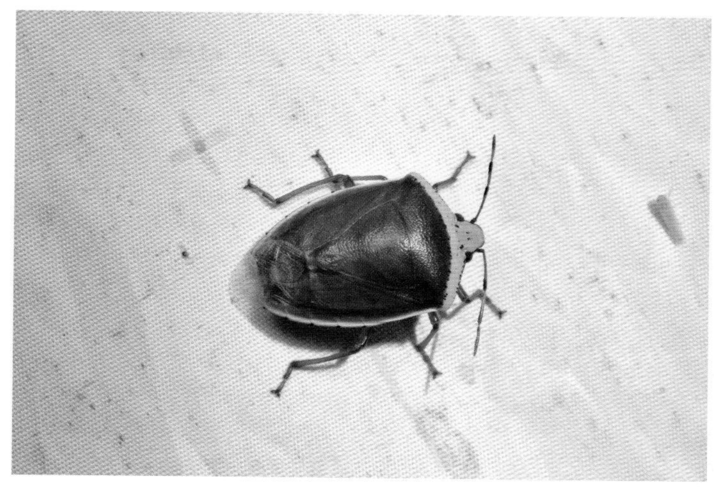

● 福建龙岩 – 郑昱辰 摄

体长 16.0~20.0 mm，背面绿色，具油状光泽，腹面浅黄色。头黄色，侧叶与中叶近等长，侧缘黑褐色；触角第 1—3 节蓝绿色，第 4 节、第 5 节浅褐色，第 3 节、第 4 节端半深褐色；喙伸达第 3 腹节腹板中部。前胸背板中央具 1 条由黑褐色刻点组成的弧形横纹，其前方黄色，前侧缘光滑平直，边缘具黑褐色刻点，侧角圆钝，不突出；小盾片基部均匀鼓起，顶端宽圆。足蓝绿色，各足胫节端部和跗节带有褐色。前翅革片前缘基部黄白色，膜片透明。腹部侧接缘浅黄色，各节后侧角黑褐色。分布：福建、河南、广东、广西、云南、台湾；印度、越南。

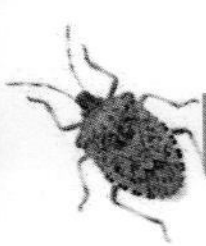

稻绿蝽 *Nezara viridula*

● 重庆四面山 – 张巍巍 摄

体长 13.0~17.0 mm，体色多变化，可分为数种常见的类型：全绿型通体绿色，小盾片基缘具 3 个黄色斑点；黄肩型通体绿色，头端半和前胸背板前部黄色；点斑型通体黄色，前胸背板前部和小盾片基部各具 3 个绿色圆斑，小盾片顶端和前翅革片近端部处各具 1 个绿色圆斑；越冬时体色转为黄褐色、浅红褐色或褐色。头侧叶与中叶近等长；触角第 1—3 节浅绿色，第 3 节端部和第 4 节、第 5 节端半黑褐色，第 4 节、第 5 节基部黄褐色，第 5 节最端部红褐色。前胸背板前侧缘稍内弯，侧角圆钝。前翅超过腹末，膜片透明。腹部侧接缘各节后侧角末端尖锐。分布：河北、山西、江苏、浙江、安徽、福建、江西、山东、河南、湖北、湖南、广东、广西、海南、重庆、四川、贵州、云南、西藏、陕西、宁夏、香港、台湾；朝鲜、韩国、日本、阿富汗、印度、越南、斯里兰卡、菲律宾、马来西亚、印度尼西亚、西亚地区、欧洲、北美洲、澳大利亚、新西兰、非洲、南美洲。

● 重庆南山 – 张巍巍 摄

● 海南琼中 – 王建赟 摄

川甘碧蝽 *Palomena chapana*

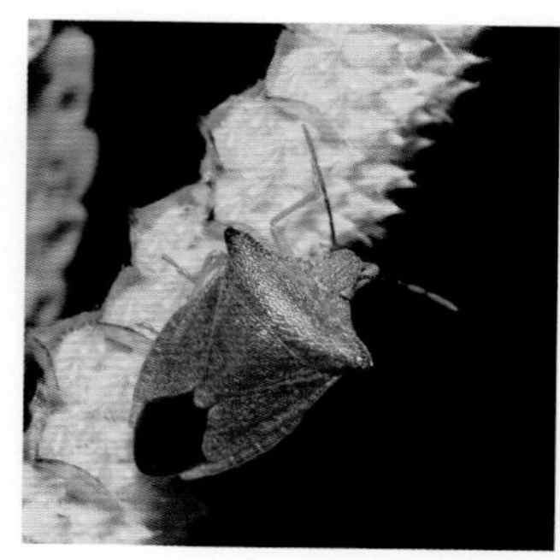
● 云南老君山 – 张巍巍 摄

体长 11.0~15.0 mm，绿色。头侧叶长于中叶，并在中叶前方会合，有时侧叶与中叶近等长；触角深绿褐色，第 4 节端部 2/3 和第 5 节红色。前胸背板前侧缘近直或稍内弯，侧角稍向两侧突出，或呈角状明显突出，末端圆钝，黑褐色；小盾片近顶端处收狭；后胸臭腺沟末端具 1 个黑褐色斑点。各足胫节端部和跗节浅褐色。前翅超过腹末，膜片深褐色。分布：河北、浙江、湖北、湖南、四川、云南、西藏、陕西、甘肃、宁夏；尼泊尔、缅甸、越南。

弯角蝽 *Lelia decempunctata*

● 山西运城 – 郑昱辰 摄

体长 16.0~23.5 mm，浅褐色。头侧叶长于中叶，并在中叶前方会合；触角第 1—3 节和第 4 节基部黄褐色，第 4 节（除基部外）和第 5 节黑褐色；喙伸达后足基节之间。前胸背板表面具一排 4 个黑褐色斑点，前侧缘强烈内弯，边缘具黄白色锯齿，侧角呈角状向前侧方突出，末端较尖，后侧缘近直；小盾片具 6 个黑褐色斑点，其中基部一排 4 个、中部一排 2 个；后胸臭腺沟短小。足浅黄褐色。前翅革片前缘基部黄白色，膜片褐色。腹部腹面基部中央的刺突伸过中足基节前缘。分布：北京、天津、山西、内蒙古、辽宁、吉林、黑龙江、浙江、安徽、江西、山东、湖北、湖南、四川、贵州、云南、西藏、陕西、甘肃、台湾；俄罗斯、朝鲜、韩国、日本。

秀蝽 *Neojurtina typica*

● 重庆四面山 – 张巍巍 摄

体长 14.5~18.0 mm，浅绿色。头侧叶与中叶近等长，侧缘黑褐色；触角第 1 节、第 2 节、第 3 节和第 4 节基部红褐色，第 3 节、第 4 节端部 3/4 和第 5 节端半黑褐色，第 5 节基半黄褐色；喙伸达后足基节后缘。前胸背板后半深褐色，以 1 条黑褐色横条纹与前部浅色部分为界，前侧缘近直，侧角稍向两侧突出；小盾片深褐色，顶端圆钝；后胸臭腺沟尖长。各足胫节颜色较股节稍深。前翅革片内侧深褐色，以 1 条黄白色纵条纹与外侧浅色部分为界，膜片浅褐色。分布：浙江、福建、江西、湖南、广东、广西、重庆、云南、香港、台湾；越南、马来西亚、印度尼西亚。

浩蝽 *Okeanos quelpartensis*

● 陕西汉中 – 郑昱辰 摄

体长 14.5~18.0 mm，背面深褐色，带紫金色泽，腹面浅黄绿色。头侧叶与中叶近等长，侧缘稍卷起；触角第 1 节褐色，其余各节黑褐色，第 5 节基半黄白色；喙伸达后足基节后缘。前胸背板前半浅绿色，前侧缘扁薄，侧角呈角状突出，黑褐色，末端平截；小盾片褐色，顶端收狭伸长，黄白色；后胸臭腺沟尖长。足黄褐色。前翅革片前缘狭窄地黄白色，内侧无金属光泽。腹部侧接缘浅绿色。腹部腹面基部中央的刺突尖长，伸过中足基节。分布：河北、吉林、江西、河南、湖北、湖南、四川、云南、陕西、甘肃；俄罗斯、朝鲜、韩国。

中纹真蝽 *Pentatoma distincta*

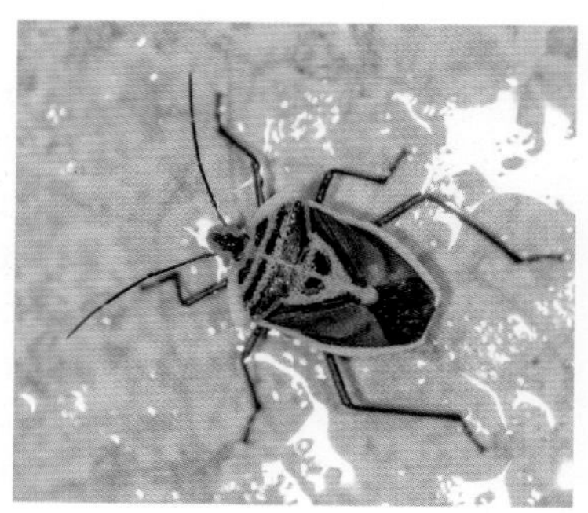

● 云南绿春 – 王建赟 摄

体长 14.0~16.0 mm，黄绿色。头背面中央深褐色，侧叶与中叶近等长；触角黑褐色；喙伸达第 5 腹节腹板后缘。前胸背板宽大，胝区黑褐色，其后方具 2 对深褐色大横斑，前侧缘宽边状，弧形外拱，侧角呈尖角状向两侧突出，其后缘内弯；小盾片浅色部分形成中字形斑纹，其余部分黑褐色。足黑褐色。前翅革片（除前缘和外侧基部）和爪片金绿色，膜片黑褐色。腹部基部中央的刺突短钝。分布：浙江、四川、贵州、云南、西藏。

大真蝽 *Pentatoma major*

● 西藏墨脱 – 王建赟 摄

体长 19.7~21.0 mm，浅褐色。头侧叶与中叶近等长；触角黄褐色，第 2 节、第 3 节端部和第 4 节、第 5 节端半黑褐色；喙伸达后足基节后缘。前胸背板前角呈小角状突出，前侧缘稍内弯，边缘具黑褐色锯齿，侧角向两侧突出，末端平截圆钝；小盾片均匀鼓起，中部具 1 对深色晕斑，顶端收狭。足浅黄褐色。前翅革片外侧基部具黑褐色晕影，膜片深褐色。腹部侧接缘黑褐色，各节中部具橙黄色半圆形斑；腹面基部中央的刺突伸达中足基节。分布：西藏。

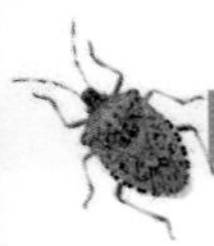

金绿真蝽 *Pentatoma metallifera*

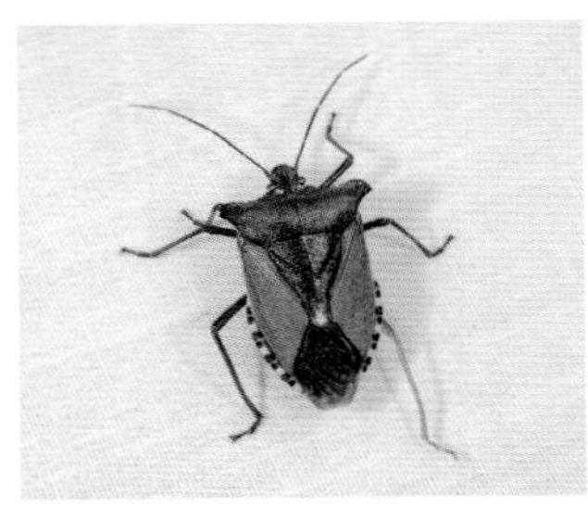

● 北京密云 – 张小蜂 摄

体长 17.0~22.0 mm，背面金绿色，腹面浅褐色。头侧叶与中叶近等长；触角第 1 节黄褐色，其余黑褐色，第 3 节明显长于第 2 节；喙伸达第 4 腹节腹板前缘。前胸背板前侧缘和后缘带紫红色泽，前侧缘明显内弯，边缘锯齿状，侧角向两侧突出并翘起，角体前缘弧弯，末端尖锐；小盾片两侧带紫红色泽。足黄褐色，密布深色斑点。前翅超过腹末，革片中央有时带黄褐色或紫红色泽，膜片黄褐色。腹部侧接缘各节黄黑色相间；腹面基部中央的刺突伸达后足基节之间。分布：北京、河北、陕西、内蒙古、辽宁、吉林、黑龙江、甘肃、青海、宁夏；俄罗斯、蒙古、朝鲜、韩国、日本。

红足真蝽 *Pentatoma rufipes*

● 新疆阿勒泰 – 王瑞 摄

体长 11.5~17.0 mm，背面黑褐色，稍带金绿色泽，腹面黄褐色。头侧叶与中叶近等长，其端部渐尖，似有会合的趋势；触角第 1—3 节和第 4 节基部褐色；喙伸达第 4 腹节腹板前部。前胸背板前侧缘明显内弯，边缘锯齿状，黄白色，侧角呈半圆形扩展并翘起，在后方形成一尖角，后缘内弯；小盾片顶端黄白色。足红褐色。前翅革片前缘基部狭窄地黄白色。腹部侧接缘各节中部橙黄色；腹面基部中央的刺突短钝。分布：北京、河北、山西、内蒙古、辽宁、吉林、黑龙江、四川、西藏、陕西、甘肃、青海、宁夏、新疆；俄罗斯、日本、欧洲。

褐真蝽 *Pentatoma semiannulata*

● 浙江天目山 – 余之舟 摄

体长 16.0~20.0 mm，背面黄褐色，带有浅红色泽，腹面浅黄白色。头侧叶与中叶近等长；触角浅黄褐色，第 3 节端部和第 4 节、第 5 节端半黑褐色；喙伸达第 4 腹节腹板中部。前胸背板前侧缘明显内弯而扁薄，黄白色，边缘锯齿状，侧角向前侧方突出并翘起，末端圆钝；小盾片基角具 1 对黑褐色小凹陷，顶端收狭。足浅黄褐色。前翅超过腹末。腹部侧接缘各节黄黑相间；腹面基部中央的刺突短钝。分布：河北、山西、内蒙古、辽宁、吉林、黑龙江、江苏、浙江、江西、河南、湖北、湖南、四川、贵州、陕西、甘肃、青海、宁夏；俄罗斯、蒙古、朝鲜、韩国、日本。

褐莽蝽 *Placosternum esakii*

● 陕西汉中 – 郑昱辰 摄

体长 20.5~22.5 mm，浅绿褐色，具大量不规则的黑褐色斑纹。头侧叶长于中叶，并在中叶前方接触；触角黑褐色，第 1 节端部、第 2 节两端、第 3 节基部和第 4 节、第 5 节基半黄白色；喙伸达中足基节。前胸背板表面具 4 个黑褐色斑纹，其中前排 2 个较小、后排 2 个较大，前角呈小角状指向前方，前侧缘明显内弯，前半锯齿状，侧角粗短，向端部渐窄，末端具 3 个突起，角体后缘也具 1 个黑褐色斑纹；小盾片基部均匀鼓起，具 1 对黑褐色大斑，顶端圆钝，端缘黑褐色。前翅爪片红褐色，膜片褐色。腹部侧接缘各节基缘和端缘黑褐色。分布：天津、山东、陕西、甘肃；日本。

光尖角普蝽 *Priassus excoffieri*

● 云南绿春－王建赟 摄

体长 16.0~20.0 mm，背面黄色，腹面黄白色。头两侧和前端红色，侧叶与中叶近等长；触角黄白色，第 5 节端半黑褐色；喙伸达第 3 腹节腹板前缘。前胸背板前半（除胝区和胝区之间）红色，密被蓝黑色刻点，前侧缘锯齿状，明显内弯，侧角呈尖角状向前侧方突出，角体后缘与后侧缘近等长；小盾片基部稍鼓起，近端部处具 1 对深色斑点，顶端尖锐；后胸臭腺沟短于挥发域宽的 1/2。足黄白色。前翅革片外侧具 1~2 列黑褐色粗刻点，膜片透明。腹部腹面基部中央的刺突伸达中足基节前缘。分布：广西、四川、云南。

景东普蝽 *Priassus exemptus*

● 云南绿春－王建赟 摄

体长 11.8~12.0 mm，背面黄色，腹面黄白色。头两侧和前端红色，侧叶与中叶近等长；触角黄白色；喙伸达后足基节后缘。前胸背板前半（除胝区和胝区之间）红色，密被刻点，前侧缘稍呈锯齿状，稍内弯，边缘黄褐色，侧角呈角状向两侧突出，角体后缘短于后侧缘；小盾片基部稍鼓起，近端部处具 1 对深色斑点，顶端尖锐；后胸臭腺沟长于挥发域宽的 1/2。足黄白色。前翅革片外侧具 1~2 列黑褐色粗刻点，其周缘白色，膜片透明。腹部腹面基部中央的刺突几伸达中足基节前缘。分布：海南、贵州、云南、台湾；印度、缅甸、印度尼西亚。

西藏锯蝽 *Prionaca tibetana*

● 云南盈江 – 张巍巍 摄

体长 9.0~12.0 mm，黑褐色。身体腹面常具白色粉被。头背面具黄白色碎斑，侧叶长于中叶，但不在中叶前方会合；触角 4 节，第 4 节基部黄褐色；喙伸达中足基节后缘。前胸背板表面具大量黄白色碎斑，前侧缘锯齿状，明显内弯，侧角呈尖角状向前侧方突出，末端尖锐；小盾片散布黄白色碎斑，基角具 1 对黄白色弧形斑，顶端圆钝；后胸臭腺沟短小。前翅革片中央具 1 个不规则的黄白色大斑，另具大量黄白色碎斑，膜片浅褐色。腹部侧接缘各节外缘中部具 1 条黄白色纵斑；腹面基部中央的刺突伸达后足基节前缘。分布：云南、西藏。

沙枣润蝽 *Rhaphigaster brevispina*

● 新疆石河子 – 王瑞 摄

体长 14.8~17.2 mm，背面灰褐色，腹面浅黄褐色。头侧叶与中叶近等长；触角黑褐色，第 3—5 节基部黄白色；喙伸达后足基节前缘。前胸背板前侧缘近直，狭边状，黄白色，侧角圆钝，几不突出，后缘稍内弯；小盾片表面具黑褐色粗刻点，近端部处刻点密集形成深色斑；后胸臭腺沟耳状。足浅黄褐色。前翅超过腹末，膜片透明，散布褐色小斑点。腹部侧接缘浅黄褐色；腹面两侧散布深色小斑点，基部中央的刺突伸达中足基节前缘。分布：内蒙古、甘肃、宁夏、新疆；蒙古、哈萨克斯坦、西亚地区。

云南宽边蝽 *Agathocles yunnanensis*

● 云南绿春 – 王建赟 摄

体长 22.0~23.0 mm，黑褐色。头宽大于长，侧叶宽阔，长于中叶，在中叶前方有会合的趋势，侧缘扁薄翘起；触角第 1 节伸达头端，第 5 节黄褐色；喙伸达后足基节前缘。前胸背板表面稀布黄褐色小斑点，前角小角状，向两侧平指，前侧缘稍波曲，边缘不平整，侧角角状，稍向两侧突出；小盾片顶端圆钝，稍翘起。各足胫节具棱边。前翅革片前缘外拱，基部黄褐色。腹部侧接缘宽阔外露；腹面两侧黄褐色。分布：广西、云南。

短线鳖蝽 *Rolstoniellus malacanicus*

体长 17.0~18.0 mm，背面深褐色，腹面黄褐色。头侧叶长于中叶，但不在中叶前方会合，以致头前端形成 1 个缺刻；触角褐色至深褐色，第 2 节端部和第 5 节基部 2/3 黄白色；喙伸达后足基节之间。前胸背板前角呈小角状突出，末端稍超过复眼外缘，前侧缘内弯，其上具 3 个大齿突，侧角翘起，末端具 2 个角状突起，其间还具 1 个或多个小突起；小盾片基部鼓起，中央具 1 条黄白色短纵纹，顶端黑褐色，具 1 对小瘤突。足黄褐色，具大量深色斑点。前翅革片前缘弧形外拱，膜片浅褐色。腹部侧接缘各节中部具黄褐色小圆斑。分布：广西、云南、台湾；马来西亚。

● 台湾台东 – 王建赟 摄

小片蝽 *Sciocoris lateralis*

● 海南琼中 – 王建赟 摄

体长 4.0~5.6 mm，扁圆形，灰褐色。头宽大于长，前端宽圆，侧叶长于中叶，并在中叶前方会合；触角褐色；喙伸达中足基节后缘。前胸背板前侧缘弧形外拱，呈黄白色狭边状，边缘光滑无刻点，侧角圆钝，不突出，前方黑褐色；小盾片基角具 1 对黑褐色小凹陷，顶端宽圆；后胸臭腺沟耳状。足黄褐色，具大量深色斑点。前翅革片顶角约与小盾片顶端平齐，膜片具浅褐色晕影。腹部侧接缘宽阔外露，黄褐色，各节基缘和端缘黑褐色。分布：广东、海南、云南；巴基斯坦、印度、斯里兰卡。

宽缘伊蝽 *Aenaria pinchii*

● 重庆缙云山 – 张巍巍 摄

体长 11.0~13.5 mm，背面绿色，腹面浅黄褐色。头宽大于长，前端宽圆，侧叶长于中叶，并在中叶前方会合；触角第 1 节黄褐色，第 2—4 节褐色，第 5 节深褐色；喙伸过中足基节后缘。前胸背板前侧缘稍外拱，呈浅黄绿色宽边状，侧角圆钝，其内侧具 1 个黑褐色隆起；小盾片顶端圆钝。足黄褐色。前翅远超腹末，革片外侧浅黄绿色，内侧和爪片褐色，其间具 1 条黑褐色纵线纹，膜片深灰褐色。腹部侧接缘浅黄褐色。分布：江苏、浙江、安徽、福建、江西、河南、湖北、湖南、广东、广西、重庆、四川、贵州、陕西。

注：本种的种名源于我国近代生物学奠基人之一——秉志的姓名。

● 四川青城山 - 王建赟 摄

薄蝽 *Brachymna tenuis*

体长 15.0~18.0 mm，背腹扁平，背面黄褐色，腹面浅黄褐色。头长三角形，前端较尖，侧叶远长于中叶，并在中叶前方会合，端部圆钝；触角第 1—4 节褐色，第 4 节端部和第 5 节端半深褐色，第 5 节基半黄白色；喙伸达后足基节前缘。前胸背板具 2 个隐约的黑褐色圆斑，前侧缘稍内弯，黑褐色，前半锯齿状，侧角呈角状，稍向两侧突出；小盾片基角具 1 对黑褐色小凹陷，基半具 4 个隐约的黑褐色圆斑。足浅黄褐色并带红褐色泽，具若干深色斑点。前翅革片端缘稍外弯，膜片透明。腹部侧接缘各节基部和端部各具 1 个黑褐色小斑点。分布：江苏、浙江、安徽、福建、江西、河南、湖北、湖南、广东、广西、四川、贵州、云南、台湾。习性：在竹类植物上活动。

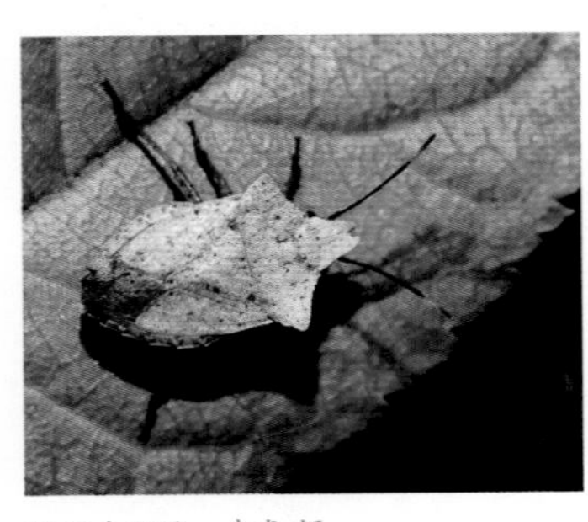
● 云南昭通 - 李虎 摄

平蝽 *Drinostia fissipes*

体长 12.5~16.0 mm，背面扁平，灰黄褐色。头侧叶远长于中叶，但不在中叶前方会合，以致头前端形成 1 个明显缺刻；触角第 1 节和第 5 节端半深褐色，第 2—4 节黑褐色，第 5 节基半橙色；喙伸达第 3 腹节腹板后缘。前胸背板前侧缘近直，前半锯齿状，侧角呈宽大的角状，向两侧突出并翘起，角体后缘不平整，与后侧缘近等长；小盾片基角具黑褐色凹陷；后胸臭腺沟退化。足浅褐色，具大量深色斑点。前翅及于腹末，膜片黄褐色，散布深色小斑点。分布：江苏、浙江、福建、江西、湖南、重庆、贵州、云南。

菜蝽 *Eurydema dominulus*

体长 5.6~10.1 mm，橙黄色至红色。头黑褐色，侧叶长于中叶，并在中叶前方会合，侧缘黄色；触角黑褐色，第 2 节长于第 3 节。前胸背板前部具 2 个黑褐色横斑，后部具 4 个黑褐色斑块，其中中间 2 个较大；小盾片基部中央具 1 个黑褐色大斑，近顶端处两侧各具 1 个黑褐色半圆形斑。足黑褐色。前翅革片具 1 个不规则的黑褐色大斑和 2 个黑褐色小斑，爪片和膜片黑褐色。腹部侧接缘各节基部黑褐色。身体腹面黄白色，中央和两侧具成列的黑褐色斑块。分布：北京、河北、山西、内蒙古、吉林、黑龙江、江苏、浙江、安徽、福建、江西、山东、河南、湖北、湖南、广东、广西、海南、四川、贵州、云南、西藏、陕西、甘肃、青海、宁夏、新疆、台湾；俄罗斯、蒙古、朝鲜、韩国、日本、印度、西亚地区、欧洲。习性：寄主主要为十字花科植物。

● 云南绿春 – 刘航瑞 摄

● 海南尖峰岭－王建赟 摄

大臭蝽 *Chalcopis glandulosa*

体长 24.0~28.0 mm，黄褐色至浅红褐色。头侧叶长于中叶，并在中叶前方会合；触角第 1 节、第 2 节深红褐色，第 3~5 节黑褐色。前胸背板表面散布黑褐色小斑点，前侧缘锯齿状，弧形外拱，侧角圆钝，稍向两侧突出，后缘中央凹入；小盾片散布黑褐色小斑点，基角具 1 对金绿色椭圆形斑，其周缘黑褐色。各足股节（除端部外）黑褐色，各足股节端部、胫节和跗节红褐色。前翅超过腹末，膜片浅黄褐色。腹部腹面深红褐色。分布：辽宁、江苏、安徽、福建、江西、山东、河南、湖南、广东、广西、海南、四川、贵州、云南、青海、香港、台湾；印度、缅甸、越南、老挝、泰国、柬埔寨、斯里兰卡、马来西亚、印度尼西亚。习性：通常在高大的禾本科植物上活动，也见于板栗、龙眼等植物上。触碰后可闻见极其浓烈的臭味。

● 西藏墨脱－王建赟 摄

歧角叉蝽 *Cressona divaricata*

体长 19.0~21.0 mm，浅黄褐色。体表黑褐色斑纹带有金绿色泽。头三角形，侧叶长于中叶，在头前端形成 1 个缺刻；触角第 5 节（除基部外）黑褐色；喙伸达前足基节。前胸背板中央具 1 对平行且断续的黑褐色纵条纹，侧角向前侧方极度伸长，形成叉状突，其长度大于头与前胸背板长之和，角体内缘与前胸背板前侧缘具锯齿状刺突；小盾片表面具稀疏的黑褐色斑点。足密被金黄色直立短毛。前翅稍超过腹末，革片内侧、爪片和膜片散布黑褐色斑点。分布：云南、西藏。习性：在竹类植物上活动。

叉蝽 *Cressona valida*

● 云南西双版纳 – 张巍巍 摄

体长 22.0~26.0 mm，浅黄褐色。体表黑褐色斑纹无金属光泽。头三角形，侧叶长于中叶，在头前端形成以缺刻；触角第 5 节（除基部外）黑褐色；喙伸达前足基节。前胸背板中央具 1 对平行的黑褐色纵条纹，在前部会合成 1 条中纵线，侧角向前方极度伸长，形成叉状突，其长度小于头与前胸背板长之和，角体内半颜色较外半稍浅，内缘与前胸背板前侧缘具锯齿状刺突。足密被金黄色直立短毛。分布：云南；印度、缅甸、泰国。习性：在竹类植物上活动。行动缓慢，具假死行为。

红谷蝽 *Gonopsis coccinea*

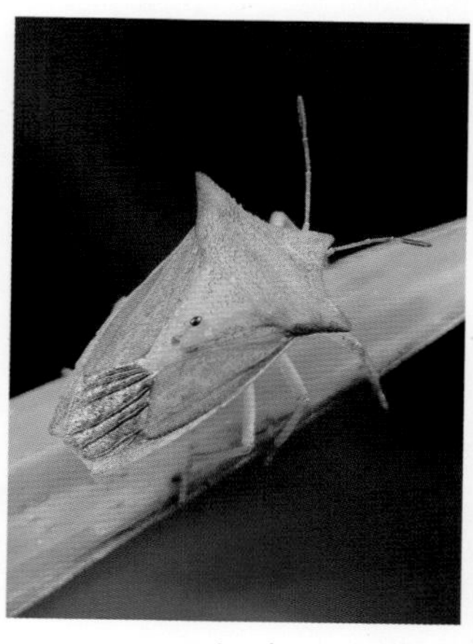

● 广西崇左 – 王建赟 摄

体长 12.0~17.0 mm，浅红色至紫红色。头三角形，前端较尖，侧叶远长于中叶，并在中叶前方会合；触角浅红褐色，第 5 节（除基部外）黑褐色；喙不及前足基节。前胸背板前侧缘锯齿状，明显内弯，侧角长角状向两侧突出，角体后缘的长度大于后侧缘之长；小盾片长三角形，橙褐色，表面具横皱纹。足橙黄色至浅红色。前翅膜片透明，翅脉周缘黑褐色。分布：广西、四川、云南、西藏、香港；印度、缅甸。习性：寄主主要为禾本科植物。

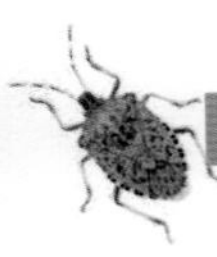

龟蝽科 Plataspidae

又称“平腹蝽科”“圆蝽科”。体小至中型，通常背面圆拱、腹面平坦，呈豆粒形或半球形，黄褐色至黑褐色，常具各式斑纹。头宽扁，形状不一，有时侧叶呈角状突出；触角着生处位于头腹面的复眼内侧；触角 5 节；喙和头中叶有时膨大。前胸背板侧缘前部常呈叶状扩展；小盾片高度发达，遮盖整个腹部和前翅的大部，基部常分出基胝和侧胝。跗节 2 节。前翅远长于体长，停息时折叠收藏于小盾片下，仅最基部的外侧露出。

已知约 60 属 600 种，我国记载约 11 属 96 种。通常在植物枝条或树干上活动，有的藏身于树皮下，常以小群聚集。植食性。有的种类可以排出蜜露，与蚂蚁关系密切。

斑足平龟蝽 *Brachyplatys punctipes*

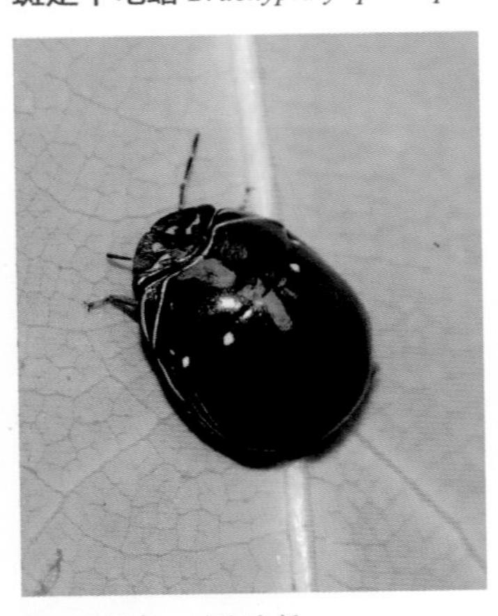

● 云南绿春 – 刘盈祺 摄

体长 7.2~9.0 mm，黑褐色。体表光亮。头半圆形，宽于前胸背板的 1/2，背面具 6 个或 7 个黄色斑点，其中前排 2 个或 3 个，后排每侧 2 个，有时相连形成横斑；触角第 1 节浅褐色，其余色深；喙黄褐色，第 4 节黑褐色。前胸背板侧缘黄色，前缘后具 1 条弯曲的黄色横线纹，两侧向后延伸至侧角处；小盾片基部具 4 个黄色斑点，两侧和后缘具 2 条极细的黄色边缘。足黄褐色，各足股节具大量褐色斑点。前翅前缘基部黄色。腹部腹面两侧具黄色辐射状带纹。分布：福建、广东、海南、四川、贵州、云南、香港；印度、缅甸。

方头异龟蝽 *Ponsilasia montana*

● 广西崇左 - 王建赟 摄

体长 5.4~6.0 mm，黑褐色。体表光亮。头雌雄异型，背面具 6 个黄色斑纹，雄虫方形，前端翘起并在中部内弯，雌虫近半圆形，前端稍卷起；触角第 1—3 节浅褐色，第 4 节、第 5 节颜色渐深。前胸背板侧缘黄色，前缘后具 1 条弯曲的橙黄色横条纹，两侧向后延伸至侧角处，有时在前部还有 1 对弯折的橙黄色横纹；小盾片侧胝黄色，两侧和后缘具宽阔的黄色边缘，其内具若干深色斑点，有时基胝具 1 对橙黄色斑点。前翅前缘基部黄色。图为雌虫。分布：浙江、福建、江西、广东、广西、海南、贵州、西藏、香港、台湾；印度、越南。

双列圆龟蝽 *Coptosoma bifarium*

● 陕西秦岭 - 张巍巍 摄

体长 2.8~4.1 mm，豆粒形，黑褐色。体表光亮。头雌雄异型，雄虫近方形，前端稍卷起，雌虫前端弧形；触角褐色；喙黄褐色，伸达第 3 腹节腹板中、后部。前胸背板侧缘黄色，有时在前缘后还具 1 对黄色小斑点；小盾片基胝具 1 对黄色斑点。足褐色。前翅前缘基部黄色。腹部腹面侧缘及其内侧具黄色逗号形斑点。分布：北京、山西、安徽、福建、江西、河南、湖北、湖南、广西、四川、贵州、陕西、甘肃、宁夏。习性：寄主主要为菊科植物。触碰后可闻见极其浓烈的臭味。

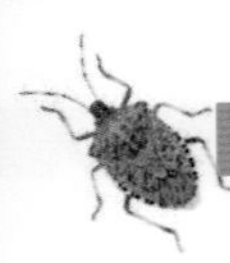

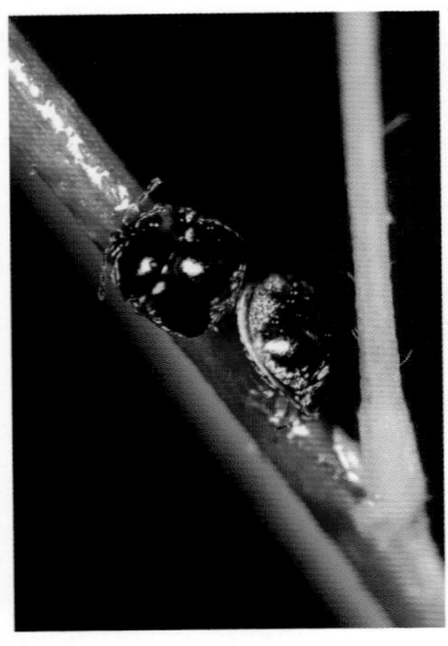

● 陕西秦岭 – 张巍巍 摄

双峰豆龟蝽 *Megacopta bituminata*

体长 3.6~5.4 mm，黑褐色。体表光亮。头横宽，背面具数个黄色斑点，侧叶不长于中叶；触角深褐色；喙深褐色，伸达后足基节基部。前胸背板侧缘黄色，其后具 1 条弯曲的黄色条纹，向后延伸至侧角处；小盾片基胝具 1 对橙黄色斑点，侧胝橙黄色，两侧和后缘具宽阔的黄色边缘，其内具若干深色斑点，后部黄边呈双峰状向前扩展。足浅褐色。前翅前缘基部褐色。腹部腹面两侧具宽阔的黄色辐射状带纹。分布：天津、浙江、福建、江西、河南、湖北、湖南、广西、海南、四川、贵州、云南、陕西。

● 四川雅安 – 王建赟 摄

中云豆龟蝽 *Megacopta centronubila*

体长 3.4~4.3 mm，黄褐色。头宽短，基部黑褐色，侧叶与中叶近等长；触角浅褐色，向端部颜色渐深；喙黄褐色，向端部颜色渐深，伸达第 3 腹节腹板后缘。前胸背板胝区黑褐色，侧缘前部的叶状扩展界线明显，后部红褐色；小盾片基胝中部红褐色，其后具 1 对红褐色大斑，呈“八”字形排列。足黄褐色，胫节背面全长具纵沟。腹部腹面两侧具黄色辐射状带纹。分布：四川、贵州、云南。习性：寄主主要为豆科植物。

筛豆龟蝽 *Megacopta cribraria*

● 海南儋州－王建赟 摄

体长 3.7~5.5 mm，黄绿色至黄褐色。体表密被黑褐色刻点。头前端弧形，侧叶长于中叶，并在中叶前方接触；触角浅褐色；喙黄褐色，向端部颜色渐深，伸达第 3 腹节腹板后缘。前胸背板被一排不整齐的刻点划分为前、后两部分，前部具 1 对弯曲的黑褐色横线纹，侧缘前部的叶状扩展界线明显；小盾片基胝和侧胝界线极为明显。足黄褐色。腹部腹面黑褐色，两侧具宽阔的黄色辐射状带纹。分布：天津、河北、山西、上海、江苏、浙江、安徽、福建、江西、山东、河南、湖北、湖南、广东、广西、海南、四川、贵州、云南、西藏、陕西、香港、澳门、台湾；韩国、日本、印度、孟加拉国、缅甸、越南、泰国、斯里兰卡、印度尼西亚、大洋洲。习性：寄主主要为豆科植物。

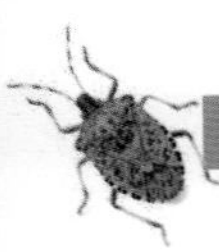

盾蝽科 Scutelleridae

体小至大型，宽圆形、卵圆形至长椭圆形，通常背面圆拱，黄褐色至深灰褐色，也有不少种类色彩鲜艳并具绚丽的金属光泽。头宽短；触角 5 节，少数种类 3 节或 4 节；喙至少伸达中足基节。前胸侧板前侧片叶游离，形成叶状扩展；小盾片高度发达，遮盖整个腹部和前翅的大部。跗节 3 节。前翅仅最基部的外侧露出，革片骨化程度减弱，膜片具若干纵脉。后胸臭腺沟和挥发域发达。

已知约 80 属 500 种，我国记载约 19 属 50 种。通常见于灌木或乔木上，也有在草本植物上活动的种类。植食性。有的种类具护卵、护幼的行为。

华沟盾蝽 *Solenosthedium chinense*

体长 14.0~16.0 mm，半球形，橙褐色至深红褐色。头中叶长于侧叶；触角第 2—5 节黑褐色；喙黑褐色，伸达第 4 腹节腹板端部。前胸背板表面具 5 个黑褐色斑点，其中前排 3 个、后排 2 个，前侧缘黑褐色，后缘稍内弯；小盾片具 10 个黑褐色斑点，其中基部一排 6 个、中部一排 4 个；中、后胸腹板中央具纵沟，两侧形成片状脊起；后胸臭腺沟短小。腹部侧接缘各节橙黑色相间；气门周缘黑褐色。分布：福建、湖南、广东、广西、贵州、云南、香港、澳门、台湾；日本、越南。

● 广西花山 – 张巍巍 摄

鼻盾蝽 *Hotea curculionoides*

● 海南三亚－王建赟 摄

体长 8.0~10.0 mm，黄褐色。体表密被黑褐色刻点，常在前胸背板和小盾片表面形成深浅不一的斑纹。头长三角形，中叶远长于侧叶，以致前端较尖，明显下倾，两侧和腹面黑褐色；触角第 4 节、第 5 节黑褐色，第 3 节、第 4 节端部黄白色；喙伸达后足基节后缘。前胸背板前侧缘明显内弯，具小齿突，侧角稍向两侧突出；小盾片基部具 1 对黑褐色斜斑，中部具 1 对黄白色斜带纹。足粗短，各足胫节黑褐色。腹部侧接缘各节端半黑褐色。分布：福建、广东、广西、海南、云南、香港、台湾；阿富汗、巴基斯坦、印度、孟加拉国、缅甸、越南、老挝、泰国、柬埔寨、斯里兰卡、菲律宾、马来西亚、印度尼西亚。

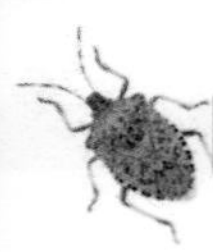

角盾蝽 *Cantao ocellatus*

体长 15.0~26.0 mm，黄白色至红色。头背面中央具 1 条铜绿色斑纹；触角黑褐色。前胸背板和小盾片上的斑纹形式极富变化：前胸背板具 2~8 个黑褐色斑点，分 2 行排列，每行 4 个；小盾片具 2~8 个黑褐色斑点，以 2-3-2-1 的方式排列；深色斑点周缘具黄白色晕斑，若深色斑点消失，则只以黄白色斑点或斑块呈现；前胸背板侧角圆钝，或呈角状突出，或呈黑褐色刺状突出，变化不一。足具铜绿色金属光泽。前翅膜片端部伸出小盾片顶端之外。腹部腹面两侧和中央具数个深色斑块。分布：浙江、安徽、福建、江西、河南、湖北、湖南、广东、广西、海南、云南、西藏、香港、台湾；韩国、日本、巴基斯坦、印度、尼泊尔、孟加拉国、缅甸、越南、泰国、菲律宾、马来西亚、新加坡、印度尼西亚、巴布亚新几内亚、所罗门群岛。习性：寄主主要为大戟科植物。雌虫在叶片背面产卵，有护卵、护幼的行为。

● 西藏墨脱 – 张巍巍 摄

● 海南五指山 – 王建赟 摄

● 广东南岭 – 余之舟 摄

紫蓝丽盾蝽 *Chrysocoris stollii*

● 广西花山 – 张巍巍 摄

体长 11.0~16.0 mm，背面绿色，干标本转为蓝绿色或蓝紫色，腹面黄白色。头背面中央具 1 个黑褐色纵斑，两侧各具 1 个黑褐色斑点；触角黑褐色；喙伸达第 4 腹节腹板端部。前胸背板具 8 个黑褐色斑块，其中前排 3 个、后排 5 个，前侧缘狭边状，侧角圆钝；小盾片基部中央和端部黑褐色，其余还具 7 个黑褐色斑块，其中中央 1 个、两侧各 3 个。足具蓝绿色金属光泽，各足股节腹面大部黄白色。腹部腹面两侧玫红色；气门周缘黑褐色。分布：福建、江西、河南、广东、广西、海南、四川、云南、西藏、甘肃、香港、台湾；巴基斯坦、印度、缅甸、越南、泰国、柬埔寨、马来西亚。

大盾蝽 *Eucorysses grandis*

● 广西大新 – 张巍巍 摄

体长 15.5~24.0 mm，黄白色、橙黄色至橙红色。头背面基部与中叶黑褐色；触角黑褐色；喙伸达第 5 腹节腹板中部。前胸背板前部中央具 1 个黑褐色大斑，有时此斑极度缩小，深色个体在后部中央和侧角处也有黑褐色斑块；小盾片基部黑褐色，前部中央具 1 个黑褐色斑块，中部两侧各具 1 个黑褐色横斑，深色个体在后部还具额外的黑褐色斑块。足具蓝紫色金属光泽。腹部腹板各节端半具黑褐色斑纹。分布：福建、江西、河南、湖南、广东、广西、海南、四川、贵州、云南、西藏、香港、台湾；日本、印度、尼泊尔、不丹、缅甸、越南、老挝、泰国、菲律宾、新加坡、印度尼西亚。

● 西藏墨脱 – 张巍巍 摄

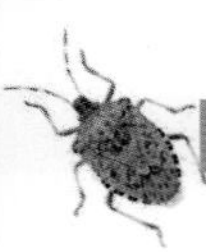

● 西藏墨脱－张巍巍 摄

亮盾蝽 *Lamprocoris roylii*

体长 8.5~11.0 mm，金绿色并带有紫红色泽。头背面中部至中叶蓝黑色；触角黑褐色；喙伸达第 3 腹节腹板基部。前胸背板中央具 1 条蓝黑色纵带纹，两侧各有 3 个蓝黑色斜斑，侧角处具 1 个蓝黑色圆斑；前胸背板与小盾片交界处强烈下陷；小盾片基部鼓起，具 3 个蓝黑色斑块，中部具 1 对稍斜的蓝黑色横带纹，后部具 5 个蓝黑色斑块，其中中间 2 个较大。腹部侧缘红色；腹板各节基部具蓝黑色横带纹。分布：浙江、安徽、福建、江西、河南、湖北、湖南、广东、广西、重庆、四川、贵州、西藏、陕西；印度、尼泊尔、不丹、缅甸、越南、泰国、斯里兰卡、马来西亚。

● 西藏墨脱－王建赟 摄

角胸亮盾蝽 *Lamprocoris spiniger*

体长 12.0~16.0 mm，背面紫金色，有的个体橙色至橙红色而光泽稍弱，腹面蓝绿色。头金绿色；触角黑褐色；喙伸达第 3 腹节腹板中部。前胸背板胝区颜色较深，前侧缘狭边状，侧角呈尖角状向两侧突出；小盾片基部鼓起，但界线不明显。腹部侧接缘橙褐色，各节具 1 个蓝黑色斑点，前、后侧角均呈泡状鼓起。分布：广西、云南、西藏；印度、尼泊尔、不丹、孟加拉国、缅甸、越南、老挝、泰国。

桑宽盾蝽 *Poecilocoris druraei*

● 浙江天目山 – 余之舟 摄

体长 15.5~18.0 mm，宽圆形，橙色至橙红色。头与触角蓝黑色。前胸背板和小盾片上的斑纹形式极富变化：前胸背板中部具 1 对黑褐色并带金绿色的大斑，或具 1 对黄白色纵斑，有时全无斑纹；小盾片具 13 个黑褐色或黄白色斑点或斑块，有时深色斑与浅色斑间杂出现，各斑之间也可相互连接，也有全无斑纹的个体。足蓝黑色。身体腹面大部蓝黑色，腹部腹面中央和末端橙红色。分布：浙江、福建、江西、广东、广西、四川、贵州、云南、西藏、香港、台湾；印度、缅甸、老挝、泰国。

油茶宽盾蝽 *Poecilocoris latus*

● 云南红河 – 张巍巍 摄

体长 16.0~20.0 mm，宽圆形，橙色。头与触角蓝黑色。前胸背板具 2 对蓝黑色斑块，其中前 1 对较小，位于前角处，后 1 对大，位于后部中央；小盾片黄白色，具 7 个蓝黑色斑块，其中基部一排 3 个，后部一排 4 个，有时基部中央的大斑又复分为几个小斑，斑块周缘具橙色晕影。足蓝黑色。分布：浙江、福建、江西、湖南、广东、广西、四川、贵州、云南、香港；印度、缅甸。

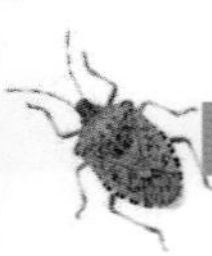

金绿宽盾蝽 *Poecilocoris lewisi*

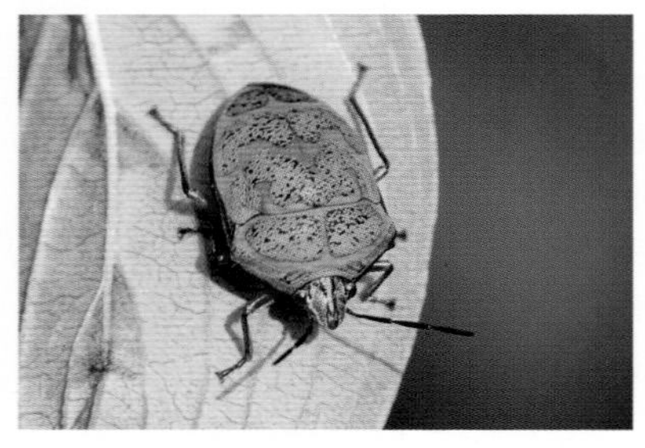

● 陕西秦岭 – 张巍巍 摄

体长 15.5~18.0 mm，背面绿色并具金属光泽，有时深绿色，腹面黄褐色。头金绿色；触角第 1 节褐色，其余蓝黑色。前胸背板中央和两侧具玫红色条纹，相互连接，形成 1 个横置的“日”字形斑纹；小盾片基部中央和中、后部两侧具玫红色横纹，中、后部中央具玫红色纵斑，端缘玫红色；前胸背板和小盾片上的斑纹有时变为橙黄色，小盾片上的斑纹也可相互连接或分开。足具铜绿色金属光泽。腹部腹面中央和两侧具深色斑点，具有各种形式的变化。分布：北京、天津、河北、山西、辽宁、吉林、黑龙江、江苏、浙江、安徽、江西、山东、河南、湖北、湖南、广东、重庆、四川、贵州、云南、西藏、陕西、甘肃、台湾；俄罗斯、韩国、日本。

尼泊尔宽盾蝽 *Poecilocoris nepalensis*

● 云南红河 – 张巍巍 摄

体长 16.0~21.0 mm，桃红色至橙红色。头与触角蓝黑色。前胸背板前缘和前角黑褐色，前侧缘平直，后部中央具 1 对黑褐色大圆斑；小盾片具 11 个黑褐色斑点或斑块，以 3–2–4–2 的方式排列，大小不一，其中第 3 排中间 1 对最大。足蓝黑色。腹部腹面（除中部外）蓝黑色。分布：福建、湖南、广东、广西、海南、四川、贵州、云南、西藏；印度、尼泊尔、不丹、缅甸。

黄宽盾蝽 *Poecilocoris rufigenis*

● 云南绿春 – 王建赟 摄

体长 16.0~22.0 mm，浅黄色并具白色斑纹，或金绿色并具粉色斑纹。头基部至中叶黑褐色，两侧玫红色或金绿色；触角蓝黑色。前胸背板中央和两侧的条纹相互连接，形成 1 个横置的“日”字形斑纹，胝区和后部中央有时具黑褐色斑点或斑块；小盾片上的斑纹变化剧烈，有时可具多达 10 个黑褐色斑块，各斑之间也可相互连接，有时则只在中部两侧具 1 个黑褐色小横斑。足蓝黑色。分布：广西、贵州、云南；印度、不丹、缅甸。

山字宽盾蝽 *Poecilocoris sanszesignatus*

● 西藏林芝 – 张巍巍 摄

体长 12.5~18.0 mm，深蓝绿色，稍具金属光泽。头基部至中叶蓝黑色，两侧金绿色；触角蓝黑色。前胸背板前缘和前侧缘金绿色，胝区黑褐色，中央和两侧具橙红色条纹，与后缘的橙红色横条纹连接形成“山”字形斑纹；小盾片中部具 1 对橙红色横带纹，端部中央、两侧和端缘的橙红色条纹相互连接形成“山”字形斑纹。足蓝黑色。分布：四川、贵州、云南、西藏。

异色四节盾蝽 *Tetrarthria variegata*

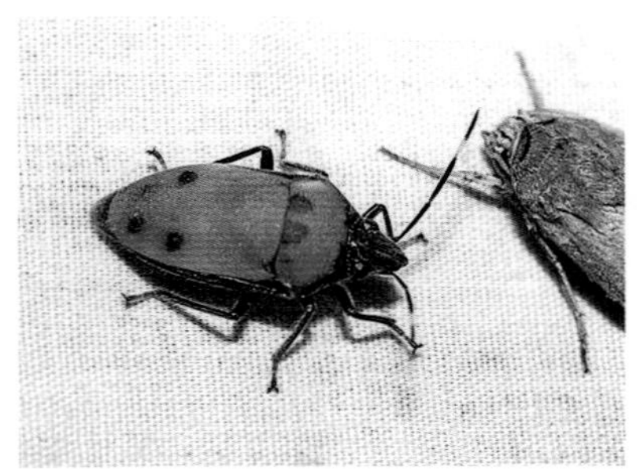

● 海南尖峰岭 – 张巍巍 摄

体长 15.5~17.0 mm，橙褐色至深红褐色。头黑褐色，稍具铜绿色金属光泽；触角 4 节，黑褐色，第 4 节基半黄白色；喙伸达第 5 腹节腹板后缘。前胸背板和小盾片上的斑纹形式多变：前胸背板前部和两侧黑褐色，后部具 2~4 个黑褐色斑块，有时全为深红褐色而具金绿色线纹；小盾片具 2~8 个黑褐色斑点或斑块，有时全为深红褐色而具金绿色斑纹。足深褐色至黑褐色，各足股节基半黄白色。分布：福建、海南、台湾；印度、孟加拉国、缅甸、越南、菲律宾、马来西亚、印度尼西亚、大洋洲。

● 福建龙岩 – 郑昱辰 摄

荔蝽科 Tessaratomidae

体中至大型，卵圆形至椭圆形，也有方形的种类，绿色、黄褐色至深褐色。头小，侧叶长于中叶，并在中叶前方会合；触角着生处位于头腹面；触角 4 节，若为 5 节则第 3 节甚短小；喙短，不伸过前足基节后缘；前胸背板常向后扩展，遮盖小盾片基部；小盾片三角形；后胸腹板常鼓起变形，形成一个光滑平面；跗节 2~3 节；腹部第 2 节气门可见。

已知约 60 属 260 种，我国记载约 12 属 36 种。生活在乔木上。植食性，吸食植物的果实或嫩梢。一些种类具前社会性行为，有的将若虫携于腹下活动。本科若虫常呈方形或梯形，身体扁薄并具鲜艳的色彩。

侧尖荔蝽 *Neosalica pedestris*

体长 22.0~23.0 mm，橙褐色。头背面中央与侧叶黑褐色；触角 5 节，黑褐色。前胸背板胝区之间具 1 对黑褐色斑点，中部具 1 对界线不清的黑褐色大斑，前侧缘黑褐色，侧角呈尖角状向两侧突出，黑褐色；小盾片长三角形，具中纵脊，基部两侧和中央、顶端具界线不清的黑褐色斑纹，基角处具黄白色斑点。足黑褐色。前翅不及腹末，革片具深色晕影，翅脉黄褐色，膜片褐色。腹部侧接缘各节黄白色，基部和端部黑褐色，后侧角呈尖角状突出。分布：云南；印度、不丹、缅甸、越南。

● 云南盈江 – 张巍巍 摄

● 西藏墨脱－王建赟 摄

扩腹达荔蝽 *Dalcantha dilatata*

体长 22.0~27.0 mm，梯形，背面绿色，稍具金属光泽，干标本转为紫褐色，腹面黄褐色。头、前胸背板和小盾片表面具明显的横皱纹。触角黑褐色，第 4 节端部 1/3 黄白色。前胸背板倒梯形，前宽后窄，胝区边缘、前侧缘和后侧缘黑褐色；小盾片顶端呈勺状，黄白色。足浅红褐色，各足股节腹面端部具 1 对刺突。前翅前缘基部浅黄色，膜片深褐色。腹部明显向两侧扩宽，在第 5 腹节处达到最宽，各节中部具 1 条浅黄褐色横纹；腹面具 5 条褐色纵纹。分布：广西、贵州、云南、西藏；印度。

● 重庆铁山坪－张巍巍 摄

硕蝽 *Eurostus validus*

体长 25.0~34.0 mm，紫褐色，具金属光泽。头、前胸背板和小盾片表面具明显的横皱纹。头背面基部和侧叶基半金绿色；触角第 1—3 节黑褐色，第 4 节橙黄色。前胸背板前部和两侧金绿色，前侧缘黑褐色，侧角圆钝；小盾片两侧和顶端金绿色。足深褐色，各足胫节颜色稍深；后足股节加粗，雄虫后足股节腹面近基部处具 1 个大刺突。前翅革片和爪片稍带金绿色晕影，膜片褐色。腹部侧接缘各节（除基部外）金绿色；腹面（除中央和两侧外）金绿色。分布：天津、河北、山西、辽宁、江苏、浙江、安徽、福建、江西、山东、河南、湖北、湖南、广东、广西、海南、重庆、四川、贵州、云南、陕西、甘肃、香港、台湾；老挝。

异色巨蝽 *Eusthenes cupreus*

● 西藏墨脱 – 王建赟 摄

体长 25.0~31.0 mm，黄绿色，具油状光泽，干标本转为深紫褐色。触角黑褐色，第 4 节最端部橙黄色。前胸背板前缘狭边状，明显卷起，前侧缘稍扁平，侧角圆钝，不明显突出；小盾片顶端红褐色；后胸腹板形成一光滑平面，与后足基节平齐。足红褐色至深褐色；雄虫后足股节加粗，腹面近基部处具 1 个大刺突。前翅膜片褐色。腹部侧接缘各节基部 1/3 黄褐色，后侧角呈尖角状突出。分布：江苏、浙江、安徽、福建、江西、湖南、广东、广西、海南、四川、贵州、云南、西藏、陕西、甘肃、台湾；印度、不丹、缅甸、越南、老挝、泰国、斯里兰卡、马来西亚。

巨蝽 *Eusthenes robustus*

● 云南金平 – 刘航瑞 摄

体长 30.0~38.0 mm，黄绿色至深紫褐色，具油状光泽。触角黑褐色。前胸背板宽大，胝区边缘黑褐色，前侧缘稍扁平并扩展，侧角圆钝，明显突出；小盾片顶端圆钝；后胸腹板形成一光滑平面，与后足基节平齐。足褐色至深褐色，跗节红褐色；雄虫后足股节加粗，腹面近基部处具 1 个大刺突。前翅膜片褐色。腹部侧接缘各节基部黄褐色，有时所占面积较大。分布：福建、江西、湖北、湖南、广东、广西、海南、四川、贵州、云南、澳门、台湾；印度、不丹、越南、斯里兰卡、印度尼西亚。

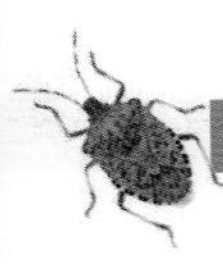

● 广西崇左－张巍巍 摄

玛蝽 *Mattiphus splendidus*

体长 19.0~27.0 mm，宽圆形，背面紫金色，具油状光泽，腹面浅黄褐色，具金绿色泽。头金绿色；触角第 1 节、第 2 节红褐色，第 3 节、第 4 节黑褐色，第 3 节端部和第 4 节基部黄白色。前胸背板大部具金绿色泽，胝区边缘色深，前侧缘稍呈弧形弯曲，狭边状，黑褐色；小盾片两侧金绿色，顶端黄白色。足浅黄褐色。前翅革片各边缘和爪片具金绿色泽，膜片褐色。腹部侧接缘各节基部黄白色。分布：浙江、福建、江西、湖南、广东、广西、海南、四川、贵州、云南；老挝。

● 西藏墨脱－张巍巍 摄

比蝽 *Pycanum ochraceum*

体长 20.0~26.0 mm，橙褐色。头侧叶侧缘黑褐色；触角黑褐色，第 1 节颜色稍浅，第 4 节最端部橙黄色。前胸背板表面具浅细横皱纹，前侧缘黑褐色，中部稍弯折，侧角圆钝；小盾片顶端黄白色；胸部侧板蓝紫色，具金属光泽。足浅红褐色，各足股节腹面端部具 1 对刺突。前翅前缘基部黑褐色，膜片浅褐色。腹部侧接缘各节基部黄白色，其后具 1 条黑褐色横纹，各节端缘也为黑褐色；腹面大部深绿色，具金属光泽。分布：福建、湖南、广东、广西、四川、贵州、云南、西藏；印度、不丹、缅甸、越南。

荔蝽 *Tessaratoma papillosa*

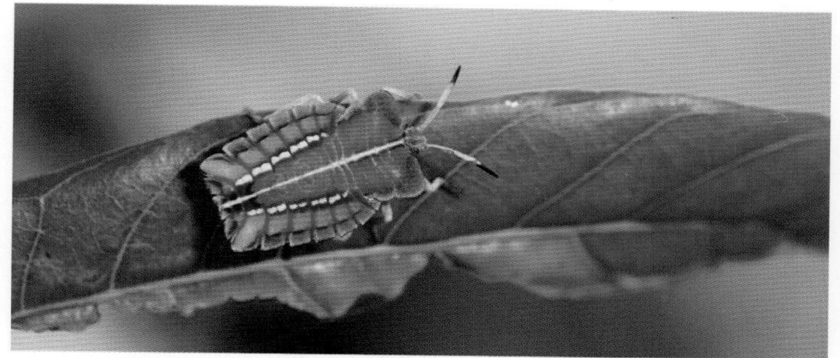

● 广西崇左 – 张巍巍 摄

体长 21.0~31.0 mm，橙褐色。触角、足和身体腹面常具白色蜡质粉被。触角第2—4 节黑褐色。前胸背板宽大，前部下倾，前侧缘弧形弯曲，侧角圆钝，后部强烈向后扩展，遮盖小盾片基部；小盾片顶端较尖；后胸腹板形成一光滑平面，前端向前伸出。足褐色。前翅膜片浅褐色。腹部侧接缘各节后侧角呈尖角状突出。分布：浙江、福建、江西、河南、广东、广西、海南、四川、贵州、云南、香港、台湾；印度、缅甸、斯里兰卡、菲律宾、马来西亚、印度尼西亚。习性：寄主种类繁多，常见于荔枝、龙眼等植物上。雌虫每次产卵 14 粒，初孵若虫以灰色为主，随龄期增长而变得十分鲜艳。被捕捉时可通过后翅与腹部背板摩擦发声，并喷射出气味浓烈的臭腺分泌物。

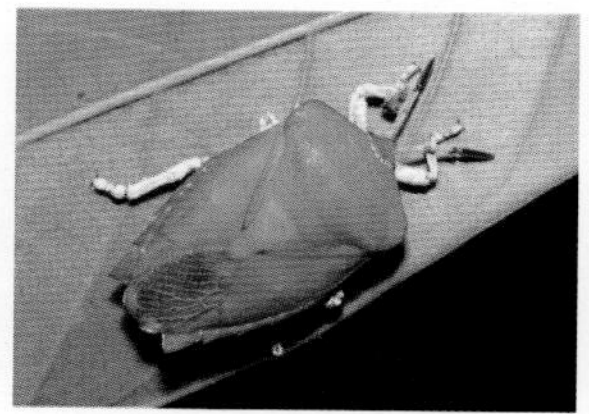

● 海南尖峰岭 – 张巍巍 摄

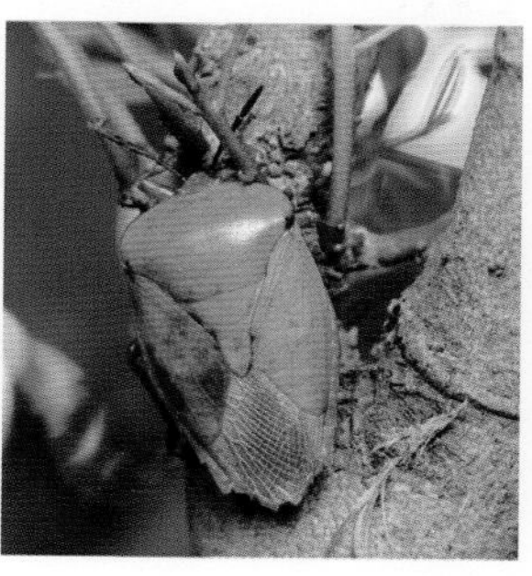

● 海南海口 – 王建赟 摄

方肩荔蝽 *Tessaratoma quadrata*

● 云南绿春－王建赟 摄

体长 31.0~36.0 mm，橙褐色。身体腹面红褐色，常具白色蜡质粉被。头侧叶侧缘黑褐色；触角黑褐色。前胸背板宽大，侧角明显向前伸展，以致整体呈方形，前侧缘和后侧缘黑褐色，侧角扁平，后部强烈向后扩展，遮盖小盾片基部；小盾片顶端黑褐色，中央小窝有时具白色粉被；后胸腹板形成一光滑平面，前端向前伸出。足褐色。前翅膜片浅褐色。分布：广东、广西、四川、云南；印度、尼泊尔、越南。

异蝽科 Urostylididae

又称“异尾蝽科”。体中型，常较扁平，绿色、黄绿色至褐色。头短小；单眼 1 对或无，若有则相互靠近；触角 5 节，少数种类 4 节，各节细长。前胸背板梯形；小盾片三角形，从不超过腹部中央。跗节 3 节。前翅爪片包围小盾片顶端，但不形成爪片接合缝，膜片具 6~8 根纵脉。后胸臭腺沟末端常尖锐游离。

已知约 8 属 172 种，我国记载约 8 属 134 种。生活在乔木上。植食性。雌虫产卵时在卵外裹以胶质，可能有保护卵块并为初孵若虫提供食物的作用。

橘盾盲异蝽 *Urolabida histrionica*

体长 10.0~12.6 mm，翠绿色。头背面两侧黄色；无单眼；触角第 1 节、第 2 节深绿色，第 3—5 节基半绿褐色至黄褐色、端半黑褐色。前胸背板前缘、两侧和后部中央的半圆形环斑黄色，侧缘狭边状；小盾片两侧和顶端黄色。足浅绿褐色，各足跗节端部浅褐色。前翅革片中部纵长地黄色，端缘中部具 1 个黑褐色斑点，膜片半透明。腹部腹面浅黄褐色，两侧具绿色宽纵带，侧缘橙黄色。分布：云南；印度、缅甸。

● 云南西双版纳 – 王建赟 摄

● 云南绿春－王建赟 摄

淡边盲异蝽 *Urolabida marginata*

体长约 14.0 mm，绿色。头背面无刻点；单眼高度退化，呈新月形；触角第 1 节翠绿色，外侧黑褐色，第 2 节褐色，第 3 节和第 4 节、第 5 节端半黑褐色，第 4 节、5 节基半黄白色。前胸背板表面密被刻点，侧缘狭边状，白色；小盾片表面密被刻点。各足股节端部和胫节翠绿色。前翅前缘白色，革片外侧密被刻点，膜片基缘、内缘和中部具浅褐色斑纹。分布：浙江、河南、云南。

● 云南绿春－刘航瑞 摄

美盲异蝽 *Urolabida pulchra*

体长约 13.0 mm，绿黄色。头黄色；无单眼；触角黄色，被直立和半直立浅色细长毛，第 3 节（除基部外）和第 4 节、第 5 节端部 1/3 黑褐色；喙伸过中胸腹板中部。前胸背板胝区绿白色，侧缘稍扩展，边缘锯齿状，后部具 1 对褐色大斑；小盾片基部具 1 对近三角形的褐色大斑，其内缘黑褐色。足具浅色细长毛，各足股节端部和胫节基部翠绿色，胫节绿白色。前翅前缘基半明显扩展，呈薄片状，革片前缘中部具 1 个绿色斑点，内缘和端缘白色，爪片褐色，爪片缝两侧基半黑褐色，膜片基缘和内缘具黑褐色条纹。分布：云南、西藏；印度。

亮壮异蝽 *Urochela distincta*

● 浙江天目山 – 余之舟 摄

体长 9.0~11.0 mm，褐色。单眼 1 对；触角第 4 节、第 5 节基半橙黄色。前胸背板稍具紫红色，侧缘平直，扩展成狭边状，黄褐色，在中部之后具 1 个黑褐色斑纹；小盾片基角呈黑褐色刻痕状，中纵脊不明显。足深褐色。前翅稍具紫红色，前缘基半扩展成狭边状，黄褐色，具 2 个黑褐色斑纹，革片中央和端缘中部各具 1 个黑褐色圆斑。腹部侧接缘各节基部和端部黄褐色，中部黑褐色。分布：山西、浙江、安徽、福建、江西、河南、湖北、湖南、广西、四川、贵州、云南、陕西、甘肃。

短壮异蝽 *Urochela falloui*

● 陕西秦岭 – 张巍巍 摄

体长 9.6~12.2 mm，背面紫褐色，腹面黄绿色。头黄绿色，背面中央具 1 对深色纵纹；单眼 1 对；触角黑褐色，第 5 节基半橙黄色。前胸背板和小盾片极斑驳，前胸背板中纵线和两侧浅绿色，界线不清，胝区和侧角前黑褐色；小盾片基部两侧和顶端浅绿色，界线不清，基角呈黑褐色刻痕状。足浅绿色，各足股节端部、胫节（除中部外）和跗节端半褐色。前翅不及腹末，革片外侧基部和端角处具浅色斑块，基部和端角具黑褐色斑纹，这些斑纹相互混杂，界线不清，膜片褐色。腹部侧接缘各节基半黄白色，端半黑褐色。分布：北京、天津、河北、山西、山东、河南、陕西、青海。

● 西藏墨脱－计云 摄

扩壮异蝽 *Urochela guttulata*

体长约 10.5 mm，背面浅褐色，腹面浅黄褐色。头背面具隐约的深色斑纹；单眼 1 对；触角深褐色至黑褐色，第 4 节、第 5 节基半黄白色。前胸背板前部颜色稍浅，中纵线绿色，侧缘明显扩展，边缘波曲，在中部之后具 1 个黑褐色斑纹；小盾片绿色，具不规则的黑褐色斑纹，基角呈黑褐色刻痕状。足浅黄褐色，各足股节具大量褐色斑点，近端部处具 1 个褐色环纹，各足胫节近基部处环纹和端部褐色。前翅前缘基半明显扩展，呈薄片状，具 2 个黑褐色斑纹，革片外侧绿色，具大量黑褐色粗刻点，内侧基部、中部和端部各具 1 个不规则的黑褐色斑点。腹部侧接缘浅黄褐色，各节中部黑褐色。分布：云南、西藏；印度。

● 西藏墨脱－计云 摄

黄脊壮异蝽 *Urochela tunglingensis*

体长 9.5~12.1 mm，褐色。单眼 1 对；触角深褐色至黑褐色，第 4 节、第 5 节基半黄白色。前胸背板表面密被刻点，中纵脊黄褐色，侧缘扩展成狭边状，黄褐色，稍波曲，在侧角前具 1 个黑褐色斑纹；小盾片表面密被刻点，中纵脊黄褐色。足浅褐色至褐色，各足股节具大量深色斑点。前翅前缘基半扩展成狭边状，黄褐色，具 2 个黑褐色斑纹，革片中央和端缘中部各具 1 个黑褐色圆斑，膜片深褐色。腹部侧接缘各节基半黄白色，端半黑褐色。分布：北京、天津、河北、辽宁、四川、西藏、陕西、甘肃、宁夏；韩国。

橘边娇异蝽 *Urostylis spectabilis*

● 西藏波密 – 王建赟 摄

体长 13.5~15.2 mm，绿色。头无刻点；单眼 1 对；触角第 1 节翠绿色，基部和端部橙褐色，外侧黑褐色，第 2—5 节深褐色至黑褐色，第 4 节、第 5 节基半黄白色。前胸背板表面密被刻点，侧缘橙黄色，中部稍弯曲，后缘浅褐色；小盾片表面密被刻点。各足股节和胫节端部、跗节浅褐色至褐色。前翅革片前缘橙黄色，最外侧边缘黑褐色，膜片基缘、内缘、中部和端缘具黑褐色条纹，相互连接，形式鲜明。分布：四川、云南、西藏；印度。

斑娇异蝽 *Urostylis tricarinata*

● 云南绿春 – 王建赟 摄

体长约 12.0 mm，绿色。头绿褐色，无刻点；单眼 1 对；触角第 1 节和第 2 节端部红褐色，第 2 节（除端部外）、第 3 节、第 4 节和第 5 节端半黑褐色，第 4 节、第 5 节基半橙黄色。前胸背板前部的刻点远较后部稀疏，侧缘狭边状，在侧角处黑褐色，后缘浅褐色；小盾片表面密被刻点，基角黑褐色。各足股节端部黑褐色，各足胫节和跗节红褐色。前翅革片中央和端缘中部各具 1 个黑褐色斑点，爪片褐色，膜片深褐色。腹部侧接缘各节具黑褐色方斑。分布：福建、湖南、广东、贵州、云南。

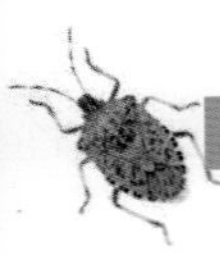

蝽次目 PENTATOMOMORPHA 红蝽总科 PYRRHOCOROIDEA

大红蝽科 Largidae

体小至大型，长椭圆形至狭长形，也有形似蚂蚁的种类，通常红黑相间或黄黑相间，较为鲜艳。头中叶长于侧叶；无单眼；触角 4 节；喙 4 节。前胸背板侧缘通常不形成狭边。跗节 3 节。前翅形成爪片接合缝，膜片基部具 2 个翅室，后方具 7~8 根分叉的纵脉，具翅多型现象。后胸臭腺孔常退化。第 4 腹节与第 5 腹节腹板、第 5 腹节与第 6 腹节腹板的节间缝两侧有时向前弯曲，不达腹部两侧；腹部气门均位于腹面。雌虫第 7 腹节腹板纵裂成两半。

已知约 15 属 100 种，我国记载约 4 属 10 种。在地面或植物上活动。植食性。

翘红蝽 *Iphita limbata*

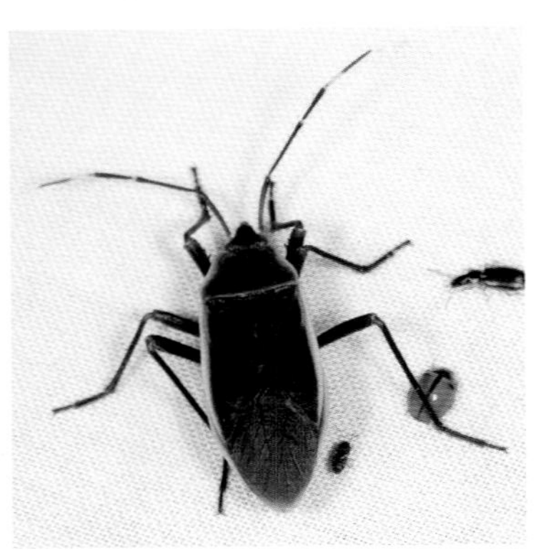

● 海南白沙 – 吴云飞 摄

体长 17.0~20.0 mm，黑褐色。头背面稍鼓起，中叶端部稍带红褐色；触角第 4 节基部黄白色；喙伸达后足基节。前胸背板前叶明显鼓起，与领之间的界线明显，侧缘扩展成狭边状，向上翘起，黄褐色。各足基节、转节、股节端部和胫节基部红褐色，前足股节腹面端部具 3~4 个刺突，后足胫节具刺毛列，各足跗节第 1 节远长于第 2 节、第 3 节。前翅革片前缘黄褐色。腹部侧接缘黄褐色。分布：云南、海南；印度、尼泊尔、孟加拉国、缅甸、越南、老挝、泰国、柬埔寨、马来西亚、印度尼西亚。

浑斑红蝽 *Physopelta robusta*

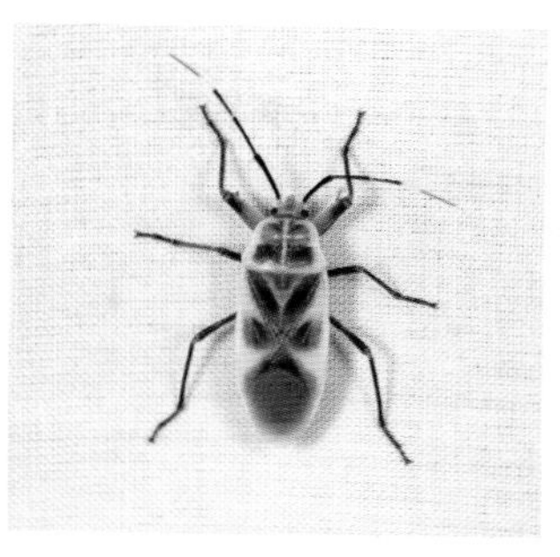
● 海南白沙 – 吴云飞 摄

体长约 19.0 mm，浅黄褐色。体表密被灰白色细短毛。头浅红褐色；触角黑褐色，第 4 节基部黄白色，第 1 节长于第 2 节。前胸背板侧缘前半稍呈狭边状，前叶鼓起，中线两侧浅红褐色，后叶在中线两侧褐色，密被刻点；小盾片橙褐色，基部中央颜色稍深。足深褐色，前足股节大部黄褐色，加粗。腹面具 2 列刺突。前翅革片中央大斑和端缘的斑纹浅褐色，界线不清，爪片浅褐色至褐色，膜片灰褐色。分布：广东、广西、海南、云南；越南、老挝、泰国、马来西亚。

小斑红蝽 *Physopelta cincticollis*

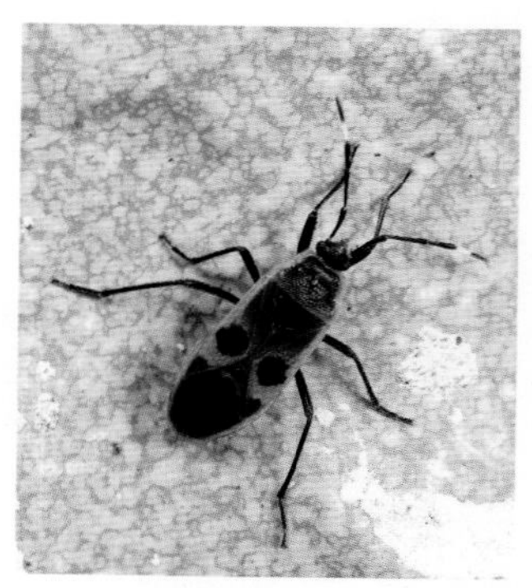
● 重庆四面山 – 张巍巍 摄

体长 11.5~14.5 mm，褐色。头背面的复眼间距大于单个复眼直径的 3 倍；触角黑褐色，第 4 节基部黄白色，第 2 节向端部渐加粗。前胸背板各边缘浅红褐色，前叶鼓起，后叶表面密被刻点；小盾片深褐色。足黑褐色，前足股节稍加粗，腹面端部具刺突。前翅革片（除内侧基部 1/3 外）浅红褐色，中央具 1 个黑褐色大圆斑，端角黑褐色，膜片深褐色。腹部侧接缘浅红褐色。分布：浙江、福建、江西、山东、河南、湖北、湖南、广东、海南、重庆、四川、贵州、云南、西藏、陕西、台湾；韩国、日本、印度、越南、老挝、泰国、马来西亚、印度尼西亚。

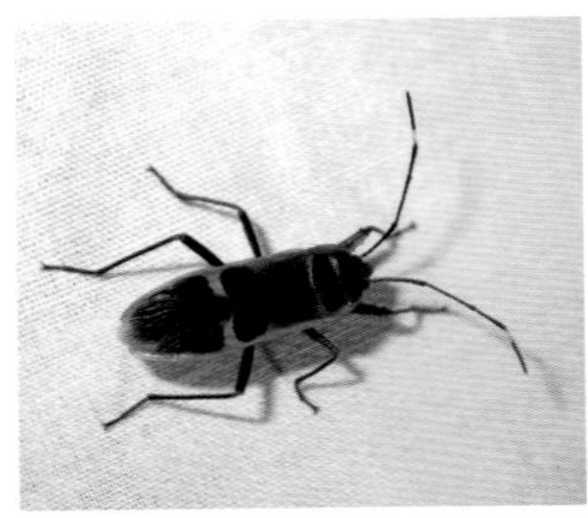

● 重庆南山 – 张巍巍 摄

突背斑红蝽 *Physopelta gutta*

体长 14.0~18.0 mm，黄褐色至浅褐色。头橙褐色，基部中央通常色深；触角黑褐色，第 4 节基部黄白色。前胸背板深褐色，各边缘橙褐色至浅红褐色，前叶鼓起，在雄虫中尤其明显，后叶表面密被刻点；小盾片黑褐色。足深褐色至黑褐色，前足股节加粗，腹面端部具刺突。前翅革片前缘浅红褐色，内侧基半和爪片深褐色，革片中央圆斑和端角、膜片黑褐色。腹部侧接缘浅红褐色。分布：江苏、浙江、福建、江西、湖北、湖南、广东、广西、海南、重庆、四川、贵州、云南、西藏、香港、台湾；韩国、日本、阿富汗、巴基斯坦、印度、不丹、尼泊尔、孟加拉国、缅甸、越南、泰国、柬埔寨、斯里兰卡、菲律宾、马来西亚、新加坡、文莱、印度尼西亚。

● 海南尖峰岭 – 王建赟 摄

四斑红蝽 *Physopelta quadriguttata*

● 云南绿春 - 王建赟 摄

体长 12.0~16.0 mm，浅褐色。头褐色；触角黑褐色，第 4 节基部黄白色。前胸背板中纵线和侧缘黄褐色，侧缘中部稍内弯，前叶在中线两侧深褐色，后叶表面密被刻点；小盾片表面密被刻点。足黑褐色，前足股节稍加粗，腹面端部具刺突。前翅革片前缘黄褐色，中央圆斑和端角处的斑点黑褐色，膜片浅灰褐色。分布：浙江、安徽、福建、江西、河南、湖北、湖南、广东、广西、海南、四川、云南、西藏、香港、台湾；印度、老挝、泰国。

巨红蝽 *Macrocheraia grandis*

体长 30.0~55.0 mm，狭长形，红色。头长大于宽，前端稍伸出；触角黑褐色，极细长，第 1 节约为头与前胸背板长之和的 2 倍。前胸背板侧缘扩展成狭边状，向上翘起，前叶鼓起，与领之间的界线明显，后叶中央黑褐色；小盾片黑褐色。足（除前足股节外）黑褐色，极细长，前足股节稍加粗，腹面具 1 列小齿突，端部具 2 个刺突。前翅革片中央圆斑和膜片黑褐色，膜片内角褐色。雄虫腹部极度延长，末端超出前翅很多，雌虫则超出前翅较少。分布：浙江、福建、海南、云南；印度、孟加拉国、越南、菲律宾、印度尼西亚。

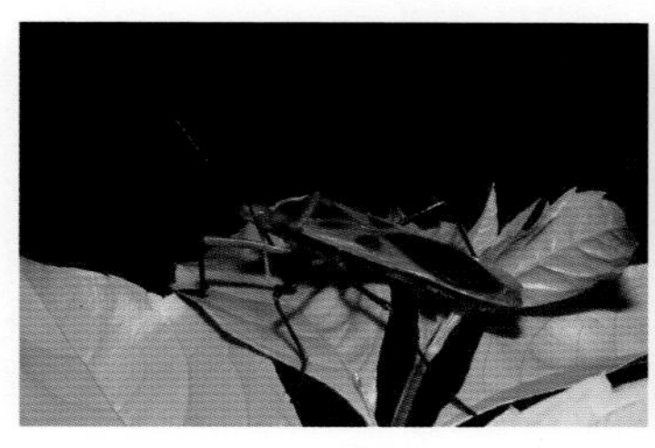
● 海南五指山 - 张巍巍 摄

● 云南绿春 - 王建赟 摄

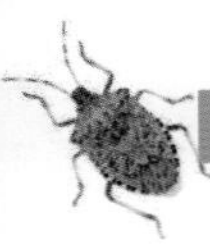

红蝽科 Pyrrhocoridae

体小至大型，长椭圆形，也有形似蚂蚁的种类，通常红黑色相间或黄黑色相间，有的种类体色暗淡。头中叶长于侧叶；无单眼；触角 4 节；喙 4 节。前胸背板通常具明显的领，侧缘常呈狭边状，向上翘起。跗节 3 节。前翅形成爪片接合缝，膜片基部具 2 个翅室，后方具 7~8 根分叉的纵脉，具翅多型现象。后胸臭腺孔常退化。第 4 腹节与第 5 腹节腹板、第 5 腹节与第 6 腹节腹板的节间缝两侧有时向前弯曲，不达腹部两侧；腹部气门均位于腹面；雌虫第 7 腹节腹板完整。

已知约 30 属 300 种，我国记载约 12 属 36 种。在地面或植物上活动。兼具捕食性、植食性和杂食性的种类。

黑足颈红蝽 *Antilochus nigripes*

体长约 16.0 mm，鲜红色。头长大于宽，前端稍下倾，腹面基部显著细缩，具横缢；触角黑褐色；喙伸达中足基节。前胸背板胝区鼓起，周缘具黑褐色粗刻点，侧缘狭边状但不明显翘起；小盾片基角黑褐色。足黑褐色，前足股节稍加粗，腹面端部具刺突。前翅革片端角和膜片黑褐色，膜片基角和端缘黄褐色。分布：福建、广东、海南、云南、香港；缅甸、斯里兰卡、菲律宾、马来西亚、印度尼西亚。

● 海南白沙 – 吴云飞 摄

泛光红蝽 *Dindymus rubiginosus*

● 云南西双版纳 - 张巍巍 摄

体长 11.0~16.5 mm，红色。头背面鼓起；复眼远离前胸背板前缘；触角（除第 1 节基部外）黑褐色；喙第 1 节端部和第 2—4 节黑褐色。前胸背板胝区鼓起，光滑，侧缘扩展成狭边状，明显翘起，后叶表面被刻点；小盾片基缘密被刻点，中部鼓起；胸侧板和腹板黑褐色，侧板后缘白色。足黑褐色，各足基节外侧具白色斑纹。前翅革片前缘基半呈狭边状翘起，膜片黄褐色，基角斑点和中部大圆斑黑褐色。腹部腹面黄白色，具黑褐色斑纹。分布：福建、广东、广西、海南、云南、西藏；印度、缅甸。

● 云南西双版纳 - 张巍巍 摄

龟红蝽 *Armatillus* sp.

● 海南儋州 – 王建赟 摄

体长约4.0mm，棕褐色，卵圆形，背面被半直立微毛，腹面密被平伏短毛。头宽大于长的2倍；触角第1节最长，约等于第2、第3节之和；喙伸达中足基节。前胸背板近梯形，前缘及后叶具粗刻点，小盾片宽大于长。各足红褐色，前足股节端半部具一大一小齿突及若干瘤突，各足跗节黄褐色。前翅革片端部具一大一小两个黄白斑，膜片短小，灰褐色。分布：海南。习性：见于朽木孔洞中，行动隐蔽。

离斑棉红蝽 *Dysdercus cingulatus*

● 海南海口 – 王建赟 摄

体长12.0~17.5 mm，橙色。头红色，背面稍鼓起；触角黑褐色，第1节基部红色。前胸背板前缘具白色新月形斑纹，胝区和侧缘红色，侧缘明显翘起；小盾片黑褐色，最顶端褐色；胸侧板后缘白色。足黑褐色，各足股节基半红色，前足股节腹面端部具刺突。前翅革片中央具1个黑褐色圆斑，端角长而尖，膜片黑褐色。腹部腹板各节红白相间。分布：福建、河南、湖北、湖南、广东、广西、海南、四川、贵州、云南、西藏、香港、台湾；印度、缅甸、斯里兰卡、菲律宾、马来西亚、印度尼西亚、巴布亚新几内亚、澳大利亚、所罗门群岛。

细斑棉红蝽 *Dysdercus evanescens*

● 云南盈江 – 张巍巍 摄

体长 15.0~18.5 mm，橙黄色。头橙色，背面稍鼓起；触角黑褐色，第 1 节基部红色。前胸背板前缘白色，胝区和侧缘橙红色，侧缘明显翘起；小盾片橙色，稍鼓起，顶端尖锐。足红色，各足跗节端部黑褐色。前翅革片前缘橙色，中央具 1 个黑褐色小横斑，膜片浅褐色。分布：广西、海南、贵州、云南、西藏；印度、孟加拉国、缅甸。

丹眼红蝽 *Ectatops ophthalmicus*

● 海南五指山 – 张巍巍 摄

体长 11.5~16.0 mm，红色。头宽于前胸背板前缘，背面中央凹陷；复眼具柄，伸向两侧；触角（除第 1 节基部外）黑褐色；喙黑褐色，伸达第 3 腹节腹板。前胸背板胝区光滑，其前、后缘具黑褐色粗刻点，两侧刻点细小，侧缘中部稍内弯，后叶密被细刻点；小盾片基缘黑褐色，中部稍鼓起，基缘和顶端被细刻点。足黑褐色。前翅革片和爪片密被细刻点，膜片基半黄褐色，端半黑褐色。腹部侧接缘橙黄色。分布：广西、海南、云南；菲律宾、马来西亚、印度尼西亚。

华锐红蝽 *Euscopus chinensis*

● 云南绿春 - 王建赟 摄

体长 7.3~9.0 mm，红色。头黑褐色；触角黑褐色，第 4 节基半（除基部外）黄白色，端半深褐色，第 1 节远长于其余各节。前胸背板（除侧缘和后缘外）黑褐色，胝区稍鼓起，后叶表面密被刻点，侧缘稍弯曲；小盾片黑褐色。足黑褐色，前足股节稍加粗，腹面具刺突。前翅基部 1/4 深褐色，革片中央具 1 个黑褐色大圆斑，端角具 1 个黑褐色小圆斑，膜片浅褐色。腹部腹面深褐色，中央具 1 条红色纵带纹。分布：广东、四川、云南；越南。

原锐红蝽 *Euscopus rufipes*

● 云南绿春 - 王建赟 摄

体长 8.5~12.0 mm，橙黄色至浅红色。头黑褐色；触角黑褐色，第 4 节基半（除基部外）黄白色，端半深褐色，第 1 节远长于其余各节。前胸背板（除侧缘和后缘外）黑褐色，胝区稍鼓起，后叶表面密被刻点，侧缘稍弯曲；小盾片黑褐色。足黑褐色，前足股节稍加粗，腹面具刺突。前翅革片中央具 1 个黑褐色大圆斑，端角内侧具 1 个黑褐色小带斑，爪片和膜片黑褐色，膜片基角和端缘浅褐色。腹部腹面深褐色，无红色中纵带。分布：广西、四川、云南、台湾；日本、印度、缅甸、越南、印度尼西亚。

绒红蝽 *Melamphaus faber*

● 云南盈江 – 张巍巍 摄

体长 23.0~32.0 mm，背面黑褐色，腹面大部红色。头橙色、红色至完全黑褐色；复眼远离前胸背板前缘；触角第 1 节、第 2 节近等长；喙伸达第 3 腹节腹板前缘。前胸背板前半橙色至红色，或侧缘橙色至红色，或全为黑褐色；小盾片稍鼓起。前足股节腹面端部具刺突。前翅革片外侧橙色至红色，或在端缘中部具 1 个橙色或红色圆斑，或端半具 1 个橙色或红色大圆斑。分布：云南、西藏、台湾；印度、缅甸、菲律宾、马来西亚。

艳绒红蝽 *Melamphaus rubrocinctus*

● 云南绿春 – 王建赟 摄

体长 17.5~25.0 mm，橙色。头橙红色，基部黑褐色；复眼远离前胸背板前缘；触角黑褐色，第 1 节基部红色；喙黑褐色。前胸背板前缘和侧缘前半黄白色，胝区和后叶大部深褐色，侧缘前半狭边状翘起；小盾片深褐色，稍鼓起；胸侧板后缘白色。各足股节和胫节基部红色，各足胫节（除基部外）和跗节黑褐色。前翅革片前缘黄白色，中央大斑和端角黑褐色，革片内缘、爪片和膜片深褐色，膜片端缘浅褐色。腹部腹板各节的节间缝黑褐色。分布：云南；印度、缅甸。

地红蝽 *Pyrrhocoris sibiricus*

● 北京海淀 – 陈卓 摄

体长 8.0~11.0 mm，灰褐色。头黑褐色，中叶和背面中央的 1 对纵斑黄褐色；触角黑褐色；喙黑褐色，伸达腹部基部。前胸背板表面密被刻点，胝区光滑，具 1 对黑褐色斑块，侧缘近平直；小盾片表面密被刻点，基角和基部中央的 1 对斑点黑褐色；胸侧板和腹板黑褐色，后胸侧板后缘白色。足黑褐色。前翅革片端角钝圆，膜片黄褐色，具网状翅脉，具翅多型现象。腹部腹面（除侧缘外）黑褐色。分布：北京、天津、河北、内蒙古、辽宁、上海、江苏、浙江、山东、四川、西藏、甘肃、青海、台湾；俄罗斯、蒙古、韩国、日本。习性：通常在干燥的开阔地面活动。

直红蝽 *Pyrrhopeplus carduelis*

● 湖南娄底 – 王建赟 摄

体长 11.0~14.0 mm，红色。头基部中央和中叶端部黑褐色；触角黑褐色；喙黑褐色，伸达后足基节之间。前胸背板前缘黄色，侧缘狭边状，明显翘起，胝区黑褐色；小盾片黑褐色；中、后胸侧板和腹板黑褐色，侧板后缘黄白色。足黑褐色，前足股节腹面端部具刺突。前翅革片中央具 1 个黑褐色椭圆形斜斑，端角和膜片黑褐色。腹部腹面（除侧缘外）黑褐色，具黄白色横带纹。分布：江苏、浙江、安徽、福建、江西、河南、湖南、广东、台湾；越南。

主要参考文献

[1] 卜文俊，郑乐怡．中国动物志 昆虫纲：第二十四卷 半翅目 毛唇花蝽科 细角花蝽科 花蝽科 [M]. 北京：科学出版社，2001.

[2] 彩万志，崔建新，刘国卿，等．河南昆虫志，半翅目：异翅亚目 [M]. 北京：科学出版社，2017.

[3] 彩万志，庞雄飞，花保祯，等．普通昆虫学 [M]. 2 版，北京：中国农业大学出版社，2011.

[4] 彩万志，王运兵．中国菱猎蝽属厘订（半翅目：猎蝽科：真猎蝽亚科）[J]. 昆虫学报，1998, 41: 163–179.

[5] 党凯，高磊，朱瑾．菊方翅网蝽在中国首次记述（半翅目，网蝽科）[J]. 动物分类学报，2012, 37: 894–898.

[6] 何健镕．椿象 [M]. 台北：亲亲文化，2003.

[7] 黄邦侃．福建昆虫志：第二卷 [M]. 福州：福建科学技术出版社，1999.

[8] 李传仁，夏文胜，王福莲．悬铃木方翅网蝽在中国的首次发现 [J]. 动物分类学报，2007, 32: 944–946.

[9] 李敏，席丽，朱卫兵，等．基于 DNA 条形码的中国普缘蝽属分类研究（半翅目：异翅亚目）[J]. 昆虫分类学报，2010, 32: 36–42.

[10] 李子忠，金道超．茂兰景观昆虫 [M]. 贵阳：贵州科技出版社，2002.

[11] 林毓鉴，章士美．云南蝽科三新种记述（半翅目：蝽科）[J]. 昆虫分类学报，1984, 6: 267–270.

[12] 刘国卿，卜文俊．河北动物志 半翅目：异翅亚目 [M]. 北京：中国农业科学技术出版社，2009.

[13] 刘国卿，郑乐怡．中国动物志 昆虫纲：第六十二卷 半翅目 盲蝽科（二） 合垫盲蝽亚科 [M]. 北京：科学出版社，2014.

[14] 骆久阳，谢强．鞭蝽次目分类学研究进展．环境昆虫学报 [J], 2017, 39: 307–313.

[15] 饶戈，叶朝霞．香港蝽类昆虫图鉴 [M]. 香港：香港昆虫学会，2012.

[16] 任树芝．中国动物志 昆虫纲：第十三卷 半翅目 异翅亚目 姬蝽科 [M]. 北京：科学出版社，1998.

[17] 萧采瑜，等．中国蝽类昆虫鉴定手册（半翅目异翅亚目）：第一册 [M]. 北京：科学出版社，1977.

[18] 萧采瑜，任树芝，郑乐怡，等．中国蝽类昆虫鉴定手册（半翅目异翅亚目）：第二册 [M]. 北京：科学出版社，1981.

[19] 谢桐音，刘国卿．中国蝎蝽次目名录（半翅目：异翅亚目）（I）[J]. 中国科技论文在线，2013.

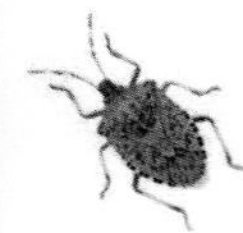

[20] 谢桐音，刘国卿．中国蝎蝽次目名录（半翅目：异翅亚目）（II）[EB/OL]. [2013-11-22] http://www.paper.edu.cn/releasepaper/content/201311-440.

[21] 杨惟义．中国经济昆虫志：第二册 半翅目 蝽科 [M]. 北京：科学出版社，1962.

[22] 伊文博，卜文俊．中国三种稻缘蝽名称订正（半翅目：蛛缘蝽科）[J]. 环境昆虫学报，2017, 39: 460–463.

[23] 虞国跃．“青蚨”考 [J]. 大自然，2014, 3: 40–43.

[24] 张巍巍．昆虫家谱 [M]. 重庆：重庆大学出版社，2014.

[25] 张巍巍，李元胜．中国昆虫生态大图鉴 [M]. 重庆：重庆大学出版社，2011.

[26] 章士美，等．中国经济昆虫志：第三十一册 半翅目（一）[M]. 北京：科学出版社，1985.

[27] 章士美，等．中国经济昆虫志：第五十册 半翅目（二）[M]. 北京：科学出版社，1995.

[28] 赵清，卜文俊，刘国卿．中国丹蝽属记述（半翅目，蝽科）[J]. 动物分类学报，2011, 36: 950–955.

[29] 郑乐怡，归鸿．昆虫分类（上）[M]. 南京：南京师范大学出版社，1999.

[30] 郑乐怡，金琴英．西藏盾蝽科、荔蝽科和蝽科昆虫调查报告（半翅目）[C]. 昆虫学研究集刊，1989–1990, 9: 141–149.

[31] 郑乐怡，刘国卿．蝽科新属种及盾蝽科中国新纪录（半翅目）[J]. 动物分类学报，1987, 12: 286–296.

[32] 郑乐怡，吕楠，刘国卿，等．中国动物志 昆虫纲：第三十三卷 半翅目 盲蝽科 盲蝽亚科 [M]. 北京：科学出版社，2004.

[33] 郑乐怡，邹环光．云南竹类半翅目昆虫记述 [J]. 动物学研究，1982, 3: 113–120.

[34] 郑胜仲，林义祥．椿象图鉴 [M]. 台中：晨星出版，2013.

[35] 朱耿平，刘国卿．中国鳖土蝽属记述 [J]. 昆虫分类学报，2009, 31: 88–92.

[36] CAI B, BU W. A review of *Yemmatropis* (Hemiptera: Lygaeoidea: Berytidae), with descriptions of two new species from China [J]. Zootaxa, 2011, 2808: 41–48.

[37] CHEN P, ANDERSEN N M. A checklist of Gerromorpha from China (Hemiptera) [J]. Chinese Journal of Entomology, 1993, 13: 69–75.

[38] CHEN P, NIESER N, ZETTEL H. The Aquatic and Semi-Aquatic Bugs (Heteroptera: Nepomorpha & Gerromorpha) of Malesia [M]. Leiden and Boston: Brill, 2005.

[39] CHEN P, LINDSKOG P. A namelist of Leptopodomorpha from China (Hemiptera) [J]. Chinese Journal of Entomology, 1994, 14: 405–409.

[40] CHEN Z, ZHU G, WANG J, et al. *Epidaus wangi* (Hemiptera: Heteroptera: Reduviidae), a new assassin bug from Tibet, China [J]. Zootaxa, 2016, 4154: 89–95.

[41] CUI J, CAI W, RABITSCH W. The ambush bugs of China: taxonomic knowledge and distribution patterns (Heteroptera, Reduviidae, Phymatinae) [J]. Denisia, 2006, 19: 795–812.

[42] VAN DOESBURG P H. A taxonomic revision of the family Velocipedidae Bergroth, 1891 (Insecta: Heteroptera) [J]. Zoologische Verhandelingen, 2004, 347: 5–110.

[43] FAN Z, XING X, SUN X, et al. New records of Pentatomidae (Hemiptera: Heteroptera) from China [J]. Entomotaxonomia, 2012, 34: 181–191.

[44] GAO C, MALIPATIL M B. Revision of the genus *Sadoletus* Distant, with description of new species from China and Australia (Hemiptera: Heteroptera: Heterogastridae) [J]. Zootaxa, 2019, 4613: 251–289.

[45] GAO C, MALIPATIL M B. *Meschia zoui* sp. nov., first representative of the family Meschiidae from China (Hemiptera: Heteroptera: Lygaeoidea) [J]. Zootaxa, 2019, 4603: 172–182.

[46] GORCZYCA J, CHÉROT F. A revision of the *Rhinomiris*-complex (Heteroptera: Miridae: Cylapinae) [J]. Polskie Pismo Entomologiczne, 1998, 67: 23–64.

[47] HEISS E. Review of the *Barcinus*-complex with description of new taxa (Hemiptera: Heteroptera: Aradidae) [J]. Zootaxa, 2010, 2448: 1–25.

[48] HERCZEK A, POPOV Y A. New Isometopinae (Hemiptera: Heteroptera: Miridae) from the Oriental Region, with some notes on the genera *Alcecoris* and *Sophianus* [J]. Zootaxa, 2011, 3023: 43–50.

[49] LIU G Q, ZHENG L Y. Checklist of the Chinese Plataspidae (Heteroptera, Pentatomoidea) [J]. Denisia, 2006, 19: 919–926.

[50] LUO J, CHEN P, WANG Y, et al. First record of Hermatobatidae from China, with description of *Hermatobates lingyangjiaoensis* sp. n. (Hemiptera: Heteroptera) [J]. Zootaxa, 2019, 4679: 527–538.

[51] RÉDEI D. First record of *Pinochius* Carayon, 1949 from the Oriental Region, with description of a new species from Vietnam (Heteroptera: Schizopteridae) [C]. In: Grozeva S. & Simov N. (eds.) Advances in Heteroptera Research, Festschrift in Honour of 80th Anniversary of Michail Josifov. Pensoft Publishers, Sofia, pp. 2008, 327–337.

[52] RÉDEI D, TSAI J F. The assassin bug subfamilies Centrocnemidinae and Holoptilinae in Taiwan (Hemiptera: Heteroptera: Reduviidae) [J]. Acta Entomologica Musei Nationalis Pragae, 2011, 51: 411–442.

[53] RÉDEI D, TSAI J F, YANG M M. Heteropteran Fauna of Taiwan: Cotton Stainers and Relatives (Hemiptera: Heteroptera: Pyrrhocoroidea) [M]. Taichung: National Chung Hsing University, 2009.

[54] SCHAEFER C W, ZHENG L Y, TACHIKAWA S. A review of *Parastrachia* (Hemiptera: Cydnidae: Parastrachiinae) [J]. Oriental Insects, 1991, 25: 131–144.

[55] SCHUH R T, SLATER J A. True Bugs of the World (Hemiptera: Heteroptera) – Classification and Natural History[M]. Ithaca and London: Cornell University Press, 1995.

[56] SCHUH R T, C WEIRAUCH. True Bugs of the World (Hemiptera: Heteroptera) – Classification and Natural History [M]. 2nd. Manchester: Siri Scientific Press, 2020.

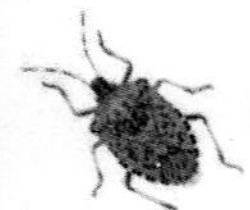

[57] ŠTYS P. A review of the Palaearctic Enicocephalidae (Heteroptera) [J]. Acta Entomologica Bohemoslovaca, 1970, 67: 223–240.

[58] TSAI J F, RÉDEI D. Redefinition of *Acanthosoma* and taxonomic corrections to its included species (Hemiptera: Heteroptera: Acanthosomatidae) [J]. Zootaxa, 2015, 3950: 1–60.

[59] TSAI J F, RÉDEI D, TEH G F, et al. Jewel bugs of Taiwan (Heteroptera: Scutelleridae) [M]. Taichung: National Chung Hsing University, 2011.

[60] WANG J, WANG B, CAO L, et al. *Ocelliemesina sinica*, the second ocelli-bearing genus and species of thread-legged bugs (Hemiptera: Reduviidae: Emesinae) [J]. Zootaxa, 2015, 3936: 429–434.

[61] WANG X, LIU G. Checklist of Tessaratomidae (Hemiptera: Pentatomoidea) from China [J]. Entomotaxonomia, 2012, 34: 167–175.

[62] VINOKUROV N N, CAI W, CHEN P. Synopsis of the shore bugs of China (Hemiptera: Heteroptera: Leptopodomorpha: Saldidae) [J]. Zootaxa, 2018, 4486: 129–145.

[63] YANG H S. A new species of Reduviidae (Heteroptera) [J]. Bulletin of the Fan Memorial Institute of Biology, Zoological Series, 1940, 10: 105–108.

[64] YANG W I. Systematical studies on Chinese Coridiinae, with particular reference to the genitalia of both sexes [J]. Bulletin of the Fan Memorial Institute of Biology, Zoological Series, 1940, 10: 1–54.

[65] YE Z, CHEN P, BU W. Contribution to the knowledge on the Oriental genus *Perittopus* Fieber, 1861 (Hemiptera: Heteroptera: Veliidae) with descriptions of four new species from China and Thailand [J]. Zootaxa, 2013, 3616: 31–48.

[66] YI W, BU W. Contributions to the tribe Leptocorisini, with descriptions of *Planusocoris schaeferi* gen. & sp. nov. (Hemiptera: Alydidae) [J]. Zootaxa, 2015, 4040: 401–420.

[67] ZHANG W, BAI X, HEISS E, et al. Notes on *Yangiella* Hsiao (Hemiptera: Aradidae: Mezirinae), with description of a new species from China [J]. Zootaxa, 2010, 2530: 29–38.

[68] ZHAO Q, RÉDEI D, BU W. A revision of the genus *Pinthaeus* (Hemiptera: Heteroptera: Pentatomidae) [J]. Zootaxa, 2013, 3636: 59–84.

[69] ZHENG L Y, WANG H J. Contribution to the taxonomy of *Lindbergicoris* Leston (Hemiptera: Acanthosomatidae) [J]. Entomologica Scandinavica, 1995, 26: 17–26.

[70] ZHU G, LIU G, LIS J A. A study on the genus *Macroscytus* Fieber, 1860 from China (Hemiptera: Heteroptera: Cydnidae) [J]. Zootaxa, 2010, 2400: 1–15.

[71] 安永智秀 , 高井幹夫 , 川澤哲夫 . 日本原色**カメムシ**図鑑: 第 2 巻 [M]. 東京 : 全国農村教育協会 , 2001.

[72] 石川忠 , 高井幹夫 , 安永智秀 . 日本原色**カメムシ**図鑑: 第 3 巻 [M]. 東京 : 全国農村教育協会 , 2012.

[73] 友国雅章 . 日本原色**カメムシ**図鑑 [M]. 東京 : 全国農村教育協会 , 1993.